Derivative & Integral

공대생의 수학 참고서

미분 & 적분

권중성 지음

KYOWOO

머리말

세월이 흘러 저자가 대학 강단에서 대학 1학년 수학을 강의한지도 어언 30년이 되어 갑니다. 그동안 사용해온 교재를 보면서 그때는 이런 것도 강의했구나, 라고 생각하면서 복잡한 생각에 잠겨봅니다. 그리고 마지막 연구년을 보내면서 그래도 마지막 연구년인데 필요한 그 무엇을 남겨야 한다는 욕심이 본 교재를 집필하게 된 동기라 하겠습니다.

요즘은 입시제도의 다양화와 선택의 다양성 그리고 고교 교육과정의 변천을 따라 우리 공과대학에도 고등학교에서 수학을 잘 배워서 온 학생부터, 심하다 싶을 정도의 기초지식이 부족한 상태로 입학한 학생들도 많이 접하게 되는 현실입니다.

수학에 대한 기초가 부족한 가운데 입학한 학생들을 볼 때마다, 어떻게 짧은 시간에 각자 전공 수업을 하는데 필요한 수학을 가르쳐볼까 고민에 고민을 하며 다양한 시도를 해 보았으나 아직까지는, 열심히 많이 설명할수록 어렵다는 기분만 심어 주는 것 같아서 아쉽기만 합니다. 그러나 또한 부족한 가운데에서도 늦었지만 열심히 하여 따라가겠다는 초롱초롱한 눈망울을 볼 때에는 또한 무엇인가를 해야겠다는 힘이 솟곤 하였습니다. 이러한 작은 힘이 이 책을 쓰기로 다짐한 계기가 되겠습니다.

본 서는 기초가 좀 부족한 학생이라도 다시 시작할 수 있도록 오직 미분과 적분 부분만을 다루었으며 가능한 한 다양하고 많은 문제를 풀어 예제로 수록하였습니다. 심하다 싶을 정도로 동일 패턴의 문제라 할지라도 반복하여 풀어 볼 수 있도록 예제를 배열하였습니다. 이를 통하여 미분적분의 기초가 되는 수학에 대한 소양이 부족하더라도 초보적인 미분적분의 예제를 많이 풀어봄으로써 미분적분 이해를 하리라는 기대를 해봅니다.

시작은 1장 도함수 정의, 2장 도함수의 응용(I), 3장 도함수의 응용(II) 4장 부정적분, 5장 정적분, 6장 정적분의 응용, 7장 급수와 함수의 Taylor전개로 하여 마무리하

머리말 PREFACE

였습니다. 매 절마다 다룬 내용의 이해를 돕고자 예제와 비슷한 유제를 연습문제로 배치하였으며 연습문제의 해답을 연습문제에 이어서 배치하여 편리하게 확인할 수 있도록 배려하였습니다. 그리고 각 장마다 내용을 전개하면서 기초수학의 내용이 필요할 때는 필요한 내용을 괄호나 참고 로 언급하여 이해를 돕도록 하였습니다. 아무쪼록 활용하는 학생들이 필요한 수학 지식을 터득하여, 좁게는 2학년에서 다루는 공업수학의 마중물이 되기를 바라고, 크게는 각자의 전공 수업을 원활히 따라가는 과정에 훌륭한 길잡이가 되리라 확신합니다.

이 책은 저자의 2016년 수혜기간에 시작하여 이제야 책으로 완성되었습니다. 이에 선문대학교에 감사를 드립니다. 아울러 어려운 여건 가운데에서도 본 서의 출판을 허락해 주신 교우 출판사 사장님과 헌신적으로 애써주신 출판부 모든 직원에게 감사를 드립니다.

저자 권중성

CONTENTS 목차

목차 C·O·N·T·E·N·T·S

C·O·N·T·E·N·T·S 목차

CHAPTER

1 도함수

1.1 도함수의 정의

함수 $f(x)$는 독립변수를 x, 종속변수를 y로 갖는다 하자. 이 때, 함수 f의 정의역에 속하는 한 점 a에서 다른 점 $a+h$로 변한다고 할 때 이에 대응하는 종속변수 y는 $f(a)$에서 $f(a+h)$까지 변한다. 이 때 h를 a에서의 x의 증분이라 하고 $h=\Delta x$로 쓰고 대응하는 y의 증분 또는 함수 f의 증분 이라 하고

$$\Delta y = f(a+h) - f(a) \text{ 또는 } \Delta f = f(a+h) - f(a)$$

로 나타낸다. 또 함수 f의 증분 Δf를 x의 증분 Δx로 나눈 값

$\dfrac{\Delta f}{\Delta x}$를 x가 a에서 $a+h$까지 변할 때 함수 f의 평균변화율이라 부른다.

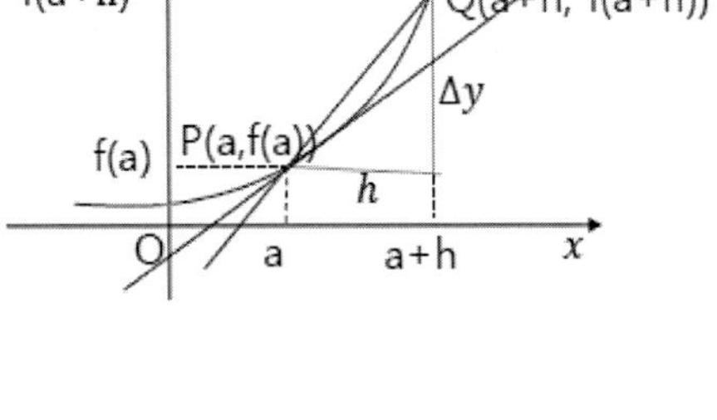

평균변화율 $\frac{\Delta f}{\Delta x}$ 는 함수 f의 그래프 위의 두 점 $P(a, f(a))$, $Q(a+h, f(a+h))$를 잇는 직선의 기울기 이다.

이제부터, Δx가 0에 한 없이 가까이 갈 때, 평균변화율 $\frac{\Delta f}{\Delta x}$의 극한 값을 생각하자. Δx가 0에 가까이 가면 점 Q는 곡선을 따라 점 P에 가까이 감으로 직선 PQ는 점 P에서의 곡선에 대한 접선 PR로 접근하게 된다. 따라서 극한값

$$\lim_{\Delta x \to 0} \frac{\Delta f}{\Delta x} = \lim_{h \to 0} \frac{f(a+h) - f(a)}{h}$$

가 존재하면 이 극한 값은 곡선 $y = f(x)$위의 $x = a$에서의 접선의 기울기를 나타낸다.

함수 f의 정의역에 속하는 a에 대하여 극한값

$$\lim_{h \to 0} \frac{f(a+h) - f(a)}{h}$$

가 존재하면 함수 f는 $x = a$에서 미분가능하다하고 이 극한 값을 $x = a$에서의 미분계수 또는 순간 변화율이라 하며 $f'(a)$로 쓴다. 또 함수 f의 정의역의 모든 점에서 미분가능할 때 f를 미분가능한 함수라 부른다.

예제 1.1.1

함수 $f(x) = x^2 + 5x - 8$에서

(1) $x_0 = 1$에서 $x_1 = x_0 + \Delta x = 1.2$까지 변할 때 Δy와 $\frac{\Delta y}{\Delta x}$를 구하라.

(1) $x_0 = 1$에서 $x_1 = 0.8$까지 변할 때 Δy와 $\frac{\Delta y}{\Delta x}$를 구하라.

풀이 (1) $\Delta x = x_1 - x_0 = 1.2 - 1 = 0.2$이며

$$\begin{aligned}\Delta y &= f(x_0 + \Delta x) - f(x_0) \\ &= f(1.2) - f(1) = -0.56 - (-2) = 1.44\end{aligned}$$

따라서

$$\frac{\Delta y}{\Delta x} = \frac{1.44}{0.2} = 7.2$$

(2) $\Delta x = x_1 - x_0 = 0.8 - 1 = -0.2$이며

$$\begin{aligned}\Delta y &= f(x_0 + \Delta x) - f(x_0)\\ &= f(0.8) - f(1) = -3.36 - (-2) = -1.36\end{aligned}$$

따라서

$$\frac{\Delta y}{\Delta x} = \frac{-1.36}{-0.2} = 6.8$$

예제 1.1.2

어떤 물체가 정지된 상태에서 t초 동안에 s피트를 자유낙하한다. 이때 중력의 법칙을 따라 $s = 16t^2$의 관계가 성립한다. 시간 t가 t_0에서 $t_0 + \Delta t$까지 변할 때 $\frac{\Delta s}{\Delta t}$를 구하고 또 $t_0 = 3$이고 $t_0 + \Delta t = 3.5$일 때 $\frac{\Delta s}{\Delta t}$의 값을 구하라.

풀이 $$\frac{\Delta s}{\Delta t} = \frac{16(t_0 + \Delta t)^2 - 16t_0^2}{\Delta t} = \frac{32t_0 \Delta t + 16(\Delta t)^2}{\Delta t} = 32t_0 + 16\Delta t$$

또 $t_0 = 3$이고 $\Delta t = 0.5$이므로 $\frac{\Delta s}{\Delta t} = 32(3) + 16(0.5) = 104$(피트/초)이다.

예제 1.1.3

어떤 물 탱크에서 물을 빼기 시작하였다. 시간에 따른 물의 양은 $Q(t) = 200(30 - t)^2$일 때 처음부터 10분 동안 빠져나간 물의 평균비율을 구하라.

풀이 $\Delta t = 10$(분)이며

$$\Delta Q = Q(10) - Q(0) = 80,000 - 180,000 = -100,000(l)$$

이다. 따라서 평균 비율은

$$\frac{\Delta Q}{\Delta t} = \frac{-100,000}{10} = -10,000(l/\text{분})$$

이다. 즉 분당 평균 $10,000(l)$이 빠져 나가고 있다.

참고 점 (a, b)을 지나고 기울기가 m인 직선의 방정식은 $y - b = m(x - a)$로 주어지며 정돈하면 $y = m(x - a) + b$이다.

함수 $y=f(x)$의 미분가능한 모든 점 x에 대하여

$$\lim_{h\to 0}\frac{f(x+h)-f(x)}{h}$$

의 극한이 존재할 때 그 극한을 $f'(x)$라 쓰고 함수 f의 도함수라 부른다. 또 함수 $y=f(x)$의 도함수를 구하는 것을 미분한다라고 부른다.

기호로는

$$y',\ f'(x),\ \frac{dy}{dx},\ \frac{d}{dx}f(x)\ \text{또는}\ D_x y$$

등으로 나타낸다. 교재에 따라 기호를 혼용해서 쓰므로 본 교재에서도 다양하게 사용하도록 하겠다.

예제 1.1.4

함수 $f(x)=x^2-5x$의 $x=2$에서의 미분계수 $f'(2)$를 구하라. 또 $f(x)$의 $x=2$에서의 접선의 방정식을 구하라.

풀이

$$\begin{aligned} f'(2) &= \lim_{h\to 0}\frac{f(2+h)-f(2)}{h} \\ &= \lim_{h\to o}\frac{(2+h)^2-5(2+h)-(2^2-5\times 2)}{h} \\ &= \lim_{h\to 0}(h-1)=-1 \end{aligned}$$

한편 미분계수는 정의에 의하여 구하는 접선의 기울기이므로 $(2, f(2))$를 지나고 기울기가 $f'(2)=-1$인 직선을 구하면 된다. 즉

$$y-f(2)=f'(2)(x-2)$$

에서 구하는 직선은 $y=-x-12$이다.

예제 1.1.5

함수 $f(x)=x^2+1$의 도함수 $f'(x)$를 정의에 의하여 구하라. 또 $x=1$에서 접선의 방정식을 구하라.

풀이 $$f'(x) = \lim_{h\to0}\frac{f(x+h)-f(x)}{h}$$

$$= \lim_{h\to0}\frac{(x+h)^2+1-(x^2+1)}{h}$$

$$= \lim_{h\to0}\frac{x^2+2xh+h^2+1-x^2-1}{h}$$

$$= \lim_{h\to0}\frac{2xh+h^2}{h}$$

$$= \lim_{h\to0}(2x+h)$$

$$= 2x$$

$f(1)=2$, 기울기는 $f'(1)=2$이므로 구하는 직선은

$$y-2=2(x-1)$$

이다. 정돈하면 $y=2x$이다.

예제 1.1.6

함수 $f(x)=\sqrt{x}$ 의 도함수를 정의에 의하여 구하라. 또 함수 위의 점 (9,3)에서 접선식을 구하라.

풀이 $$f'(x) = \lim_{h\to0}\frac{f(x+h)-f(x)}{h}$$

$$= \lim_{h\to0}\frac{\sqrt{x+h}-\sqrt{x}}{h}$$

$$= \lim_{h\to0}\frac{(\sqrt{x+h}-\sqrt{x})(\sqrt{x+h}+\sqrt{x})}{h(\sqrt{x+h}+\sqrt{x})}$$

$$= \lim_{h\to0}\frac{(x+h)-x}{h(\sqrt{x+h}+\sqrt{x})}$$

$$= \lim_{h\to0}\frac{1}{\sqrt{x+h}+\sqrt{x}}$$

$$= \frac{1}{2\sqrt{x}}$$

이다. 기울기가 $f'(9)=\frac{1}{2\sqrt{9}}=\frac{1}{6}$ 이므로 구하는 직선식은

$$y-3=\frac{1}{6}(x-9)$$

이다. 정돈하면 $y=\frac{1}{6}x+\frac{3}{2}$ 이다.

참고 함수 $f(x)$가 $x=a$에서 함수값 $f(a)$가 존재하고 $\lim\limits_{x\to a} f(x)$가 존재하여 $\lim\limits_{x\to a} f(x) = f(a)$가 성립할 때, 함수 $f(x)$는 $x=a$에서 연속이라 부른다.

정리 1.1.1 함수 $f(x)$가 $x=a$에서 미분가능하면 그 점에서 연속이다.

증명 함수 $f(x)$는 $x=a$에서 미분가능함으로

$$\lim_{x\to a}\frac{f(a+h)-f(a)}{h} = f'(a)$$

가 존재한다. 따라서

$$\begin{aligned}\lim_{x\to a} f(x) &= \lim_{x\to a}\left(f(a) - \frac{f(x)-f(a)}{x-a}(x-a)\right)\\ &= \lim_{x\to a} f(a) + \lim_{x\to a}\frac{f(x)-f(a)}{x-a}\lim_{x\to a}(x-a)\\ &= f(a) + f'(a)\cdot 0 = f(a)\end{aligned}$$

따라서 $\lim\limits_{x\to a} f(x) = f(a)$이다. 즉 $f(x)$는 $x=a$에서 연속이다.

참고 정리 1.1.1의 역은 성립하지 않는다. 예로 $f(x)=|x|$는 $x=0$에서 연속이다. 그러나 $f'(0)$은

$$\lim_{h\to 0}\frac{f(0+h)-f(0)}{h} = \lim_{h\to 0}\frac{|h|}{h}$$

이다. 여기서

$$\lim_{h\to 0^+}\frac{|h|}{h} = \lim_{h\to 0}\frac{h}{h} = 1$$

$$\lim_{h\to 0^+}\frac{|h|}{h} = \lim_{h\to 0}\frac{-h}{h} = -1$$

이므로 좌우 극한이 달라서 $f'(0)$은 존재하지 않는다. 따라서 $f(x)=|x|$는 $x=0$에서 연속이지만 미분불가능하다.

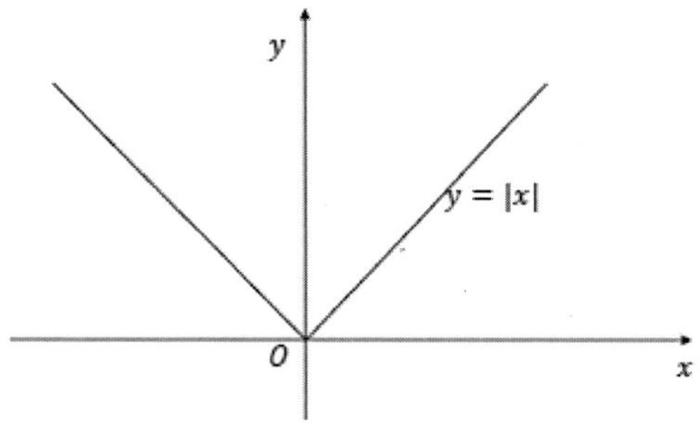

참고 함수 $f(x)$가 $\lim_{h\to 0^-}\frac{f(a+h)-f(a)}{h}$와 $\lim_{h\to 0^+}\frac{f(a+h)-f(a)}{h}$이 각각 존재할 때 전자를 $f(x)$의 $x=a$에서의 좌도함수라 하고 , 후자를 $f(x)$의 $x=a$에서의 우도함수라 한다. 도함수는 좌도함수와 우도함수가 일치할 때 임을 알 수 있다.

1.1 연습문제

1. 다음 함수의 주어진 구간에서 $\triangle y$와 $\dfrac{\triangle y}{\triangle x}$를 구하라.

(1) $y = x^2 + 4x$, x는 0.7에서 0.85까지 변한다.

(2) $y = \dfrac{2}{x}$, x는 0.75에서 0.5까지 변한다.

2. 평균속도를 구하라.

(1) $s = 3t^2 + 5$ (피트)이며 t가 2에서 3까지 변한다.

(2) $s = 2t^2 + 5t - 3$이며 t는 2에서 5까지 변한다.

3. 정의를 이용하여 도함수 $\dfrac{dy}{dx}$를 구하라.

(1) $y = 4x - 3$

(2) $y = 4 - 3x$

(3) $y = x^2 + 2x - 3$

(4) $f(x) = x^2 + 3x + 5$

(5) $f(x) = x^3 - x^2 - 4$

(6) $f(x) = \dfrac{1}{x-2}$

(7) $f(x) = \dfrac{2x-3}{3x+4}$

(8) $f(x) = \sqrt{1+2x}$

4. 다음 함수에 대하여 $x = 1$에서 접선의 기울기를 구하라.

(1) $y = 8 - 5x^2$

(2) $y = \dfrac{4}{x+1}$

(3) $y = \dfrac{2}{x+3}$

5. 함수 $f(x) = -x^2 + 5x - 6$이 x축과의 교점에서의 접선의 기울기를 구하라.

해답

1. (1) 0.8325 (2) $-\dfrac{16}{3}$

2. (1) 15 피트/초 (2) 19피트/초

3. $\lim_{h\to 0}\dfrac{f(x+h)-f(x)}{h}$ 를 계산한다.

   (1) 4 (2) -3 (3) $2(x+1)$ (4) $2x+3$

   (5) $3x^2-2x$ (6) $-\dfrac{1}{(x-2)^2}$ (7) $\dfrac{17}{(3x+4)^2}$ (8) $\dfrac{1}{\sqrt{1+2x}}$

4. (1) -10 (2) -1 (3) $-\dfrac{1}{8}$

5. $f(x)=-(x-2)(x-3)=0$에서 $x=2,3$이 교점이다. $x=2$에서 기울기 1, $x=3$에서 기울기 -1

1.2 기본함수의 도함수와 미분법

다음은 기본함수인 다항함수, sin함수, cos함수, 지수함수, log함수의 미분법을 다룬다. 다항함수의 도함수 공식을 얻기 위하여 이항전개식이 필요하며 이항전개식은 다음과 같다.

$$(x+y)^n = x^n + nx^{n-1}y + \frac{n(n-1)}{2!}x^{n-2}y^2 + \cdots + y^n$$

정리 1.2.1 (기본함수의 도함수)

(1) $(x^n)' = nx^{n-1}$ (n은 자연수) (2) $(\sin x)' = \cos x$

(3) $(\cos x)' = -\sin x$ (4) $(\log_a x)' = \frac{1}{x}\log_a e\,(a>0, a\neq 1)$

(5) $(\ln x)' = \frac{1}{x}$ (6) $(a^x)' = a^x \log_e a = a^x \ln a(a \neq 0, a>0)$

(7) $(e^x)' = e^x$

증명 (1) 증명을 위하여 이항전개식을 이용한다.

$$f'(x) = \lim_{h\to 0}\frac{f(x+h)-f(x)}{h} = \lim_{h\to 0}\frac{(x+h)^n - x^n}{h}$$

$$= \lim_{h\to 0}\frac{(x^n + nx^{n-1}h + \frac{n(n-1)}{2}x^{n-2}h^2 + \ldots.. + nxh^{n-1} + h^n) - x^n}{h}$$

$$= \lim_{h\to 0} nx^{n-1} + \lim_{h\to 0}[\frac{n(n-1)}{2}x^{n-2}h + \ldots. + nxh^{n-2} + h^{n-1}]$$

첫 항을 제외한 모든 항들은 h를 포함하므로 $h\to 0$이면 극한은 0이 된다. 따라서 $f'(x) = nx^{n-1}$이 된다.

(2) 증명을 위하여 $\sin(a+b) = \sin a\cos b + \cos a \sin b$를 이용한다.

$$f'(x) = \lim_{h\to 0}\frac{f(x+h)-f(x)}{h} = \lim_{h\to 0}\frac{\sin(x+h) - \sin x}{h}$$

$$= \lim_{h \to 0} \frac{\sin x \cosh + \cos x \sin h - \sin x}{h}$$

$$= \lim_{h \to 0} \frac{\sin x (\cos h - 1) + \cos x \sin h}{h}$$

(한편 $\lim_{h \to 0} \frac{\cos h - 1}{h} = 0$ 이고 $\lim_{x \to 0} \frac{\sin x}{x} = 1$ 임을 이용한다. 본 교재에서는 다루지 않았지만 함수의 극한부분에 나오는 내용이다.)

$$= \sin x \lim_{h \to 0} \frac{\cos h - 1}{h} + \cos x \lim_{h \to 0} \frac{\sin h}{h}$$

$$= \cos x.$$

(3) 증명을 위하여 $\cos(a+b) = \cos a \cos b - \sin a \sin b$ 를 이용한다.

$$f'(x) = \lim_{h \to 0} \frac{f(x+h) - f(x)}{h} = \lim_{h \to 0} \frac{\cos(x+h) - \cos x}{h}$$

$$= \lim_{h \to 0} \frac{\cos x \cosh - \sin x \sin h - \cos x}{h}$$

$$= \lim_{h \to 0} \frac{\cos x (\cos h - 1) - \sin x \sin h}{h}$$

$$= \cos x \lim_{h \to 0} \frac{\cos h - 1}{h} - \sin x \lim_{h \to 0} \frac{\sin h}{h}$$

$$= - \sin x$$

(4) 증명을 위하여 $\lim_{x \to 0} (1 + x)^{\frac{1}{x}} = e$ (e는 자연대수의 밑이라 한다)를 이용한다.

$$f'(x) = \lim_{h \to 0} \frac{f(x+h) - f(x)}{h} = \lim_{h \to 0} \frac{\log_a (x+h) - \log x}{h}$$

$$= \lim_{h \to 0} \frac{1}{h} \log_a \left(\frac{x+h}{x}\right) = \lim_{h \to 0} \log_a \left(1 + \frac{h}{x}\right)^{\frac{1}{h}}$$

$$= \lim_{h \to 0} \log_a \left(1 + \frac{h}{x}\right)^{\frac{x}{h} \cdot \frac{1}{x}} = \frac{1}{x} \lim_{h \to 0} \log_a \left(1 + \frac{h}{x}\right)^{\frac{x}{h}}$$

$$= \frac{1}{x} \log_a e$$

(5) (4)의 증명에서 $a = e$ 이면 $f'(x) = \frac{1}{x} \log_e e = \frac{1}{x}$ ($\log_e e = 1$ 이다.)

(6)과 (7)의 증명은 본장의 마지막 절에서 다루는 로그미분법을 소개한 후 증명하겠다. 그러나 본 절에서는 결과는 활용하겠다.

예제 1.2.1

다음 함수의 주어진 점에서의 미분계수를 구하라.

(1) $y = x^3, \quad a = 1, 2, 3.$ (2) $y = \sin x, \ a = 0, \frac{\pi}{6}, \frac{\pi}{4}$

(3) $y = \log_2 x, \ a = 2, 3, 4$ (4) $y = 2^x, \ a = 2, 4, 8$

풀이 (1) 정리에 의하여 $y' = 3x^2$이다. 따라서 $y'|_{a=1} = 3, y'|_{a=2} = 12, y'|_{a=3} = 27$ 이다.

(2) 정리에 의하여 $y' = \cos x$이다. 따라서 $y'|_{a=0} = 1, y'|_{a=\frac{\pi}{6}} = \frac{\sqrt{3}}{2}$, $y'|_{a=\frac{\pi}{4}} = \frac{\sqrt{2}}{2}$이다.

(3) 정리에 의하여 $y' = \frac{1}{x}\log_2 e$이다. 따라서 $y'|_{a=2} = \frac{1}{2}\log_2 e, \ y'|_{a=3} = \frac{1}{3}\log_2 e$, $y'|_{a=4} = \frac{1}{4}\log_2 e$이다.

(4) 정리에 의하여 $y' = 2^x \log_2 e$이다, 따라서 $y'|_{a=2} = 4\log_2 e, y'|_{a=4} = 16\log_2 e$, $y'|_{a=8} = 256\log_2 e$이다.

예제 1.2.2

다음 함수의 주어진 점에서의 접선의 방정식을 구하라.

(1) $y = x^4, \ a = 1$ (2) $y = \cos x \ a = \frac{\pi}{3}$

(3) $y = \ln x, \quad a = e$ (4) $y = e^x, \ a = 2$

풀이 (1) $y' = 4x^3$이므로 $a = 1$에서의 구하는 직선의 기울기는 $y'|_{a=1} = 4$이다. 직선은 $(1,1)$을 지나므로 $y - 1 = 4(x - 1)$ 혹은 $y = 4x + 5$이다.

(2) $y' = -\sin x$이므로 $a = \frac{\pi}{3}$에서 구하는 직선의 기울기는 $y'|_{a=\frac{\pi}{3}} = -\frac{\sqrt{3}}{2}$ 이다. 구하는 직선은 $(\frac{\pi}{3}, \frac{\sqrt{3}}{2})$ 지나므로 $y - \frac{\pi}{3} = -\frac{\sqrt{3}}{2}(x - \frac{\pi}{3})$이다.

(3) $y' = \frac{1}{x}$이므로 $a = e$에서 구하는 직선의 기울기는 $y'|_{a=e} = \frac{1}{e}$이다. 구하는 직선

은 $(e, 1)$을 지나므로 $y-1=\frac{1}{e}(x-e)$이다

(4) $y'=e^x$이므로 $a=2$에서의 구하는 직선의 접선의 기울기는 $y'|_{a=2}=e^2$ 이다. 한편 직선은 $(2, e^2)$를 지나므로 $y-e^2=e^2(x-2)$이다.

다음은 기본함수의 도함수를 이용하여 이들 함수들의 합, 차, 곱, 몫, 등으로 이루어지는 함수들의 미분을 구하는 미분법을 소개한다.

정리 1.2.2 함수 f와 g가 점 x에서 미분가능하면, 함수 cf, $f \pm g$, fg, $\frac{f}{g}$도 점 x에서 미분가능하며 다음이 성립한다.

(1) $y=c$(c는 상수)이면 $y'=0$

(2) $y=cf(x)$(c는 상 수) 이면 $(cf)'(x)=cf'(x)$

(3) $y=f(x)\pm g(x)$이면 $y'=f'(x)\pm g'(x)$

(4) $y=f(x)g(x)$이면 $y'=f'(x)g(x)+f(x)g'(x)$

(5) $y=\frac{f(x)}{g(x)}(g(x)\neq 0)$이면 $y'=\frac{f'(x)g(x)-f(x)g'(x)}{g(x)^2}$이다.

증명

(1) $f'(x)=\lim_{h\to 0}\frac{f(x+h)-f(x)}{h}=\lim_{h\to 0}\frac{c-c}{h}=\lim_{h\to 0}0=0$

(2)
$$(cf)'(x)=\lim_{h\to 0}\frac{cf(x+h)-cf(x)}{h}$$
$$=\lim_{h\to 0}c\frac{f(x+h)-f(x)}{h}=c\cdot\lim_{h\to 0}\frac{f(x+h)-f(x)}{h}$$
$$=cf'(x)$$

(3)
$$(f\pm g)'(x)=\lim_{h\to 0}\frac{[(f\pm g)(x+h)]-[(f\pm g)(x)]}{h}$$
$$=\lim_{h\to 0}\frac{[f(x+h)\pm g(x+h)]-[f(x)\pm g(x)]}{h}$$
$$=\lim_{h\to 0}\left[\frac{f(x+h)-f(x)}{h}\pm\frac{g(x+h)-g(x)}{h}\right]$$

$$= \lim_{h \to 0} \frac{f(x+h)-f(x)}{h} \pm \lim_{h \to 0} \frac{g(x+h)-g(x)}{h}$$

$$= f'(x) \pm g'(x)$$ (복호는 동순입니다.)

(4) 증명을 위하여 미분가능한 함수는 연속함수임을 이용한다.

$$(fg)'(x) = \lim_{h \to 0} \frac{(fg)(x+h)-(fg)(x)}{h}$$

$$= \lim_{h \to 0} \frac{f(x+h)g(x+h)-f(x)g(x)}{h}$$

$$= \lim_{h \to 0} \frac{f(x+h)g(x+h)-f(x+h)g(x)+f(x+h)g(x)-f(x)g(x)}{h}$$

$$= \lim_{h \to 0} [f(x+h) \frac{g(x+h)-g(x)}{h} + g(x) \frac{f(x+h)-f(x)}{h}]$$

$$= \lim_{h \to 0} f(x+h) \lim_{h \to 0} \frac{g(x+h)-g(x)}{h} + \lim_{h \to 0} g(x) \lim_{h \to 0} \frac{f(x+h)-f(x)}{h}$$

$$= f'(x)g(x) + g'(x)f(x)$$

($f(x)$가 미분가능한 함수이므로 연속이다. 즉 $\lim_{h \to 0} f(x+h) = f(x)$이다)

(5) $$(\frac{f}{g})'(x) = \lim_{h \to 0} \frac{[(\frac{f}{g})(x+h) - (\frac{f}{g})(x)]}{h}$$

$$= \lim_{h \to 0} \frac{[\frac{f(x+h)}{g(x+h)} - \frac{f(x)}{g(x)}]}{h}$$

$$= \lim_{h \to 0} \frac{g(x)f(x+h)-f(x)g(x+h)}{h} \frac{1}{g(x)g(x+h)}$$

$$= \lim_{h \to 0} \left(g(x) \frac{f(x+h)-f(x)}{h} - f(x) \frac{g(x+h)-g(x)}{h} \right) \lim_{h \to 0} \frac{1}{g(x)g(x+h)}$$

한편 함수 g는 미분가능하므로 연속이다. 따라서 $\lim_{h \to 0} g(x+h) = g(x)$이다.

그러므로

$$(\frac{f}{g})'(x) = \frac{f'(x)g(x) - f(x)g'(x)}{(g(x))^2}$$

이다.

예제 1.2.3

다음 함수의 도함수를 구하라.

(1) $y = 4$ (2) $y = \sqrt[3]{5}$

(3) $y = 2e$ (4) $y = \pi^3$

풀이 주어진 함수는 모두 상수 함수 이므로 정리 1.2.2 (1)에 의하여 이들의 도함수는 모두 $y' = 0$ 이다.

예제 1.2.4

다음 함수의 도함수를 구하라.

(1) $y = 4x^3$ (2) $y = 3\cos x$

(3) $y = 7\log_3 x$ (4) $y = 3 \cdot 2^x$

풀이 주어진 함수들은 기본 함수에 상수배이다. 따라서

(1) $y' = (4x^3)' = 4(x^3)' = 4(3x^2) = 12x^2$

(2) $y' = (3\cos x)' = 3(\cos x)' = 3(-\sin x) = -3\sin x$

(3) $y' = (7\log_3 x)' = 7(\log_3 x)' = 7(\frac{1}{x}\log_3 e) = (7\log_3 e)\frac{1}{x}$

(4) $y' = 3(2^x)' = 3(2^x \ln 2) = (3\ln 2)2^x$ 이다.

예제 1.2.5

다음 함수의 도함수를 구하라.

(1) $y = 2x^4 + 4x^3 + 3x - 4$ (2) $y = 3x^2 + 2\cos x + 3$

(3) $y = x^2 + 3\sin x + \ln x + 3$ (4) $y = 3\sin x + 2\cos x + 5 \cdot 2^x$

풀이 (1) $y' = (2x^4 + 4x^3 + 3x - 4)' = (2x^4)' + (4x^3)' + (3x)' - (4)'$

$= 2(x^4)' + 4(x^3)' + 3(x)' - (4)' = 2(4x^3) + 4(3x^2) + 3(1) - 0$

$= 8x^3 + 12x^2 + 3$

(2) $y' = (3x^2 + 2\cos x + 3)' = (3x^2)' + (2\cos x)' + (3)'$

$= 3(x^2)' + 2(\cos x)' + 0 = 3(2x) + 2(-\sin x)$

$= 6x - 2\sin x$

(3) $y' = (20x^2 + 3\sin x + 5\ln x) = (20x^2)' + (3\sin x)' + (5\ln x)$

$= 20(x^2)' + 3(\sin x)' + 5(\ln x)' = 20(2x) + 3(\cos x) + 5(\frac{1}{x})$

$= 40x + \frac{5}{x} + 3\cos x$

(4) $y' = (3\sin x + 2\cos x + 2^x)' = (3\sin x)' + (2\cos x)' + (5 \cdot 2^x)'$

$= 3(\sin x)' + 2(\cos x)' + 5(2^x)'$

$= 3\cos x - 2\sin x + (5\ln 2)2^x$

예제 1.2.6

다음 함수의 도함수를 구하라.

(1) $f(x) = (3x+1)(x^2+4x)$

(2) $f(x) = (4x^2-1)(7x^2+x)$

(3) $f(x) = 2x^3\sin x$

(4) $f(x) = 2x^2\ln x$

(5) $f(x) = 2\cos x \log_3 x$

(6) $f(x) = 2^x \log_5 x$

풀이 주어진 함수는 기본함수들의 곱 함수임을 깨닫자.

(1) $f'(x) = (3x+1)'(x^2+4x) + (3x+1)(x^2+4x)'$
$= 3x(x^2+4x) + (3x+1)(2x+4)$
$= 3x^3 + 12x^2 + 6x^2 + 12x + 2x + 4$
$= 3x^3 + 18x^2 + 14x + 4$

(2) $f'(x) = (4x^2-1)'(7x^2+x) + (4x^2-1)(7x^2+x)'$
$= 8x(7x^2+x) + (4x^2-1)(14x+1)$
$= 56x^3 + 8x^2 + 56x^3 + 4x^2 - 14x - 1$
$= 112x^3 + 12x^2 - 14x - 1$

(3) $f'(x) = (2x^3\sin x)' = 2(x^3\sin x)'$

$= 2[(x^3)'\sin x + x^3(\sin x)'] = 2[(3x^2)\sin x + x^3(-\cos x)]$

$= 6x^2\sin x - x^3\cos x$

(4) $f'(x) = (2x^2\ln x)' = 2(x^2\ln x)' = 2[(x^2)'\ln x + x^2(\ln x)']$

$= 2(2x\ln x + x^2\frac{1}{x}) = 4x\ln x + x$

(5) $f'(x) = (2\cos x\log_3 x)' = 2(\cos x\log_3 x)'$

$= 2[(\cos x)'\log_3 x + \cos x(\log_3 x)']$

$$= 2[(-\sin x)\log_3 x + (\cos x)(\log_3 e\frac{1}{x})]$$

$$=-2\sin x\log_3 x + \log_3 e\frac{1}{x}\cos x$$

(6) $f'(x) = (2^x \log_5 x)'$

$$= (2^x)'\log_5 x + 2^x(\log_5 x)'$$

$$= (\ln 2)2^x\log_5 x + (\log_5 e)\frac{1}{x}2^x$$

예제 1.2.7

다음 함수의 도함수를 구하라.

(1) $f(x) = \dfrac{1}{x}$　　(2) $f(x) = x^{-7}$

(3) $f(x) = \dfrac{3-2x}{3+2x}$　　(4) $f(x) = \dfrac{3x-1}{x^2+1}$

풀이 주어진 함수는 분수함수 이다.

(1) $f'(x) = (\frac{1}{x})'$

$$= \frac{(1)'x-(1)(x)'}{x^2} = \frac{0\cdot x-(1)(1)}{x^2} = -\frac{1}{x^2}$$

(2) $f'(x) = (x^{-7})'$

$$= (\frac{1}{x^7})' = \frac{(1)'x^7-(1)(x^7)'}{(x^7)^2}$$

$$= \frac{0\cdot x^7-(1)(7x^6)}{x^{14}}$$

$$=-\frac{7x^6}{x^{14}} = -7x^{-8}$$

(3) $f'(x) = (\frac{3-2x}{3+2x})'$

$$= \frac{(3-2x)'(3+2x)-(3-2x)(3+2x)'}{(3-2x)^2}$$

$$= \frac{-2(3+2x)-(3-2x)(2)}{(3+2x)^2}$$

$$= \frac{-6-4x-6+4x}{(3+2x)^2} = -\frac{12}{(3+2x)^2}$$

(4) $$f'(x) = \frac{(3x-1)'(x^2+1)-(3x-1)(x^2+1)'}{(x^2+1)^2}$$

$$= \frac{(3)(x^2+1)-(3x-1)(2x)}{(x^2+1)^2}$$

$$= -\frac{3x^2-2x-3}{(x^2+1)^2}$$

참고 삼각함수의 정의를 소개한다.

(1) $\tan x = \dfrac{\sin x}{\cos x}$. (2) $\cot x = \dfrac{\cos x}{\sin x}$.

(3) $\sec x = \dfrac{1}{\cos x}$. (4) $\csc x = \dfrac{1}{\sin x}$ 이다.

정리 1.2.3 (삼각함수의 미분법)

(1) $(\sin x)' = \cos x$ (2) $(\cos x)' = -\sin x$

(3) $(\tan x)' = \sec^2 x$ (4) $(\cot x)' = -\csc^2 x$

(3) $(\sec x)' = \sec x \tan x$ (6) $(\csc x)' = -\csc x \cot x$

증명 (1)과 (2)는 이미 증명하였다. 나머지는 (1)과 (2)를 이용하고 $\sin x$와 $\cos x$로 얻어지는 분수함수임으로 분수함수의 도함수 미분법을 쓴다.

(3) $$y' = \left(\frac{\sin x}{\cos x}\right)'$$

$$= \frac{(\sin x)'\cos x - \sin x(\cos x)'}{(\cos x)^2}$$

$$= \frac{(\cos x)\cos x - \sin x(-\sin x)}{\cos^2 x}$$

$$= \frac{\cos^2 x + \sin^2 x}{\cos^2 x}$$

$$= \frac{1}{\cos^2 x}$$

$$= \sec^2 x$$

(4) $y' = (\frac{\cos x}{\sin x})' = \frac{(\cos x)' \sin x - \cos x (\sin x)'}{(\sin x)^2}$

$= \frac{(-\sin x)(\sin x) - \cos x (\cos x)}{\sin^2 x}$

$= \frac{-\sin x - \cos^2 x}{\sin^2 x}$

$= \frac{-1}{\sin^2 x}$

$= -\csc^2 x$

(5) $y' = (\frac{1}{\cos x})' = \frac{(1)' \cos x - 1(\cos x)'}{\cos^2 x}$

$= \frac{-(-\sin x)}{\cos^2 x} = \frac{1}{\cos x} \frac{\sin x}{\cos x}$

$= \sec x \tan x$

(6) $y' = (\frac{1}{\sin x})' = \frac{(1)' \sin x - 1(\sin x)'}{\sin^2 x}$

$= \frac{-\cos x}{\sin^2 x}$

$= -\frac{1}{\sin x} \frac{\cos x}{\sin x}$

$= -\csc x \cot x$

예제 1.2.8

다음 함수의 도함수를 구하라.

(1) $f(x) = \frac{\sin x}{x^2}$ (2) $f(x) = \frac{\cos x}{2^x}$

(3) $f(x) = \frac{\ln x}{x^3}$ (4) $f(x) = \frac{\ln x}{\sin x}$

풀이 주어진 함수들은 분수함수이다.

(1) $f'(x) = (\frac{\sin x}{x^2})' = \frac{(\sin x)' x^2 - \sin x (x^2)'}{(x^2)^2}$

$$= \frac{(\cos x)x^2 - 2x\sin x}{x^4}$$

$$= \frac{-2x\sin x + x^2\cos x}{x^4}$$

(여기서 $\sin^2 x + \cos^2 x = 1$과 $\dfrac{1}{\cos^2 x} = \sec^2 x$ 임을 사용하였다)

(2) $f'(x) = \left(\dfrac{\cos x}{2^x}\right)' = \dfrac{(\cos x)' 2^x - \cos x (2^x)'}{(2^x)^2}$

$$= \frac{-2^x \sin x - (\ln 2)2^x \cos x}{2^{2x}}$$

$$= -\frac{\sin x + (\ln 2)\cos x}{2^x}$$

(3) $f'(x) = \left(\dfrac{\ln x}{x^3}\right)' = \dfrac{(\ln x)' x^3 - \ln x (x^3)'}{(x^3)^2}$

$$= \frac{\left(\frac{1}{x}\right)x^3 - 3x^2 \ln x}{x^6} = \frac{x^2 - 3x^2 \ln x}{x^6}$$

$$= \frac{1 - 3\ln x}{x^4}$$

(4) $f'(x) = \left(\dfrac{\ln x}{\sin x}\right)' = \dfrac{(\ln x)' \sin x - (\ln x)(\sin x)'}{(\sin x)^2}$

$$= \frac{\frac{1}{x}\sin x - \cos x \ln x}{\sin^2 x}$$

$$= \frac{\sin x - x\cos x \ln x}{x\sin^2 x}$$

고계도함수

함수 $y = f(x)$가 도함수 $f'(x)$를 가지면 $f'(x)$는 또 하나의 함수가 된다. 이 함수 $f'(x)$를 $f(x)$의 1계도함수라 부른다. 이 1계도함수의 도함수가 존재할 때 이도함수를 $f(x)$의 2계도함수라 하고

$$y'',\ f''(x),\ \frac{d^2y}{dx^2},\ \frac{df^2}{dx^2}(x),\ D^2 f(x)$$

등으로 쓴다. 이 2계도 함수의 도함수가 또 존재하면 이를 $f(x)$의 3계도함수라 부르고

$$y''', \ f'''(x), \frac{d^3y}{dx^3}, \ \frac{d^3f}{dx^3}(x), \ D^3f(x)$$

등으로 나타낸다. $n \geq 4$일 때도 같은 방법으로 정의하고 또 나타낸다. 일반적으로 $n \geq 2$일 때 n계도함수 $f^{(n)}$을 f의 고계도함수라 한다.

지금까지 얻은 여러 함수의 도함수를 모으면 다음과 같다.

(1) $(x^n)' = nx^{n-1}$ (n은 정수)

(2) $(\log_a x)' = \dfrac{1}{x}\log_a e$ (3) $(a^x) = a^x \ln a$

(4) $(\sin x)' = \cos x$ (5) $(\cos x)' = -\sin x$

(6) $(\tan x)' = \sec^2 x$ (7) $(\cot x)' = -\csc^2 x$

(8) $(\sec x)' = \sec x \tan x$ (9) $(\csc x)' = -\csc x \cot x$

1.2 연습문제

1. 다음 함수의 도함수를 구하라.

(1) $y = \sqrt{3}$

(2) $y = 3^{\pi}$

(3) $y = 3x^3$

(4) $y = 10x^{20}$

(5) $y = 3\sin x$

(6) $y = 5 \cdot 3^x$

(7) $y = x^2 + 3x + 1$

(8) $y = x^3 + 3x^2 + 1$

(9) $y = \cos x + 2x + 10$

(10) $y = x^2 + \log_{10} x + 10$

(11) $y = 2x + \sin x - 3\ln x$

(12) $y = (2x+1)(x^2 - 3x + 2)$

(13) $y = (x^4 + 2x)(3x + 4)$

(14) $y = 2x\cos x$

(15) $y = 2\cos x \log_2 x$

(16) $y = 2^x \cos x$

(17) $y = 3^x \ln x$

(18) $y = \dfrac{1}{x^2}$

(19) $y = \dfrac{3x+2}{2x+3}$

(20) $y = \dfrac{x^2+2}{3-x^2}$

(21) $y = \dfrac{\cos x}{x}$

(22) $y = \dfrac{\ln x}{2^x}$

해답

1. (1) 0 (2) 0 (3) $9x^2$

(4) $200x^{19}$ (5) $3\cos x$ (6) $5 \cdot 3^x \ln 3$

(7) $2x+3$ (8) $3x^2+6x$ (9) $-\sin x + 2$ (10) $2x + \dfrac{1}{x}\log_{10} e$

(11) $2 + \cos x - \dfrac{3}{x}$ (12) $2x^3 - 2x - 3$ (13) $15x^4 + 16x^3 + 12x + 8$

(14) $2\cos x - 2x\sin x$ (15) $-2\sin x \log_2 x + 2\dfrac{1}{x}\cos x \log_2 e$

(16) $(\ln a)2^x \cos x - 2^x \sin x$ (17) $3^x(\ln 3)\ln x + \dfrac{1}{x}3^x$ (18) $-2\dfrac{1}{x^3}$

(19) $\dfrac{5}{(2x+3)^2}$ (20) $\dfrac{10x}{(3-x^2)^2}$ (21) $\dfrac{-x\sin x - \cos x}{x^2}$

(22) $\dfrac{1/x - (\ln 2)\ln x}{2^x}$

1.3 합성함수의 도함수 : 연쇄법칙, 역함수미분, 매개변수미분

함수 $f: X \to Y$와 함수 $g: Y \to Z$에 대하여 X의 각 원소 x에 대하여 Z의 원소 $g(f(x))$를 대응시키는 함수를 f와 g의 합성 함수라 하고 기호 $g \circ f: X \to Z$로 나타낸다. 다음은 합성함수의 미분법인 연쇄법칙을 다룬다.

정리 1.3.1 (연쇄법칙)
함수 f가 미분가능하고 함수 $g(x)$가 $f(x)$의 치역을 포함하는 구간에서 미분 가능할 때 그 합성함수 $y = (g \circ f)(x)$는 미분가능하고, 그의 도함수는 다음과 같다.

$$y' = g'(f(x))f'(x)$$

이다. 또한 $u = f(x)$라 두면

$$\frac{dy}{dx} = \frac{dy}{du}\frac{du}{dx}$$

이 된다.

증명 $y = g(f(x))$라 두면

$$\frac{dy}{dx} = \lim_{\Delta x \to 0} \frac{g(f(x+\Delta x)) - g(f(x))}{\Delta x}$$

이며 x의 증분 Δx에 대하여 $z = f(x)$, $y = g(z)$의 증분을 각각 $\Delta z, \Delta y$라 하면

$$\Delta y = g(f(x+\Delta x) - g(f(x)) = g(z+\Delta z) - g(z)$$

이다. $z = f(x)$는 연속이므로 $\Delta x \to 0$이면 $\Delta z = f(x+\Delta x) - f(x) \to 0$이다. 따라서

$$\begin{aligned}
\frac{dy}{dx} &= \lim_{\Delta x \to 0} \frac{g(f(x+\Delta x)) - g(f(x))}{\Delta x} \\
&= \lim_{\Delta x \to 0} \frac{f(z+\Delta z) - f(z)}{\Delta x} \\
&= \lim_{\Delta x \to 0} \frac{g(z+\Delta z) - g(z)}{\Delta z} \cdot \frac{\Delta z}{\Delta x} \\
&= \lim_{\Delta x \to 0} \frac{g(z+\Delta z) - g(z)}{\Delta z} \cdot \lim_{\Delta \to 0} \frac{\Delta z}{\Delta x} \\
&= \lim_{\Delta x \to 0} \frac{g(z+\Delta z) - g(z)}{\Delta z} \cdot \lim_{\Delta \to 0} \frac{f(x+\Delta x) - f(x)}{\Delta x} \\
&= \frac{dy}{dz}\frac{dz}{dx} = g'(z)f'(x) = g'(f(x)f'(x)
\end{aligned}$$

r이 유리수이고 $y = x^r$일 때 도함수는 $\frac{dy}{dx} = rx^{r-1}$임이 알려져 있다. 증명은 본 절의 마지막에서 음함수를 소개한 후 음함수 미분법을 써서 하겠다.

예제 1.3.1

다음 함수의 도함수를 구하라.

(1) $y = \sqrt{x}$ (2) $y = \sqrt[3]{x^2}$ (3) $y = x^{\frac{3}{4}}$

풀이 각 문제의 지수는 유리수임을 안다. 정리 1.3.1을 이용하면 다음과 같다.

$$(1)\ y' = (x^{\frac{1}{2}})' = \frac{1}{2}x^{-\frac{1}{2}} = \frac{1}{2\sqrt{x}}$$

$$(2)\ y' = (x^{\frac{2}{3}})' = \frac{2}{3}x^{-\frac{1}{3}} = \frac{2}{3\sqrt[3]{x}}$$

$$(3)\ y' = (x^{\frac{3}{4}})' = \frac{3}{4}x^{-\frac{1}{4}} = \frac{3}{4\sqrt[4]{x}}$$

예제 1.3.2

다음 함수의 도함수를 구하라.

(1) $y = (x^3 + 5x - 1)^{20}$ (2) $y = \frac{1}{(x^2+4)^3}$

(3) $y = \sqrt{x^2 + 4x + 5}$ (4) $y = (x + \frac{1}{x+1})^{10}$

풀이 주어진 함수는 두 함수의 합성으로 이해하는 것이 중요하다.

(1) 주어진 함수는 $g(x) = x^{20}$와 $f(x) = x^3 + 5x + 1$의 합성이다. 따라서

$$\begin{aligned} y' &= g(f(x)' = g'(f(x))f'(x) \\ &= 20(x^3 + 5x - 1)^{19}(3x^2 + 5) \\ &= 20(3x^2 + 5)(x^3 + 5x - 1)^{19} \end{aligned}$$

(2) 주어진 함수는 $g(x) = x^{-3}$과 $f(x) = x^2 + 4$의 합성이다. 따라서

$$\begin{aligned} y' &= g(f(x))' = g'(f(x))f'(x) \\ &= -3(x^2+4)^{-4}(2x) \end{aligned}$$

$$= -\frac{6x}{(x^2+4)^4}$$

(3) 주어진 함수는 $g(x) = \sqrt{x}$ 와 $f(x) = x^2+4x+5$ 의 합성이다. 따라서

$$y' = g(f(x))' = g'(f(x))f'(x)$$
$$= \frac{1}{2\sqrt{x^2+4x+5}}(2x+4)$$
$$= \frac{2x+2}{\sqrt{x^2+4x+5}}$$

(4) 주어진 함수는 $g(x) = x^{10}$과 $f(x) = x + \frac{1}{x+1}$ 의 합성이다. 따라서

$$y' = 10\left(x+\frac{1}{x+1}\right)^9\left(x+\frac{1}{x+1}\right)'$$
$$= 10\left(x+\frac{1}{x+1}\right)^9\left(1-\frac{1}{(x+1)^2}\right)$$

예제 1.3.3

다음 함수의 도함수를 구하라.

(1) $y = \sin 2x$ (2) $y = \sin\sqrt{x}$

(3) $y = \cos(2x+3)$ (4) $y = \cos(x^2+1)$

풀이 합성함수의 도함수미분법을 이용하며, 각 함수는 두 함수의 합성임을 이해 해야한다.

(1) $g(x) = \sin x$ 와 $f(x) = 2x$ 의 합성이다. 따라서

$$\frac{d}{dx}\sin 2x = \cos 2x\frac{d}{dx}(2x)$$
$$= 2\cos 2x$$

(2) $g(x) = \sin x$ 와 $f(x) = \sqrt{x}$ 의 합성함수이다. 따라서

$$\frac{d}{dx}\sin\sqrt{x} = \cos\sqrt{x}\frac{d}{dx}\sqrt{x}$$
$$= \cos\sqrt{x} \cdot \left(\frac{1}{2}\frac{1}{\sqrt{x}}\right) = \frac{\cos\sqrt{x}}{2\sqrt{x}}$$

(3) $g(x) = \cos x$ 와 $f(x) = 2x+1$ 의 합성이다. 따라서

$$\frac{d}{dx}\cos(2x+1) = -\sin(2x+1)\frac{d}{dx}(2x+1)$$
$$= -2\sin(2x+1)$$

(4) $g(x)=\cos x$와 $f(x)=x^2+1$의 합성이다. 따라서

$$\frac{d}{dx}\cos(x^2+1)=-\sin(x^2+1)\frac{d}{dx}(x^2+1)$$
$$=-2x\sin(x^2+1)$$

예제 1.3.4

다음 함수의 도함수를 구하라.

(1) $y=\cos^2 2x$ (2) $y=\tan x^2$

(3) $y=\cot^2(x^2+1)$ (4) $y=\sin(\log_3 x)$

풀이 합성함수의 도함수미분법을 이용하며, 각 함수는 두 함수의 합성임을 이해 해야한다.

(1) $g(x)=x^2$과 $f(x)=\cos 2x$의 합성이다. 따라서

$$\frac{d}{dx}\cos^2 2x=2\cos 2x\frac{d}{dx}\cos 2x$$
$$=(2\cos 2x)(-\sin 2x\frac{d}{dx}(2x))$$
$$=-4\sin 2x\cos 2x$$
$$=-2\sin 4x$$

(2) $g(x)=\tan x$이고 $f(x)=x^2$의 합성이다. 따라서

$$\frac{d}{dx}\tan x^2=\sec^2(x^2)\frac{d}{dx}x^2$$
$$=2x\sec^2(x^2)$$

(3) $g(x)=x^2$과 $f(x)=\cot(x^2+1)$의 합성이다. 따라서

$$\frac{d}{dx}\cot^2(x^2+1)=2\cot(x^2+1)\frac{d}{dx}\cot(x^2+1)$$
$$=2\cot(x^2+1)[-\csc^2(x^2+1)\frac{d}{dx}(x^2+1)]$$
$$=-2x\csc^2(x^2+1)\cot(x^2+1)$$

(4) $g(x)=\sin x$이고 $f(x)=\log_3^x$의 합성이다. 따라서

$$\frac{d}{dx}\sin(\log_3 x)=\cos(\log_3 x)\frac{d}{dx}\log_3 x=\log_3 e\frac{1}{x}\cos(\log_3 x)$$

예제 1.3.5

다음 함수의 도함수를 구하라

(1) $y = \tan 4x$　　(2) $y = \tan^2(x^2)$

(3) $y = \cot^3 2x$　　(4) $y = \cot^3(\ln x)$

풀이 합성함수의 도함수미분법을 이용하며, 각 함수는 두 함수의 합성임을 이해 해야 한다.

(1) $$\frac{d}{dx}\tan 4x = \sec^2 4x \frac{d}{dx}(4x)$$
$$= 4x\sec^2 4x$$

(2) $$\frac{d}{dx}\tan^2(x^2) = 2\tan(x^2)\frac{d}{dx}(\tan x^2)$$
$$= 2\tan(x^2)\sec^2(x^2)\frac{d}{dx}(x^2)$$
$$= 4x\tan x^2\sec^2 x^2$$

(3) $$\frac{d}{dx}\cot^3 2x = 3\cot^2 2x\frac{d}{dx}\cot 2x$$
$$= 3\cot^2 2x \cdot (-\csc^2 2x)\frac{d}{dx}(2x)$$
$$= -6\cot^2 2x\csc^2 2x$$

(4) $$\frac{d}{dx}\cot^3(\ln x) = 3(\cot^2(\ln x))\frac{d}{dx}(\cot(\ln x))$$
$$= 3(\cot^2(\ln x))(-\csc^2(\ln x))\frac{d}{dx}(\ln x)$$
$$= -3\frac{1}{x}(\cot^2(\ln x))(\csc^2(\ln x))$$

예제 1.3.6

다음 함수의 도함수를 구하라.

(1) $y = \sec(2x+1)$　　(2) $y = \csc(\sqrt{x}+2)$

풀이 합성함수의 도함수미분법을 이용하며, 각 함수는 두 함수의 합성임을 이해 해야한다.

(1) $$\frac{d}{dx}\sec\sqrt{2x+1} = \sec\sqrt{2x+1}\tan\sqrt{2x+1} \cdot \frac{d}{dx}\sqrt{2x+1}$$
$$= \sec\sqrt{2x+1}\tan\sqrt{2x+1} \cdot \frac{1}{2\sqrt{2x+1}}\frac{d}{dx}(2x+1)$$

$$= \frac{\sec\sqrt{2x+1}\tan\sqrt{2x+1}}{\sqrt{2x+1}}$$

(2) $$\frac{d}{dx}\csc(\sqrt{x}+x^2) = -\csc(\sqrt{x}+x^2)\cot(\sqrt{x}+x^2)\frac{d}{dx}(\sqrt{x}+x^2)$$

$$= -\csc(\sqrt{x}+x^2)\cot(\sqrt{x}+x^2)\cdot\left(\frac{1+4x\sqrt{x}}{2\sqrt{x}}\right)$$

$$= -\frac{(1+4x\sqrt{x})\csc(\sqrt{x}+x^2)\cot(\sqrt{x}+x^2)}{2\sqrt{x}}$$

$$= -\frac{(1+4x\sqrt{x})\cos(\sqrt{x}+x^2)}{2\sqrt{x}\sin^2(\sqrt{x}+x^2)}$$

정리 1.3.2 (역함수미분법)

$y=f(x)$가 미분가능하고 그의 역함수 $x=f^{-1}(y)$가 존재하면 역함수는 $y=f(x)$의 치역에서 미분가능하고

$$\frac{dx}{dy} = \frac{1}{\frac{dy}{dx}}$$

이다. 즉 $\frac{d}{dy}f^{-1}(y) = \frac{1}{\frac{d}{dx}f(x)}$이다.

증명 충분히 작은 Δy에 대하여 $f(x)$는 전단사함수이므로 $y+\Delta y = f(x+\Delta x)$되는 Δx가 존재한다. 또

$$\Delta y = f(x+\Delta x) - f(x),\ \ \Delta x = f^{-1}(y+\Delta y) - f^{-1}(y)$$

이며 $\Delta y \to 0$이면 $\Delta x \to 0$이다. 따라서

$$\frac{dx}{dy} = \frac{d}{dy}f^{-1}(y) = \lim_{\Delta y\to 0}\frac{f^{-1}(y+\Delta y)-f^{-1}(y)}{\Delta y}$$

$$= \lim_{\Delta y\to 0}\frac{\Delta x}{f(x+y)-f(x)}$$

$$= \lim_{\Delta x\to 0}\frac{1}{\frac{f(x+\Delta x)-f(x)}{\Delta x}}$$

$$= \frac{1}{\frac{d}{dx}f(x)} = \frac{1}{\frac{dy}{dx}} = \frac{dx}{dy}$$

예제 1.3.7

$y=f(x)=x^3-1$에 대하여

(1) $y=f(x)$의 역함수 $x=f^{-1}(y)$를 구하라.

(2) (1)에서 구한 역함수의 도함수를 구하라.

(3) 정리 1.3.3을 이용하여 구하라.

(4) $(f^{-1})'(7)$을 계산하라.

풀이 $y=x^3-1$을 x에 대하여 풀면 $x=\sqrt[3]{y+1}$이다. 따라서 $f(x)$의 역함수는 $x=f^{-1}(y)=\sqrt[3]{y+1}$이다.

(2) $x=\sqrt[3]{y+1}=(y+1)^{\frac{1}{3}}$를 y에 대하여 미분하면

$$\begin{aligned}\frac{dx}{dy}&=\frac{1}{3}(y+1)^{-\frac{2}{3}}\cdot\frac{d}{dy}(y+1)\\&=\frac{1}{3\sqrt[3]{(y+1)^2}}\end{aligned}$$

(3) $\dfrac{dy}{dx}=3x^2$이므로

$$\frac{dx}{dy}=\frac{1}{\dfrac{dy}{dx}}=\frac{1}{3x^2}=\frac{1}{3\sqrt[3]{(y+1)^2}}$$

을 얻을 수 있다.

(4) $f(a)=a^3-1=7$이므로 $a=2$이다. 따라서

$$(f^{-1})'(7)=\frac{1}{f'(2)}=\frac{1}{12}$$

이다.

예제 1.3.8

함수 $y=f(x)=(x-1)^2-1\ (x>1)$에 대하여 $(f^{-1})'(8)$을 구하라. 또 역함수의 곡선 위 $(8,4)$에서 접선의 방정식을 구하라.

풀이 $\dfrac{dy}{dx}=2(x-1)$이므로 역함수의 도함수는

$$(f^{-1})'(y) = \frac{dx}{dy} = \frac{1}{\frac{dy}{dx}}$$
$$= \frac{1}{2(x-1)} = \frac{1}{2\sqrt{y+1}}$$

이다. 한편

$f(a)=8$, 즉 $(a-1)^2-1=8$을 풀면 $a=4\ (a>1)$이다. 또 $f'(4)=6$이므로

$$(f^{-1})'(8) = \frac{1}{f'(4)} = \frac{1}{6}$$

이다. 마지막으로 역함수의 곡선 위의 점 $(8, 4)$에서 접선의 기울기는 $\frac{1}{6}$이므로 따라서 구하는 접선의 방정식은

$$y-4 = \frac{1}{6}(x-8)$$

이다. 정리하면 $y = \frac{1}{6}x + \frac{8}{3}$이다.

정리 1.3.3 (매개변수미분법)

x와 y가 매개변수 t를 써서 $x=f(t)$, $y=g(t)$로 나타나고 $f(t)$와 $g(t)$는 t에 관하여 미분 가능하며 $f'(t) \neq 0$이며 $t=f^{-1}(x)$가 존재하면

$$\frac{dy}{dx} = \frac{g'(t)}{f'(t)} = \frac{dy/dt}{dx/dt}$$

가 성립한다.

증명 $x=f(t)$의 역함수 $t=f^{-1}(x)$와 $y=g(t)$의 합성함수 $y=g(f^{-1}(x))$에 대하여 연쇄법칙 정리 1.3.1과 역함수 미분 정리 1.3.2를 함께 쓰면

$$\frac{dy}{dx} = \frac{dy}{dt}\frac{dt}{dx}$$
$$= \frac{dy}{dt}\frac{1}{\frac{dx}{dt}} = \frac{dy/dt}{dx/dt}$$

가 성립한다.

예제 1.3.9

(1) $x=2t,\ y=t^3-1$일 때, $\dfrac{dy}{dx}$를 구하라.

(2) $x=t^3-3t$이고 $y=\sqrt{(t^2-1)^3}$일 때 $\dfrac{dy}{dx}$를 구하라.

풀이 (1) $\dfrac{dy}{dx}=\dfrac{dy/dt}{dx/dt}=\dfrac{3t^2}{2}=\dfrac{3}{2}t^2$

(2) $\dfrac{dy}{dx}=\dfrac{dy/dt}{dx/dt}=\dfrac{\frac{3}{2}(t^2-1)^{\frac{1}{2}}2t}{3(t^2-1)}=\dfrac{t}{(t^2-1)^{\frac{1}{2}}}=\dfrac{t}{\sqrt{t^2-1}}$

지금까지 우리는 함수를 $y=f(x)$로 나타내었다. x가 독립변수이고 y가 종속변수라 할 때 종수변수 y를 독립변수와 완전히 분리하여 y를 좌변에 두고 x를 포함하는 나머지 부분을 우변에 정리 할 수 있을 때를 다루었다. 이러한 표현을 양함수 표현이라 한다. 지금부터는

$$x^3+3xy^2+y^2=0$$

처럼 독립변수와 종속변수의 구분이 없이 나타나는 경우를 다룬다. 이러한 경우는 y를 x에 관하여 표현 할 수 없을 수도 있다. 이때는 x와 y에 관하여 관계식이

$$F(x,y)=0$$

의 형태로 주어지고 x와 y의 값을 적절하게 축소하면 x의 값에 $F(x,y)=0$를 만족하는 y의 값이 유일하게 존재할 때 y를 x에 관한 음함수라 부른다. 우리는 함수가 $F(x,y)=0$로 주어질 때 y를 x의 함수로 보고 합성함수의 미분법을 따라 $F(x,y)=0$의 양변을 x에 관하여 미분한 다음 $\dfrac{dy}{dx}$를 구한다. 이를 음함수미분법이라 부른다.

정리 1.3.4 r이 유리수 이고 $y=x^r$일 때,

$$\frac{dy}{dx}=rx^{r-1}$$

이다.

증명 r이 유리수 이므로 적당한 두 정수 m과 n이 있어서 $r = \dfrac{m}{n}$으로 쓸 수 있다. 따라서 $y = x^r = x^{\frac{m}{n}}$ 이 되며 이는

$$y^n = x^m$$

이 된다. 음함수 미분법을 써서 양변을 x로 미분하면

$$\frac{dy^n}{dx} = \frac{dy^n}{dy}\frac{dy}{dx} = ny^{n-1}\frac{dy}{dx}$$

$$ny^{n-1}\frac{dy}{dx} = mx^{m-1}$$

을 얻는다. 이를 $\dfrac{dy}{dx}$에 관하여 정리하면

$$\frac{dy}{dx} = \frac{m}{n}\frac{x^{m-1}}{y^{n-1}} = \frac{m}{n}\frac{x^{m-1}}{x^{\frac{mn-m}{n}}}$$

$$= \frac{m}{n}\frac{x^{m-1}}{x^{m-\frac{m}{n}}} = \frac{m}{n}x^{\frac{m}{n}-1}$$

$$= rx^{r-1}$$

이다.

예제 1.3.10

다음 함수의 도함수 $\dfrac{dy}{dx}$를 구하라.

(1) $x^2 + 5y - y^3 = 0$ (2) $x^2 - 3xy + y^2 - 2 = 0$

풀이 음함수 표현임을 알고 y를 x의 함수로 보고 양변을 x로 미분한다.

(1) $\dfrac{d}{dx}(x^2 + 5y - y^3) = \dfrac{d}{dx}0$,

$\dfrac{d}{dx}(x^2) + \dfrac{d}{dx}(5y) - \dfrac{d}{dy}(y^3) = 0$

한편 $\dfrac{d}{dx}y^3 = \dfrac{d}{dy}y^3\dfrac{dy}{dx} = 3y^2\dfrac{dy}{dx}$

이므로 $2x + 5\dfrac{dy}{dx} - 3y^2\dfrac{dy}{dx} = 0$ 이다.

여기서 $\dfrac{dy}{dx}$에 관하여 풀면 $\dfrac{dy}{dx} = \dfrac{2x}{3y^2 - 5}$ 이다.

(2) $\frac{d}{dx}(x^2-3xy+y^2-2)=\frac{d}{dx}0$, $2x-3(x)'y-3x(y)'+2yy'=0$

$2x-3y-3xy'+2yy'=0$ 따라서

$$y'=\frac{2x-36}{3x-2y}$$

이다.

예제 1.3.11

음함수 $x\sin y=2x^2-3$이 그리는 곡선 위의 점 $(\sqrt{2},\frac{\pi}{4})$에서의 접선의 방정식을 구하라.

풀이 주어진 함수의 양변을 x에 관하여 미분하면

$$\sin y+(x\cos y)\frac{dy}{dx}=4x$$

따라서 $\frac{dy}{dx}=\frac{4x-\sin y}{x\cos y}$이며 점$(\sqrt{2},\frac{\pi}{4})$에서 접선의 기울기는

$$\frac{dy}{dx}(\sqrt{2},\frac{\pi}{4})=\frac{4\sqrt{2}-\sin\frac{\pi}{4}}{\sqrt{2}\cos\frac{\pi}{4}}=\frac{4\sqrt{2}-\frac{\sqrt{2}}{2}}{\sqrt{2}\frac{\sqrt{2}}{2}}=\frac{7}{\sqrt{2}}$$

그러므로 접선의 방정식은

$$y-\frac{\pi}{4}=\frac{7}{\sqrt{2}}(x-\sqrt{2})$$

즉 $y=\frac{7}{\sqrt{2}}x-7+\frac{\pi}{4}$이다.

예제 1.3.12

$\sin xy=y$에서 $(\frac{\pi}{2},1)$에서 $\frac{dy}{dx}$의 값을 구하라.

풀이 양변을 x에 관하여 미분하면

$$\frac{d}{dx}(\sin xy)=\frac{d}{dx}y$$

$$(\cos xy)(y+xy')=y'$$

이다. 따라서 y' 으로 정리하면

$$y' = \frac{y\cos xy}{1 - x\cos xy}$$

이다. 점$(\frac{\pi}{2}, 1)$에서 $y'|_{(\frac{\pi}{2}, 1)} = \dfrac{1 \cdot \cos\frac{\pi}{2}}{1 - \frac{\pi}{2}\cos\frac{\pi}{2}} = 0$ 이다

1.3 연습문제

1. 다음 도함수를 구하라.

(1) $y=(x^3+x^2+1)^7$

(2) $y=(x^3+7x+1)^{35}$

(2) $y=\dfrac{1}{2x^4+x^2+8}$

(4) $y=\sqrt{x^2+2x+3}$

2. 다음 삼각함수의 도함수를 구하라.

(1) $y=4\sin 3x$

(2) $y=\cos(x^2+1)$

(3) $y=\sin^2(2x+3)$

(4) $y=\tan(\sqrt{2x+1})$

(5) $y=\cos(\ln x)$

(6) $y=\cot^2(3x+3)$

(7) $y=\sec(\sqrt{2x+5})$

(8) $y=\csc(x^3+2x)$

3. 함수 $f(x)=x^3+2x$일 때 $f^{-1}(3)$을 구하라.

4. 다음 매개변수의 도함수를 구하라.

(1) $x=\sin t,\quad y=t^2+2t+3$

(2) $x=\tan t,\quad y=\sqrt{t^2+2}$

5. 음함수의 미분법을 이용하여 도함수를 구하라.

(1) $y^3+5y-x^3=0$

(2) $x^2-xy+y^2=1$

(3) $\sqrt{x+y}+xy=17$

(4) $x^2y-y^2=6$

(5) $xy^3=12+xy^2$

(6) $xy^{\frac{3}{2}}+4=2x+y$

해답

1. (1) $7(3x^2+2x)(x^3+x^2+1)^6$ (2) $35(3x^2+7)(x^3+7x+1)^{35}$

(3) $\dfrac{8x^3+2x}{(2x^4+x^2+8)^2}$ (4) $\dfrac{x+1}{\sqrt{x^2+2x+3}}$

2. (1) $12\cos 3x$ (2) $-2x\sin(x^2+1)$

(3) $2\sin(2x+3)\cos(2x+3)$ (4) $\dfrac{\sec^2(\sqrt{2x+1})}{\sqrt{2x+1}}$

(5) $-\dfrac{\sin(\ln x)}{x}$ (6) $-6\cot(3x+3)\csc^2(3x+3)$

(7) $\dfrac{1}{\sqrt{2x+5}}\sec(\sqrt{2x+5})\tan(\sqrt{2x+5})$ (8) $-(x^3+2)\csc(x^3+2x)\cot(x^3+2x)$

3. $\dfrac{1}{5}$

4. (1) $\dfrac{2t+2}{\cos t}$ (2) $\dfrac{2t\cos^2 t}{\sqrt{t^2+2}}$

5. (1) $\dfrac{3x^2}{3y^2+5}$ (2) $\dfrac{y-2x}{2y-x}$

(3) $\dfrac{-2y\sqrt{x+y}}{1+x\sqrt{x+y}}$ (4) $\dfrac{-2xy}{x^2-3y^2}$

(5) $\dfrac{y^2-y^3}{3xy^2-2xy}$ (6) $\dfrac{4-2\sqrt{y^3}}{3(x\sqrt{y}-2)}$

1.4 로그함수와 지수함수의 도함수

로그(함수)의 성질

$a>0,\ a\neq 1, x>0,\ y>0$이고 k가 실수 일 때

(1) $\log_a 1=0, \log_a a=1$

(2) $\log_a xy=\log_a x+\log_a y$

(3) $\log_a \dfrac{x}{y}=\log_a x-\log_a y$

(4) $\log_a x^k=k\log_a x$

(5) $(\log_a x)'=\dfrac{1}{x}\log_a e$

(6) $(\log_a f(x))'=\dfrac{f'(x)}{f(x)}\log_a e$

(7) $(\ln x)'=\dfrac{1}{x}$

(8) $(\ln f(x))'=\dfrac{f'(x)}{f(x)}$

예제 1.4.1

다음 함수의 도함수를 구하라.

(1) $y=\ln(\dfrac{x^2\cos x}{\sqrt{1+x}})$

(2) $y=\ln\left(x^3\sqrt{\dfrac{x+1}{(x+2)^3}}\right)$

풀이 (1) 로그의 성질을 이용하여 곱을 합·차로 다시 쓰면

$$y=\ln(\frac{x^2\cos x}{\sqrt{1+x}})=\ln(x^2\cos x)-\ln(1+x)^{\frac{1}{2}}$$

$$=2\ln x+\ln\cos x-\frac{1}{2}\ln(1+x)$$

이므로 합성함수 미분법을 사용하면 다음과 같다.

$$y'=\frac{d}{dx}[2\ln x+\ln\cos x-\frac{1}{2}\ln(1+x)]$$

$$=\frac{d}{dx}(2\ln x)+\frac{d}{dx}(\ln(\cos x))-\frac{d}{dx}(\frac{1}{2}\ln(1+x))$$

$$=\frac{2}{x}-\frac{\sin x}{\cos x}-\frac{1}{2}\frac{1}{1+x}$$

$$= \frac{3x+4}{2x(x+1)}\tan x$$

(2) 로그의 성질을 이용하면

$$\begin{aligned} y &= \ln\left(x^3\sqrt{\frac{x+1}{(x+2)^3}}\right) \\ &= \ln x^3 + \frac{1}{2}\ln\frac{x+1}{(x+2)^3} \\ &= 3\ln x + \frac{1}{2}\ln(x+1) - \frac{3}{2}\ln(x+2) \end{aligned}$$

따라서

$$\begin{aligned} y' &= 3(\ln x)' + \frac{1}{2}(\ln(x+1))' - \frac{3}{2}(\ln(x+2))' \\ &= \frac{3}{x} + \frac{1}{2}\frac{1}{x+1} - \frac{3}{2}\frac{1}{x+2} \end{aligned}$$

이다.

로그미분법

주어진 함수 $y=f(x)$의 도함수를 구할 때 $f(x)$를 그대로 미분하는 것보다 먼저 함수의 양변에 자연로그(밑이 e인 로그를 말한다. 미분적분학에서는 로그라 하면 자연로그를 통상 지칭한다.)를 취한 다음 미분하는 것이 편리할 때가 많다. 이러한 미분법을 로그미분법이라 한다.

예제 1.4.2

로그미분법을 사용하여 도함수를 구하라.

(1) $y = \dfrac{1+x^2}{1-x^2}$ (2) $y = \dfrac{(2x+1)^3(x+2)^2}{(x+3)^2}$

(3) $y = \dfrac{x^2\sqrt[3]{5x-12}}{(1+x^2)^4}$

풀이 (1) 양변에 로그를 취하면 로그의 성질에 의하여

$$\ln y = \ln \frac{1+x^2}{1-x^2} = \ln(1+x^2) - \ln(1-x^2)$$

이다. 양변을 x로 미분하면

$$\frac{1}{y}\frac{dy}{dx} = \frac{2x}{1+x^2} - \frac{-2x}{1-x^2}$$

이며 정리하면

$$\frac{dy}{dx} = \frac{1+x^2}{1-x^2}\left(\frac{2x}{1+x^2} + \frac{2x}{1-x^2}\right)$$

이다.

(2) 양변에 로그를 취하면 로그의 성질에 의하여

$$\ln y = \ln \frac{(2x+1)^3(x+2)^2}{(x+3)^2} = 3\ln(2x+1) + 2\ln(x+2) - 2\ln(x+3)$$

양변을 x로 미분하면

$$\frac{1}{y}\frac{dy}{dx} = 3 \cdot \frac{2}{2x+1} + 2\frac{1}{x+2} - 2\frac{1}{x+3}$$

이며, 정리하면

$$\frac{dy}{dx} = 2\frac{(2x+1)^3(x+2)^2}{(x+3)^2}\left[\frac{3}{2x+1} + \frac{1}{x+2} - \frac{1}{x+3}\right]$$

이다.

(3) 양변에 로그를 취하면 로그의 성질에 의하여

$$\ln y = 3\ln x + \frac{1}{3}\ln(5x-12) - 4\ln(1+x^2)$$

이다. 음함수 미분법을 쓰기 위하여 양변을 x에 관하여 미분을 하면

$$\begin{aligned}\frac{1}{y}\frac{dy}{dx} &= \frac{d}{dx}\left[3\ln x + \frac{1}{3}\ln(5x-12) - 4\ln(1+x^2)\right] \\ &= 3\frac{d}{dx}(\ln x) + \frac{1}{3}\frac{d}{dx}(\ln(5x-12)) - 4\frac{d}{dx}\ln(1+x^2) \\ &= 3\frac{1}{x} + \frac{1}{3}\frac{5}{5x-12} - 4\frac{2x}{1+x^2}\end{aligned}$$

이다.

따라서 구하는 도함수는 다음과 같다.

$$\frac{dy}{dx} = \frac{x^3\sqrt[3]{5x-12}}{(1+x^2)^4}\left[\frac{3}{x} + \frac{5}{3(5x-12)} - \frac{8x}{1+x^2}\right]$$

우리는 지수함수에서 지수가 유리수 일 때 $(x^q)' = qx^{q-1}$임을 보였다. 로그미분법을 이용하면 지수가 임의의 실수 r일 때도 성립함을 알 수 있다.

정리 1.4.1 $y = x^r$(r은 실 수)이면 $y' = rx^{r-1}$이다.

증명 함수 $y = x^r$ 양변에 로그를 취하면

$$\ln y = r \ln x$$

양변을 x에 관하여 미분하면

$$\frac{1}{y}\frac{dy}{dx} = \frac{r}{x}$$

이다. 정리하면

$$\frac{dy}{dx} = \frac{r}{x}y = \frac{r}{x}x^r = rx^{r-1}$$

이다.

예제 1.4.3

다음 함수의 도함수를 구하라.

(1) $y = x^2 + 4\sqrt{x} + 5$

(2) $y = x^{-\pi} + 4x^{-4} + 2$

(3) $y = x^e + \sqrt[4]{x^7} + \sqrt{x} + 2$

(4) $y = x^\pi + x^2 + x^e$

풀이 모든 실수 r에 대하여 $(x^r)' = rx^{r-1}$임을 이용한다.

(1) $y' = 2x^{2-1} + 4 \cdot \frac{1}{2}x^{\frac{1}{2}-1} + (5)' = 2x + 2\frac{1}{\sqrt{x}}$

(2) $y' = -\pi x^{-\pi-1} + 4 \cdot (-3)x^{-4-1} + (2)'$

$= -\pi x^{-\pi-1} - 12x^{-5}$

$= -\frac{\pi}{x^{\pi+1}} - \frac{12}{x^5}$

(3) $y' = ex^{e-1} + \frac{7}{4}x^{\frac{7}{4}-1} + \frac{1}{2}x^{\frac{1}{2}-1} + (2)'$

$= ex^{e-1} + \frac{7}{4}x^{\frac{3}{4}} + \frac{1}{2}x^{-\frac{1}{2}}$

$$= ex^{e-1} + \frac{7}{4}\sqrt[4]{x^3} + \frac{1}{2}\frac{1}{\sqrt{x}}$$

(4) $y' = \pi x^{\pi-1} + 2x^{2-1} + e\,x^{e-1} = \pi x^{\pi-1} + 2x + ex^{e-1}$

지수(함수)의 성질

$a > 0$, $b > 0$이고 x, y가 실수 일 때

(1) $a^x a^y = a^{x+y}$

(2) $(a^x)^y = a^{xy}$

(3) $(ab)^x = a^x b^y$

(4) $a^x \div a^y = a^{x-y}$

(5) $(a^x)' = a^x \ln a$

(6) $(a^{f(x)})' = a^{f(x)} f'(x) \ln a$

(7) $(e^x)' = e^x$

(8) $(e^{f(x)})' = e^{f(x)} f'(x)$

정리 1.4.2 (지수함수의 도함수) $a > 0$, $a \neq 1$일 때

(1) $\frac{d}{dx}(a^x) = a^x \ln a$

(2) $\frac{d}{dx}e^x = e^x$

증명 $y = a^x$ $(a \neq 0, a > 0)$일 때, 양변에 로그를 취하면

$$\ln y = x \ln a$$

이며 양변을 x에 관하여 미분하면

$$\frac{1}{y}\frac{dy}{dx} = \log_a e$$

따라서

$$\frac{dy}{dx} = y \log_a e = a^x \log_a e$$

이다. 특히 $a = e$이면

$$\frac{dy}{dx} = e^x$$

이다.

예제 1.4.4

다음 함수의 도함수를 구하라.

(1) $y=2^{x^2}$ (2) $y=3^{\cos x}$

(2) $y=e^{\sin^2 x}$ (4) $y=\pi^{\sqrt{x}}$

풀이 먼저 지수 함수들임을 알 수 있다. 또 주어진 함수들은 두함수의 합성함수임을 이해해야겠다.

(1) $g(x)=2^x$ 와 $f(x)=x^2$ 의 합성함수이다. 따라서 합성함수 미분법을 따라

$y'=g'(f(x))f'(x)=(\ln 2)2^{x^2}(x^2)'=2(\ln 2)x2^{x^2}$

(2) 같은 방법으로

$$y'=(\ln 3)3^{\cos x}(\cos x)'=-(\ln 3)\sin x 3^{\cos x}$$

(3) $y'=e^{\sin^2 x}(\sin^2 x)'=e^{\sin^2 x}(2\sin x)(\sin x)'$

$$=2(\sin x\cos x)e^{\sin^2 x}=\sin 2x\, e^{\sin^2 x}$$

(4) (π는 원주율로서 하나의 실수 이다.)

$y'=(\ln\pi)\pi^{\sqrt{x}}(\sqrt{x})'=(\ln\pi)\pi^{\sqrt{x}}(\frac{1}{2\sqrt{x}})=\frac{\ln\pi}{2\sqrt{x}}\pi^{\sqrt{x}}$

참고 여기서 세 함수형태를 구분하자. x^r(r은 실수)는 다항식 미분법을 따르고 $a^{f(x)}$ $(a\neq 1, a>0)$은 지수미분법을 따른다. $f(x)^{g(x)}$형의 함수는 로그미분법으로 미분할 수가 있다.

예제 1.4.5

다음 지수형 함수의 도함수를 구하라.

(1) $y=x^x$ (2) $y=x^{\sin x}$

(3) $y=x^{\ln(x^2+1)}$ (4) $y=(\ln x)^{3x}$

풀이 주어진 함수들은 로그미분법을 사용하여야하는 문제이다.

(1) 양변에 로그를 취하고 양변을 x에 관하여 미분한다.

$$\ln y=\ln x^x=x\ln x$$

$$\frac{1}{y}\frac{dy}{dx}=(x)'\ln x+x(\ln x)'=\ln x+x\left(\frac{1}{x}\right)=1+\ln x$$

따라서

$$\frac{dy}{dx}=x^{x}(1+\ln x)$$

(2) 양변에 로그를 취하고 양변을 x에 관하여 미분한다.

$$\ln y=\ln x^{\sin x}=\sin x\ln x$$

$$\frac{1}{y}\frac{dy}{dx}=(\sin x)'\ln x+\sin x(\ln x)'=\cos x\ln x+\sin x\cdot\frac{1}{x}$$

따라서

$$\frac{dy}{dx}=x^{\sin x}\left(\cos x\ln x+\frac{\sin x}{x}\right)$$

(3) 양변에 로그를 취하고 양변을 x에 관하여 미분한다.

$$\ln y=\ln x^{\ln(x^2+1)}=\ln(x^2+1)\ln x$$

$$\frac{1}{y}\frac{dy}{dx}=\left(\ln(x^2+1)\right)'\ln x+\ln(x^2+1)(\ln x)'$$

$$=\frac{2x}{x^2+1}\ln x+\ln(x^2+1)\cdot\frac{1}{x}$$

따라서

$$\frac{dy}{dx}=x^{\ln(x^2+1)}\left(\frac{2x\ln x}{x^2+1}+\frac{\ln(x^2+1)}{x}\right)$$

(4) 양변에 로그를 취하고 양변을 x에 관하여 미분한다.

$$\ln y=\ln(\ln x)^{3x}=3x\ln\ln x$$

$$\frac{1}{y}\frac{dy}{dx}=(3x)'\ln\ln x+3x(\ln\ln x)'=3\ln\ln x+3x\frac{\frac{1}{x}}{\ln x}$$

$$=3\ln\ln x+\frac{3x}{x\ln x}$$

따라서

$$\frac{dy}{dx}=3(\ln x)^{3x}\left(\ln\ln x+\frac{1}{\ln x}\right)$$

1.4 연습문제

1. 다음 함수의 도함수를 구하라.

(1) $y=e^{3x}$

(2) $y=5^{x}$

(3) $y=x^{\sqrt{3}}$

(4) $y=3^{x^2}$

(5) $y=(\ln x)^3$

(6) $y=\ln(\ln x)$

(7) $y=\log_a(\sqrt{x}+\frac{1}{x})$

(8) $y=e^{\cos x}$

(9) $y=\ln(\sin x)$

(10) $y=e^{x}\cos x$

2. 다음 함수의 도함수를 구하라.

(1) $y=x^{1/x}$

(2) $y=\left(\frac{1}{x}\right)^{1/x}$

(3) $y=x^{\ln x}$

(4) $y=(\ln x)^{1/x}$

(5) $y=x^{\sin x}$

(6) $y=(\sin x)^{\sin x}$

(7)$y=(\cos x)^{\cos x}$

(8) $y=x^{2x}$

3. 로그미분법을 이용하여 도함수를 구하라.

(1) $y=\sqrt[5]{\frac{x+1}{x-1}}$

(2) $y=\frac{x^3-1}{x^2\sqrt{x^2+1}}$

(3) $y=\sqrt{x+1}\,\sqrt[3]{x^3+1}\,\sqrt[5]{x-1}$

(4) $y=\frac{x^{x+1}}{x^2+1}$

해답

1. (1) $3e^{3x}$ (2) $5^x \ln 5$ (3) $\sqrt{3}\,x^{\sqrt{3}-1}$ (4) $2x\,2^{x^2}\ln 3$

(5) $3\dfrac{1}{x}(\ln x)^2$ (6) $\dfrac{1}{x\ln x}$ (7) $\dfrac{x\sqrt{x}-2}{2x(x\sqrt{x}+1)\ln a}$ (8) $-\sin x\, e^{\cos x}$

(9) $-\cot x$ (10) $e^x(\cos x-\sin x)$

2. (1) $x^{\frac{1}{x}-2}(1-\ln x)$

(2) $x^{\frac{1}{x}-2}(\ln x-1)$ (3) $2x^{\ln\frac{x}{e}}\ln x$

(4) $\dfrac{(\ln x)^{\frac{1}{x}}}{x^2}\left(\dfrac{1}{\ln x}-\ln(\ln x)\right)$ (5) $x^{\sin x}\left(\cos x\ln x+\dfrac{\sin x}{x}\right)$

(6) $(\sin x)^{\sin x}(\cos x)(1+\ln\sin x)$ (7) $-(\cos x)^{\cos x}(\sin x)(1+\ln\cos x)$

(8) $2(1+\ln x)x^{2x}$

3. (1) $\dfrac{1}{5}\left(\dfrac{1}{x+1}-\dfrac{1}{x-1}\right)\sqrt[5]{\dfrac{x+1}{x-1}}$ (2) $\left(\dfrac{3x^2}{x^3-1}-\dfrac{2}{x}-\dfrac{x}{x^2+1}\right)\dfrac{x^3-1}{x^2\sqrt{x^2+1}}$

(3) $\left(\dfrac{1}{2(x+1)}+\dfrac{x^2}{x^3+1}+\dfrac{1}{x-1}\right)\sqrt{x+1}\,\sqrt[3]{x^3+1}\,\sqrt[5]{x-1}$

(4) $\left(\ln x+\dfrac{x+1}{x}-\dfrac{2x}{x^2+1}\right)\dfrac{x^{x+1}}{x^2+1}$

1.5 역삼각함수와 쌍곡선함수의 도함수

함수 $y=\sin x$는 $-\infty<x<\infty$에서 치역 $-1\le y\le 1$을 가지며 일대일 대응이 아니다. 그러나 $-\frac{\pi}{2}\le x\le\frac{\pi}{2}$로 제한하면 $y=\sin x$는 증가함수가 되고 일대일 대응함수가 되어 역함수를 가진다. 이 역함수를 기호로 $y=\sin^{-1}x$로 쓰며 정의역은 $[-1,1]$이고 치역은 $[-\frac{\pi}{2},\frac{\pi}{2}]$이다.

같은 방법으로 $y=\cos x$는 정의역을 $[0,\pi]$로 줄이면 역함수 $y=\cos^{-1}x$를 가지며 정의역은 $[-1,1]$이며 치역은 $[0,\pi]$가 된다.

한편 $y=\tan x$는 $(-\frac{\pi}{2},\frac{\pi}{2})$로 줄이면 역함수 $y=\tan^{-1}x$를 가지며 정의역은 $(-\infty,\infty)$이며 치역은 $(-\frac{\pi}{2},\frac{\pi}{2})$가 된다.

정리 1.5.1 (역삼각함수의 도함수)

(1) $(\sin^{-1}x)'=\frac{1}{\sqrt{1-x^2}}(|x|<1)$ (2) $(\cos^{-1}x)'=-\frac{1}{\sqrt{1-x^2}}(|x|<1)$

(3) $(\tan^{-1}x)'=\frac{1}{1+x^2}(x\ne 0)$ (4) $(\sec^{-1}x)'=\frac{1}{|x|\sqrt{x^2-1}}(|x|>1)$

(5) $(\csc^{-1}x)'=\frac{1}{|x|\sqrt{x^2-1}}(|x|>1)$ (6) $(\cot^{-1}x)'=-\frac{1}{1+x^2}(x\ne 0)$

증명 (1) 역함수관계와 음함수미분법을 활용한다. $y=\sin^{-1}x$에서 $x=\sin y$이다. 양변을 x에 관하여 미분하면

$$\frac{d}{dx}(x)=\frac{d}{dx}\sin y$$

$$1=\frac{d}{dy}\sin y\frac{dy}{dx}=\cos y\frac{dy}{dx}$$

한편 $-1<x<1$이고 $-\frac{\pi}{2}<y<\frac{\pi}{2}$이고 $\cos y\ne 0$이므로

$$\frac{dy}{dx} = \frac{1}{\cos y}$$

또 $\sin^2 y + \cos^2 y = 1$이므로 $\cos y = \pm\sqrt{1-\sin^2 y}$ 이다. $-\frac{\pi}{2} < y < \frac{\pi}{2}$ 이므로 $\cos y > 0$이다. 따라서

$$\cos y = \sqrt{1-\sin^2 y} = \sqrt{1-x^2}$$

그러므로

$$\frac{dy}{dx} = \frac{1}{\cos y} = \frac{1}{\sqrt{1-x^2}}$$

이다.

(2) 역함수 관계와 음함수미분법을 활용한다. $y = \cos^{-1} x$에서 $x = \cos y$이다. 양변을 x에 관하여 미분하면

$$\frac{d}{dx}(x) = \frac{d}{dx}\cos y$$

$$1 = \frac{d}{dy}\cos y \frac{dy}{dx} = -\sin y \frac{dy}{dx}$$

한편 $-1 < x < 1$이고 $0 < y < \pi$이고 $\sin y \neq 0$이므로

$$\frac{dy}{dx} = -\frac{1}{\sin y}$$

또 $\sin^2 y + \cos^2 y = 1$이므로 $\sin y = \pm\sqrt{1-\cos^2 y}$ 이다. $0 \le y \le \pi$이므로 $\sin y > 0$이다. 따라서

$$\sin y = \sqrt{1-\cos^2 y} = \sqrt{1-x^2}$$

그러므로

$$\frac{dy}{dx} = -\frac{1}{\cos y} = -\frac{1}{\sqrt{1-x^2}}$$

이다.

(3) (1) 역함수 관계와 음함수미분법을 활용한다. $y = \tan^{-1} x$에서 $x = \tan y$이다. 양변을 x에 관하여 미분하면

$$\frac{d}{dx}(x) = \frac{d}{dx}\tan y$$

$$1 = \frac{d}{dy}\tan y \frac{dy}{dx} = \sec^2 y \frac{dy}{dx}$$

한편 $-\frac{\pi}{2} < y < \frac{\pi}{2}$ 이고 $\sec^2 y \neq 0$ 이므로

$$\frac{dy}{dx} = \frac{1}{\sec^2 y}$$

이다. 또 $\sin^2 y + \cos^2 y = 1$ 로부터 $\sec^2 y = 1 + \tan^2 y$ 이므로

$$\frac{dy}{dx} = \frac{1}{\sec^2 y} = \frac{1}{1 + x^2}$$

이다.

(4) (5) (6)의 증명도 같은 방법으로 증명할 수 있다.

예제 1.5.1

다음 함수의 도함수를 구하라.

(1) $y = \sin^{-1} 5x$

(2) $y = \sin^{-1}(\ln x)$

(3) $y = \cos^{-1}(x^2 - 1)$

(4) $y = \cos^{-1}(e^x)$

풀이 (1) 합성함수 미분법을 쓴다. $g(x) = \sin^{-1} x$ 와 $f(x) = 5x$ 의 합성이다. 따라서

$$y' = \frac{1}{\sqrt{(5x)^2 - 1}}(5x)' = \frac{5}{\sqrt{25x^2 - 1}}$$

이다.

(2) 합성함수 미분법을 쓴다. $g(x) = \sin^{-1} x$ 와 $f(x) = \ln x$ 의 합성이다. 따라서

$$y' = \frac{1}{\sqrt{(\ln x)^2 - 1}}(\ln x)' = \frac{1}{x\sqrt{(\ln x)^2 - 1}}$$

이다.

(3) 합성함수 미분법을 쓴다. $g(x) = \cos^{-1} x$ 와 $f(x) = x^2 - 1$ 의 합성이다. 따라서

$$y' = -\frac{1}{\sqrt{(x^2 - 1)^2 - 1}}(x^2 - 1)' = -\frac{2x}{\sqrt{(x^2 - 1)^2 - 1}}$$

이다.

(4) 합성함수 미분법을 쓴다. $g(x) = \cos^{-1} x$ 와 $f(x) = e^x$ 의 합성이다. 따라서

$$y' = -\frac{1}{\sqrt{(e^x)^2 - 1}}(e^x)' = -\frac{e^x}{\sqrt{e^{2x} - 1}}$$

이다.

예제 1.5.2

다음 함수의 도함수를 구하라.

(1) $y = \tan^{-1}(3x^2+2)$　　(2) $y = \tan^{-1}(\frac{1}{x})$

(3) $y = \cot^{-1}(x^2)$　　(4) $y = \cot^{-1}(e^x)$

풀이 (1) 합성함수 미분법을 쓴다. $g(x) = \tan^{-1}x$와 $f(x) = 3x^2+2$의 합성이다. 따라서

$$y' = \frac{1}{1+(3x^2+2)^2}(3x^2+2)' = \frac{6x}{1+(3x^2+2)^2}$$

이다.

(2) 합성함수 미분법을 쓴다. $g(x) = \tan^{-1}x$와 $f(x) = \frac{1}{x}$의 합성이다. 따라서

$$y' = \frac{1}{1+(\frac{1}{x})^2}(\frac{1}{x})'$$

$$= \frac{-\frac{1}{x^2}}{1+\frac{1}{x^2}} = \frac{-\frac{1}{x^2}}{\frac{1+x^2}{x^2}}$$

$$= -\frac{x^2}{(1+x^2)x^2} = -\frac{1}{1+x^2}$$

이다.

(3) 합성함수 미분법을 쓴다. $g(x) = \cot^{-1}x$와 $f(x) = x^2$의 합성이다. 따라서

$$y' = -\frac{1}{1+(x^2)^2}(x^2)' = -\frac{2x}{1+x^3}$$

이다.

(4) 합성함수 미분법을 쓴다. $g(x) = \tan^{-1}x$와 $f(x) = e^x$의 합성이다. 따라서

$$y' = -\frac{1}{1+(e^x)^2}(e^x)' = -\frac{e^x}{1+e^{2x}}$$

이다.

예제 1.5.3

다음 함수의 도함수를 구하라.

(1) $y = \sec^{-1}(-2x)$　　(2) $y = \csc^{-1}(e^x+1)$

풀이 (1) 합성함수 미분법을 쓴다. $g(x)=\sec^{-1}x$와 $f(x)=-2x$의 합성이다. 따라서

$$y' = \frac{1}{|-2x|\sqrt{(-2x)^2-1}}(-2x)' = \frac{-2x}{2|x|\sqrt{4x^2-1}}$$

$$= -\frac{x}{|x|\sqrt{4x^2-1}}$$

이다.

(2) 합성함수 미분법을 쓴다. $g(x)=\csc^{-1}x$와 $f(x)=e^x+1$의 합성이다. 따라서

$$y' = \frac{1}{|e^x+1|\sqrt{(e^x+1)^2-1}}(e^x+1)' = \frac{e^x}{|e^x+1|\sqrt{(e^x+1)^2-1}}$$

이다.

다음은 미분적분학 응용에 자주 나타나는 쌍곡선 함수에 대하여 알아본다. 이 함수들은 e^x와 e^{-x}로 정의 되며 삼각함수의 성질과 대단히 유사한 성질을 갖는다. 이러한 이유에서 이들을 통틀어 쌍곡선 함수라 부르고 개별적으로는

쌍곡선 sin함수, 쌍곡선 cos함수 등으로 부른다. 쌍곡선 함수의 정의는 다음과 같다.

$$\sinh x = \frac{e^x - e^{-x}}{2} \qquad \cosh x = \frac{e^x + e^{-x}}{2}$$

$$\tanh x = \frac{e^x - e^{-x}}{e^x + e^{-x}} \qquad \coth x = \frac{1}{\tanh x} = \frac{e^x + e^{-x}}{e^x - e^{-x}} \quad (x \neq 0)$$

$$\operatorname{sech} x = \frac{1}{\cosh x} = \frac{2}{e^x + e^{-x}} \qquad \operatorname{csch} x = \frac{1}{\sinh x} = \frac{2}{e^x - e^{-x}} \quad (x \neq 0)$$

또 이들 사이에는 친숙한 삼각함수에서 성립하는 유사한 등식을 만족한다.

정리 1.5.2 (쌍곡선함수의 성질)

(1) $\sinh(-x) = \cosh x$ (2) $\cosh(-x) = \cosh x$

(3) $\cosh^2 x - \sinh^2 x = 1$ (4) $1 - \tanh^2 x = \operatorname{sech}^2 x$

(5) $\sinh(x+y) = \sinh x \cosh y + \cosh x \sinh y$

(6) $\cosh(x+y) = \cosh x \cosh y + \sinh x \sinh y$

증명 (1), (2)는 너무나 당연하다.

(3) $\cosh^2 x - \sinh^2 x = \left(\dfrac{e^x + e^{-x}}{2}\right)^2 - \left(\dfrac{e^x - e^{-x}}{2}\right)^2$

$$= \frac{e^{2x} + 2 + e^{-2x}}{4} - \frac{e^{2x} - 2 + e^{-2x}}{4} = 1$$

(4) $\cosh^2 x - \sinh^2 x = 1$의 양변을 $\cosh^2 x$로 나누면

$$1 - \frac{\sinh^2 x}{\cosh^2 x} = \frac{1}{\cosh^2 x}$$

즉,

$$1 - \tanh^2 x = \operatorname{sech}^2 x$$

이다.

다음은 쌍곡선 함수의 미분이다.

정리 1.5.3 (쌍곡선 함수의 도함수)

(1) $(\sinh x)' = \cosh x$

(2) $(\cosh x)' = \sinh x$

(3) $(\tanh x)' = \operatorname{sech}^2 x$

(4) $(\coth x)' = -\operatorname{csch}^2 x \quad (x \neq 0)$

(5) $(\operatorname{sech} x)' = \operatorname{sech} x \tanh x$

(6) $(\operatorname{csch} x)' = -\operatorname{csch} x \coth x \quad (x \neq 0)$

증명

(1) $y = \sinh x$라 두면 $\sinh x = \dfrac{e^x - e^{-x}}{2}$이므로

$$y' = (\sinh x)' = \left(\frac{e^x - e^{-x}}{2}\right)' = \frac{e^x + e^{-x}}{2} = \cosh x$$

(2) $y = \cosh x$라 두면 $\cosh x = \dfrac{e^x + e^{-x}}{2}$이므로

$$y' = (\cosh x)' = \left(\frac{e^x + e^{-x}}{2}\right)' = \frac{e^x - e^{-x}}{2} = \sinh x$$

(3) $y = \tanh x$라 두면 $\tanh x = \dfrac{e^x - e^{-x}}{e^x + e^{-x}}$이므로

$$y' = (\tanh x)' = \left(\frac{\sinh x}{\cosh x}\right)'$$

$$= \frac{(\sinh x)'\cosh x - \cosh x(\sinh x)'}{\cosh^2 x}$$

$$= \frac{\cosh^2 x - \sinh^2 x}{\cosh^2 x} = \frac{1}{\cosh^2 x} = \operatorname{sech}^2 x$$

(여기서 $\cosh^2 x - \sinh^2 x = 1$이다)

(5) $y = \operatorname{sech} x$라 두면 $\operatorname{sech} x = \dfrac{1}{\cosh x}$이므로

$$y' = \frac{-\sinh x}{\cosh^2 x} = -\frac{1}{\cosh x}\frac{\sinh x}{\cosh x} = -\operatorname{sech} x \tanh x$$

이다.

(4) (6)도 같은 방법으로 보일 수 있다.

예제 1.5.4

다음 쌍곡선함수의 도함수를 구하라.

(1) $y = \sinh(x^3 + 2x)$ (2) $y = \sinh^2\sqrt{1-x^2}$

(3) $y = \operatorname{sech}\sqrt{x}$ (4) $y = \cos[\sinh(1-2x)]$

풀이 합성함수의 도함수미분법을 이용한다.

(1) $y' = (\cosh(x^3 + 2x))(x^3 + 2x)' = (3x^2 + 2)\cosh(x^3 + 2x)$

(2) $y' = (2\sinh\sqrt{1-x^2})(\sinh\sqrt{1-x^2})'$

$$= \frac{-x}{\sqrt{1-x^2}}\sinh\sqrt{1-x^2}\cosh\sqrt{1-x^2}$$

(3) $y' = (\operatorname{sech}\sqrt{x}\tanh\sqrt{x})(\sqrt{x})' = \dfrac{1}{2\sqrt{x}}\operatorname{sech}\sqrt{x}\tanh\sqrt{x}$

(4) $y' = (-\sin[\sinh(1-2x)])(\sinh(1-2x))'$

$$= (-\sin[\sinh(1-2x)])(\cosh(1-2x))(1-2x)'$$

$$= 2(\sin[\sinh(1-2x)])(\cosh(1-2x))$$

쌍곡선함수 $\sinh x$와 $\tanh x$는 일대일(전단사) 함수이고 따라서 역함수가 존재한다. 기호로는 $\sinh^{-1}x$, $\tanh^{-1}x$로 쓴다. 그리고 $\cosh^{-1}x$는 일대일은 아니나 정의역을 $[0, \infty)$로 줄이면 일대일 대응이 되어 역함수를 갖는다. 나머지 역함수도 비슷하게 정의가 된다.

정리 1.5.4 (역쌍곡선함수의 도함수)

(1) $(\sinh^{-1}x)' = \dfrac{1}{\sqrt{1+x^2}}$

(2) $(\cosh^{-1}x)' = \dfrac{1}{\sqrt{x^2-1}}$

(3) $(\tanh^{-1}x)' = \dfrac{1}{1-x^2}$

(4) $(\mathrm{csch}^{-1}x)' = \dfrac{1}{|x|\sqrt{x^2-1}}$

(5) $(\mathrm{sech}^{-1}x)' = -\dfrac{1}{x\sqrt{1-x^2}}$

(6) $(\coth^{-1}x)' = \dfrac{1}{1-x^2}$

증명 (1) $y = \sinh^{-1}x$라 두면 $\sinh y = x$이다. 음함수 미분법을 이용하여 양변을 x로 미분하면

$$\cosh y\frac{dy}{dx} = 1$$

이다. $\cosh^2 x - \sinh^2 x = 1$이며 $\cosh x \geq 0$이므로 $\cosh y = \sqrt{1+\sinh^2 y}$ 이다. 따라서

$$\frac{dy}{dx} = \frac{1}{\cosh y} = \frac{1}{\sqrt{1+\sinh^2 y}} = \frac{1}{\sqrt{1+x^2}}$$

(3) $y = \tanh^{-1}x$라 두면 $\tanh y = x$를 얻는다. 음함수미분법을 쓰면

$$\mathrm{sech}^2 y\frac{dy}{dx} = 1$$

이다. 따라서

$$\frac{dy}{dx} = \frac{1}{\mathrm{sech}^2 x} = \frac{1}{1-\tanh^2 y} = \frac{1}{1-x^2}$$

이다.

(5) $y = \mathrm{sech}^{-1}x$라 두면 $\mathrm{sech}\,y = x$를 얻는다. 양변을 x에 관하여 미분하면

$$\mathrm{sech}\,y\tanh y\frac{dy}{dx} = 1$$

이다. 따라서

$$\frac{dy}{dx} = \frac{1}{\mathrm{sech}\,y\tanh y} = \frac{1}{\mathrm{sech}\,y\sqrt{1-\mathrm{sech}^2 y}} = \frac{1}{x\sqrt{1-x^2}}$$

(2), (4), (6)도 같은 방법으로 증명할 수 있다.

예제 1.5.5

다음 역쌍곡선함수의 도함수를 구하라.

(1) $y = \sinh^{-1}(\sqrt{x})$ (2) $y = \tanh^{-1}(\sin x)$

(3) $y = \sinh^{-1}(\tan x)$ (4) $y = \tanh^{-1}(\sec x^2)$

풀이 합성함수 미분법을 쓴다.

(1) $$y' = (\sinh^{-1}(\sqrt{x}))' = \frac{1}{\sqrt{1+(\sqrt{x})^2}}(\sqrt{x})'$$

$$= \frac{1}{\sqrt{1+x}}\frac{1}{2\sqrt{x}} = \frac{1}{2\sqrt{x^2+x}}$$

(2) $$y' = [\tanh^{-1}(\sin x)]' = \frac{1}{1-(\sin x)^2}(\sin x)'$$

$$= \frac{1}{1-\sin^2 x}\cos x = \frac{\cos x}{\cos^2 x} = \frac{1}{\cos x} = \sec x$$

(3) $$y' = (\sinh^{-1}(\tan x))' = \frac{1}{\sqrt{1+\tan^2 x}}(\tan x)'$$

$$= \frac{1}{\sqrt{1+\tan^2 x}}\sec^2 x$$

(4) $$y' = (\tanh^{-1}(\sec x^2))' = \frac{1}{1-\sec^2 x^2}(\sec x^2)'$$

$$= \frac{1}{1-\sec^2 x^2}(2x \sec x^2 \tan x^2)$$

$$= -\frac{2x \sec x^2 \tan x^2}{\tan^2 x^2} = -2x \operatorname{cosec} x^2$$

4.5 연습문제

1. 다음 함수의 도함수를 구하라.

(1) $y = \cos^{-1}x^2$ (2) $y = 5\tan^{-1}(3x)$

(3) $y = \cot^{-1}(\sqrt{x})$ (4) $y = \sin^{-1}(1-x)$

(5) $y = \sec^{-1}(5x)$ (6) $y = \csc^{-1}(x^2+1)$

2. 다음 쌍곡선함수의 도함수를 구하라.

(1) $y = \sinh^2 3x$ (2) $y = \tanh(x-3x^2)$

(3) $y = x\,\mathrm{sech}\,x^3$ (4) $y = \ln(\cosh 3x)$

(5) $y = x^2\ln(\sin x^3)$ (6) $y = e^{\tanh x}(\cosh x)$

3. 다음 역쌍곡선함수의 도함수를 구하라.

(1) $y = \tanh^{-1}(\cos x)$ (2) $y = e^{\cosh^{-1}x}$

(3) $y = e^{\sinh^{-1}x} \cdot \sin^{-1}x$ (4) $y = \mathrm{csch}^{-1}(\tan x)$

해답

1. (1) $-\dfrac{2x}{\sqrt{1-x^4}}$ (2) $\dfrac{3}{1+9x^2}$ (3) $-\dfrac{1}{2\sqrt{x}(1+x)}$

(4) $-\dfrac{1}{\sqrt{1-(1-x)^2}}$ (5) $\dfrac{1}{|x|\sqrt{1-25x^2}}$

(6) $-\dfrac{2x}{|x^2+1|\sqrt{1-(x^2+1)^2}}$

2. (1) $6\sinh 3x \cdot \cosh 3x$ (2) $(1-6x)\mathrm{sech}^2(x-3x^2)$

(3) $\mathrm{sech}\,x^3(1-3x^3\tanh x^3)$ (4) $3\tanh 3x$

(5) $2x\ln(\sin x^3)+3x^4\cot x^3$ (6) $e^{\tanh x}(\mathrm{sech}\,x+\sinh x)$

3. (1) $-\csc x$ (2) $\dfrac{e^{\cosh^{-1}x}}{\sqrt{x^2-1}}$

(3) $\dfrac{e^{\sinh^{-1}x}}{\sqrt{x^2+1}}(1+\sinh^{-1}x)$ (4) $-\csc x$

CHAPTER

2 도함수의 응용(I)

2.1 최댓값과 최솟값 : 1계도함수의 활용

최댓값과 최솟값을 결정해야하는 문제는 자연과학뿐만 아니라 공학, 경제학 등에서 자주 다루는 문제이다. 본장에서는 미분 가능한 함수에 대하여 그 도함수를 이용하여 최댓값과 최솟값을 구하는 방법을 연구하고자 한다.

이를 위하여 증가, 감소, 극대, 극소의 의미를 살펴보고자 한다.

함수 f가 정의역 I에서 정의 되었다할 때, 구간 I의 임의의 두 점 $x_1 < x_2$에 대하여

$$f(x_1) < f(x_2)$$

를 만족할 때 f는 구간 I에서 증가한다고 한다. 또 두 점 $x_1 < x_2$에 대하여

$$f(x_1) > f(x_2)$$

를 만족하면 f는 구간 I내에서 감소한다고 한다.

함수 f가 구간 I에서 증가인지 감소인지를 1계도함수를 이용하여 판별 할 수 있다.

정리 2.1.1 함수 f가 폐구간 $[a, b]$에서 연속이고 개구간 (a, b)에서 미분가능 할 때
(1) 구간 (a, b) 내의 모든 점에서 $f'(x) > 0$이면 f는 $[a, b]$에서 증가함수이다.
(2) 구간 (a, b)내의 모든 점에서 $f'(x) < 0$이면 f는 $[a, b]$에서 감소함수이다.

증명 (1) x_1과 x_2를 구간 $[a, b]$의 임의의 두 점이라 하고 $x_1 < x_2$를 만족한다고 하자. 가정에 의하여 함수 f는 구간 $[x_1, x_2]$에서 연속이고, 또 (x_1, x_2)에서 미분가능하다. 따라서 미분의 중간값 정리에 의하여

$$f'(z) = \frac{f(x_2) - f(x_1)}{x_2 - x_1}$$

인 z가 (x_1, x_2)내에 존재한다. 그런데 가정에서 $f'(x) > 0$이고 $x_2 - x_1 > 0$이므로

$$f(x_2) - f(x_1) = f'(z)(x_2 - x_1) > 0$$

이다. 따라서 $f(x_2) > f(x_1)$이다. 즉 구간 $[a, b]$ 내의 임의의 $x_2 > x_1$ 인 두 점에 대하여 $f(x_2) > f(x_1)$이다. 그러므로 f는 $[a, b]$에서 증가한다.

(2) (1)과 같은 방법으로 증명할 수 있다.

예제 2.1.1

$f(x) = x^2$은 구간$(0, \infty)$에서 증가함수이고 구간$(-\infty, 0)$에서 감소함수이다.

풀이 $f'(x) = 2x$는 x가 $(0, \infty)$에 있으면 $2x > 0$이므로 정리 2.1.1에 의하여 증가함수이고, x가 $(-\infty, 0)$에 있으면 $2x < 0$이므로 정리 2.1.1에 의하여 감소함수가 된다. ■

예제 2.1.2

함수 $f(x) = x^3$은 $(-\infty, \infty)$에서 감소함수이다.

풀이 $f'(x) = -x^2$은 모든 x에서 $f'(x) = -x^2 < 0$이므로 감소함수이다. ■

다음으로 최댓값과 최솟값에 대하여 알아보겠다.

함수 f가 정의역 I에서 정의되고 $c \in I$일 때 모든 $x \in I$에 대하여 $f(c) \geq f(x)$이면 $f(x)$는 $x = c$에서 최댓값 $f(c)$를 갖는다고 한다. 또 모든 $x \in I$에 대하여 $f(c) \leq f(x)$이면 $f(x)$는 $x = c$에서 최솟값 $f(c)$를 갖는다고 한다.

연속함수의 최대 최소정리에 의하여 폐구간에서 연속인 함수는 반드시 최댓값과 최솟값을 갖는다.

이제 극대와 극소를 정의하도록 하겠다.

함수 f가 구간 I에서 정의되고 $c \in I$일 때 충분히 작은 δ가 존재하여 개구간 $(c-\delta, c+\delta)$의 모든 점 x에 대하여 $f(c) \geq f(x)$가 성립하면 함수 f는 $x=c$에서 극댓값 $f(c)$를 갖는다고 한다.

반대로 개구간 $(c-\delta, c+\delta)$의 모든 점 x에 대하여 $f(x) \geq f(c)$가 성립하면 함수 f는 $x=c$에서 극솟값 $f(c)$를 갖는다고 한다. 또 극댓값과 극솟값을 통틀어서 함수 f의 극값이라 하고 극대점 또는 극소점 $(c, f(c))$를 극점이라 부른다.

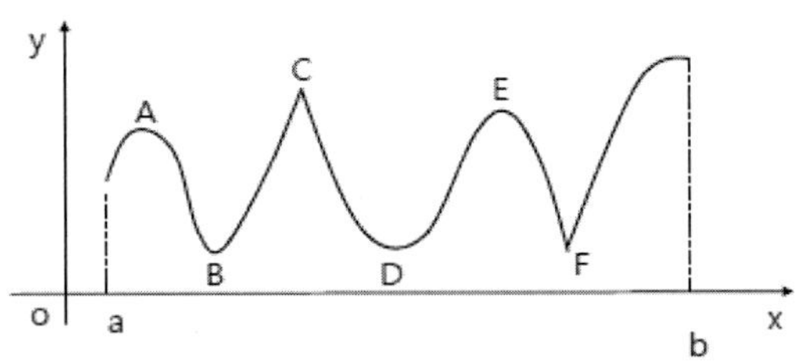

그림에서 보는 바와 같이 일반적으로 한 구간에서 정의된 함수는 극댓값이나 극솟값을 여러 개 가질 수 있다. 그림에서는 A, C, E는 $f(x)$의 극대이고 B, D, F는 극소이다. 그러나 최대와 최소는 많아야 오직 한 개씩 만 있다.

이제 함수$f(x)$가 구간 I에서 정의 되었을 때 최댓값과 최솟값을 구하는 과정을 살펴보도록 하겠다.

먼저 최댓값을 생각하자.

(I) 구간 I의 양 끝단에서 최댓값을 가지거나

(II) 구간 I의 양 끝단을 제외한 구간내의 점 c에서 $f(c)$가 최댓값을 갖는 경우

로 나눌 수 있다.

그런데 경우 (II)에서는 $f(c)$는 f의 극댓값이 됨을 정의로 부터 알 수 있다. 따라서 어떤 함수 f의 구간 I에서의 최댓값을 구하려면 먼저 구간 I의 양 끝단에서의 함수값과 구간 I의 양 끝단을 뺀 개구간에서 이 함수의 모든 극댓값을 구하여 이들 극댓값과 양

끝단의 값들을 비교하여 가장 큰 값을 찾으면 된다.

같은 방법으로 최솟값의 경우도 끝단을 제외한 구간에서 모든 극솟값을 구하고 양 끝단의 값을 구하여 이들 값들을 비교하여 가장 작은 값을 취하면 된다. 그러므로 최대·최소를 구하는 문제는 결국 극댓값과 극솟값을 구하는 문제로 귀착한다.

다음은 $f(c)$가 극값이 되기 위한 조건을 찾아보겠다.

정리 2.1.2 함수 f가 개구간 (a, b)에서 연속이고 $c \in (a, b)$에서 극값을 갖는다면
(1) $f'(c) = 0$이거나
(2) $f'(c)$가 존재하지 않는다.

증명 함수 f는 $x = c$에서 극댓값을 가지고 $f'(c)$가 존재한다고 하자. 그러면 극댓값의 정의에 의하여 적당한 값 $\delta > 0$가 존재하여 개구간 $(c-\delta, c+\delta)$내의 임의의 점 x에 대하여

$$f(x) - f(c) \le 0$$

이다. 따라서 $x \in (c, c+\delta)$이면

$$\frac{f(x) - f(c)}{x - c} \le 0$$

이고 $f'(c)$가 존재하므로

$$f'(c) = \lim_{x \to c} \frac{f(x) - f(c)}{x - c} \le 0$$

이 성립한다. 같은 방법으로 $x \in (c-\delta, c)$이면

$$\frac{f(x) - f(c)}{x - c} \ge 0$$

이므로 $f'(c) \ge 0$을 얻는다. 그러므로 요약하면 $f'(c) = 0$이다. 마찬가지로 f가 $x = c$에서 극솟값을 가지고 $f'(c)$가 존재하는 경우도 $f'(c) = 0$임을 보일 수 있다.

함수 f가 폐구간 $[a, b]$에서 정의 되었을 때 정의역내의 점 $x = c$에서 $f'(c) = 0$일 때 c를 f의 정점이라 하고, $f'(c)$가 아예 존재하지 않을 때 우리는 $x = c$를 f의 특이점이라 부른다. 그리고 정점과 특이점 끝점을 합하여 함수 f의 임계점이라 부른다.

정리 2.1.3 (임계점정리)
함수 $f(x)$가 폐구간 $[a,b]$에서 연속이면 f는 임계점에서 최댓값과 최솟값을 갖는다.

즉, 함수 f는 다음 세 가지 경우 중에서 최댓값과 최솟값을 갖는다.

(1) 폐구간의 끝점 a 와b에서의 함수 값

(2) f의 정점에서의 함수 값

(3) f의 특이점에서의 함수 값

따름정리 $f(x)$가 폐구간 $[a,b]$에서 정의된 연속함수이고 개구간 (a,b)에서 미분가능하면 $f(x)$의 최댓값과 최솟값은 $f'(x)=0$인 (a,b)내의 점에서 갖거나 $x=a$ 혹은 $x=b$에서 갖는다.

예제 2.1.3

다음 함수의 임계점을 구하라.

(1) $f(x)= 7x^2-13x+5$

(2) $f(x)= x^3-2x^2+x+1$

(3) $f(x)= x^{\frac{2}{3}}$

풀이 (1) $f'(x)=14x-3=0$에서 $x=\dfrac{3}{14}$이 유일한 임계점이다

(2) $f'(x)= 3x^2-4x+1=0$에서 $(3x-1)(x-1)=0$이므로 $x=\dfrac{1}{3}$와 $x=1$이 임계점이다.

(3) $f'(x)=\dfrac{2}{x^{1/3}}$에서 $f'(0)$의 값이 정의 되지 않으므로 $x=0$이 임계점이다.

위의 정리에 의하면 주어진 함수가 $x=c$에서 극값을 가진다면 그 $x=c$는 임계점임을 알 수 있다. 그러나 역은 성립하지 않는다. 즉 $f'(c)=0$이지만 $x=c$는 함수 f의 극점이 되지 않는 예가 있다.

예제 2.1.4

$f(x)= x^3$은 $f'(0)=0$이지만 $x=0$은 극대나 극솟점이 되지 않는다.

그러므로 극점을 구하기 위하여 임계점을 구한 후 그 중 어떤 점에서 극댓값 또는 극솟값을 갖는가를 판정 하여야 한다. 다음 정리는 어떠한 임계점이 극댓값, 극솟값을 갖는 임계점인지를 판단하는 방법을 제시해 준다.

정리 2.1.4 (극값 판정법)

함수 f가 임계점 c를 포함하는 개구간 (a, b)에서 미분가능하다고 할 때

(1) x가 c를 자니면서 $f'(x)$의 부호가 $+$에서 $-$로 바뀌면 $f(c)$는 f의 극댓값이 되고

(2) x가 c를 지나면서 $f'(x)$의 부호가 $-$에서 +로 바뀌면 $f(c)$는 f의 극솟값이 된다.

(3) x가 c를 지날 때 $f'(x)$의 부호가 변하지 않으면 $f(c)$는 f의 극댓값도 극솟 값도 아니다. (이 때 $x=c$를 함수 $f(x)$의 변곡점이라 부른다.)

증명 (1) $f(c)$가 적당한 양수 δ에 대하여 폐구간 $[c-\delta, c+\delta]$에서 최댓값을 가짐을 보이면 충분하다. x가 c를 지날 때 $f'(x)$의 부호가 $+$에서 $-$로 바뀌므로 적당한 양수 δ_1이 있어서 $(c-\delta_1, c)$에서 $f'(x)>0$이고 적절한 양수 δ_2가 있어서 $(c, c+\delta_2)$에서 $f'(x)<0$이 된다. 이 δ_1과 δ_2중에 작은 값을 δ로 취하면 $f(x)$는 $[c-\delta, c]$에서 증가하고 $[c, c+\delta]$에서 감소한다. 따라서 $f(c)$는 $[c-\delta, c+\delta]$에서 최댓값을 가진다. 따라서 정의에 의하여 $x=c$는 f의 극댓점이 된다.

(2) (1)의 증명과 같다.

참고 주어진 함수 f의 극값을 구하려면 먼저 함수 f의 임계점을 구하고 각 임계점의 전후에서 1계도함수의 부호를 확인함으로 가능하다.

예제 2.1.5

함수 $f(x)=-x^2+2x+3$의 극값을 구하라.

풀이 먼저 $f(x)$는 다항식이므로 모든 점에서 미분가능하다.
그리고 $f'(x)=-2x+2=0$에서 $x=1$이다. $x<1$에서 $f'(x)=-(x-1)>0$이고 $x>1$에서 $f'(x)=-(x-1)<0$이므로, $x=1$에서 극댓(최댓)값 $f(1)=4$를 갖는다. ■

예제 2.1.6

$f(x)=|x|$의 극값을 구하라.

풀이 함수 $f(x)=|x|$는 $x=0$에서

$$f_-(0)=\lim_{h\to 0^-}\frac{|0+h|-|0|}{h}=\lim_{h\to 0^-}\frac{|h|}{h}=\lim_{h\to 0^-}\frac{-h}{h}=-1$$

$$f_+(0)=\lim_{h\to 0^+}\frac{|0+h|-|0|}{h}=\lim_{h\to 0^+}\frac{|h|}{h}=\lim_{h\to 0^+}\frac{h}{h}=1$$

이므로 $f'(0)$이 존재하지 않는다. 그리고 $x=0$을 제외한 모든 점에서는 미분 가능하다. 그러나 $f(x)=|x|$는 $x=0$에서 극솟(최솟)값 0을 갖는다.

예제 2.1.7

$f(x)=x^3$의 극값을 구하라.

풀이 먼저 함수 $f(x)=x^3$은 다항식이므로 미분가능 함수이다. 따라서 $f'(x)=0$인 x에서만 극값을 가짐을 안다. 함수 $f'(x)=3x^2=0$에서 $x=0$이고, $x<0$에서는 $f'(x)>0$이고 $x>0$에서도 $f'(x)>0$이 양이다. 따라서 정리 2.1.4 의하여 $x=0$는 극점이 되지 않는다.

예제 2.1.8

함수 $f(x)=|2-x^2|,\ -2\le x\le 3$에서의 극값을 구하라(최댓값과 최솟값을 구하라).

풀이 함수 $f(x)$는

$$f(x)=\begin{cases}2-x^2, & (-\sqrt{2}\le x\le\sqrt{2})\\ x^2-2, & (x>\sqrt{2}\ \text{또는}\ x<-\sqrt{2})\end{cases}$$

이고 $f'(x)$의 도함수 $f'(x)$는

$$f'(x)=\begin{cases}-2x, & (-\sqrt{2}\le x\le\sqrt{2})\\ 2x, & (x>\sqrt{2}\ \text{또는}\ x<-\sqrt{2})\end{cases}$$

이다. 따라서 극값이 존재할 위치는 끝점인 $x=-2$, $x=3$, $f'(x)=0$인 $x=0$, 특이점인 $x=\sqrt{2}$와 $x=-\sqrt{2}$이다. 각각의 임계점에서 함수 값을 구하면

$$f(-2)=2,\ f(\pm\sqrt{2})=0,\ f(0)=0,\ f(3)=7$$

따라서 최댓값은 $x=3$에서 7을 가지고 최솟값은 $x=\pm\sqrt{2}$에서 0을 가진다.

그리고 극솟값을 갖는 값은 $x=\pm\sqrt{2}$, 극댓값을 갖는 값은 $x=-2,\ 0,\ 3$이다.

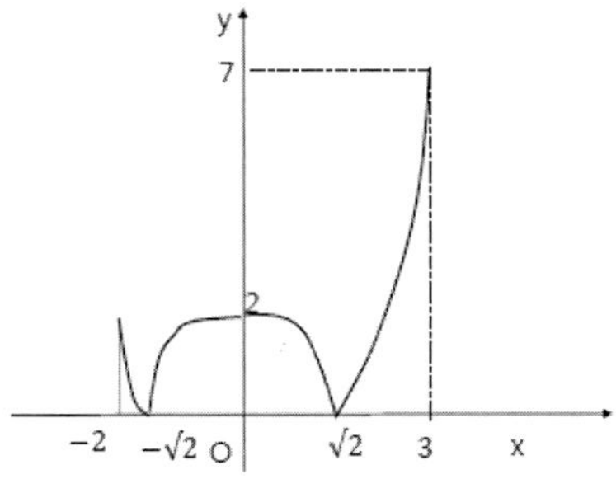

예제 2.1.9

폐구간 $[0,3]$ 위에서 정의된 함수 $f(x)=2x^3-6x+3$의 최대·최솟값을 조사하라.

풀이 함수 $f(x)$는 폐구간 $[0,3]$에서 연속이고 개구간 $(0,3)$에서 미분 가능함으로 극값이 나타날 가능성이 있는 곳은 양 끝점과 $f'(x)=0$ 되는 점이다.

$$f'(x)=6x^2-6=6(x^2-1)=6(x-1)(x+1)=0$$

에서 $x=-1,1$을 얻는다. $x=-1$은 정의역 밖이므로 버린다. 따라서 $x=0,\ 1,\ 3$에서 함수값을 구하여 비교하면 된다.

$$f(0)=3,\ f(1)=-1,\ f(3)=-13$$

이므로 따라서 최댓값은 $f(0)=3$이며 최솟값은 $f(3)=-13$이다.

예제 2.1.10

함수 $f(x)=2x^3+3x^2-12x+3$일 때 $f(x)$의 극값을 조사하라.

풀이 주어진 함수는 정의역이 $(-\infty,\infty)$이므로 끝점이 없고 모든 x에 대하여 미분 가능함으로 특이점이 없다. 따라서 정점에서의 극값여부를 조사하면 되겠다.

$f'(x)$를 구하면 $f'(x)=6x^2+6x-12=-6(x+2)(x-1)$이다. 따라서

$$x<-1 \text{ 혹은 } x>1 \text{이면 } f'(x)>0$$

$$-2<x<1 \text{이면 } f'(x)<0$$

이다. 그러므로 -2의 전후에서는 증가에서 감소로 바뀌어 $f(-2)=23$은 극소, 1의 전후에서는 감소에서 증가로 바뀌므로 $f(1)=-4$는 극대이다. 얻은 정보를 표로 나타내면 다음과 같다.

x	$x<-2$	-2	$-2<x<1$	1	$1<x$
f'	+		-		+
f	↗	극대	↘	극소	↗

예제 2.1.11

폐구간 $[-2.3]$에서 정의된 함수 $f(x)=(x^2-1)^{\frac{2}{3}}$의 극값을 조사하고 최댓값과 최솟값을 구하라.

풀이 $f(x)$의 도함수를 구하면

$$f'(x)=\frac{4x}{3\sqrt[3]{x^2-1}}$$

이며, $x\neq\pm1$일 때 성립한다, 따라서 극값은 양 끝점인 $x=-2,\ 3$에서 가지고 특이점인 $x=-1,\ 1$과 정점인 $x=0$ 나타날 가능성이 있다.

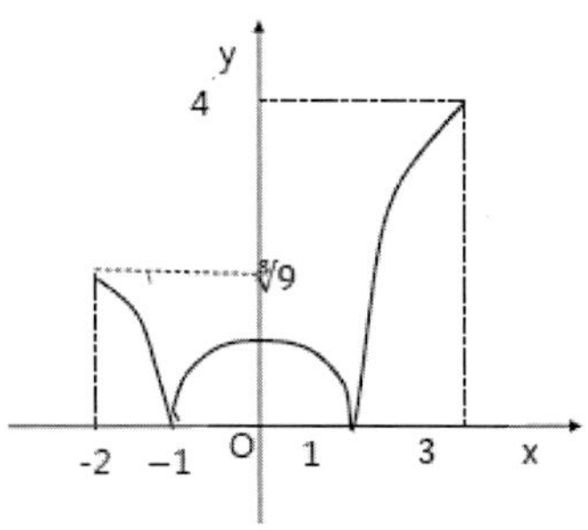

$x<-1$이면 $f'(x)<0$이고 $-1<x<0$이면

$$f'(x)>0$$

이다. 따라서 $f(-1)=0$은 극솟값이다. 또 $x<0$이면 $f'(x)>0$이고 $x>0$이면 $f'(x)<0$이다. 따라서 $f(0)=1$은 극댓값이다.

$0<x<1$이면 $f'(x)<0$이고, $x>1$이면

$$f'(x)>0$$

이므로 $f(0)=1$은 극솟값을 갖는다. 한편 양 끝점에서 함수 값은 $f(-2)=\sqrt[3]{9}$, $f(3)=4$이다. $-2<x<-1$에서 $f'(x)<0$이므로 $f(-2)=\sqrt[3]{9}$는 극대, $1<x<3$에서 $f'(x)>0$이므로 극대이다. 그러므로 최댓값은 $f(3)=4$이고 최솟값은 $f(\pm1)=0$이다. 표로 요약하면 다음과 같다.

x	-2	$\cdots$	-1	$\cdots$	0	$\cdots$	1	$\cdots$	3
f'		-	×	+	0	-	×	+	
f	$\sqrt[3]{9}$	↘	극소	↗	극대	↘	극소	↗	4

예제 2.1.12

함수 $f(x)=\dfrac{2x-1}{x^2+2}$의 극값을 조사하라.

풀이 먼저 주어진 함수의 정의역은 모든 실수이다. 도함수를 구하면

$$\begin{aligned} f'(x) &= \frac{(2x-1)'(x^2+2)-(2x-1)(x^2+2)}{(x^2+2)^2} \\ &= \frac{2(x^2+2)-(2x-1)(2x)}{(x^2+2)^2} \\ &= \frac{-2(x+1)(x-2)}{(x^2+2)^2} \end{aligned}$$

$f'(x)=0$되는 점은 $x=-1, 2$이다. $x=-1$전후에서 감소에서 증가로 바뀌므로 $x=-1$에서 극솟값 $f(-1)=-1$을 가지며 $x=2$전후에서 증가에서 감소로 바뀌어 $x=2$는 극댓값 $f(2)=\dfrac{1}{2}$를 갖는다. 주어진 함수는 모든 실수에서 정의됨으로 특이점은 없다. 얻은 정보를 요약하면 다음 표와 같다.

x	$\cdots$	-1	$\cdots$	2	$\cdots$
f'	-	0	+	0	-
f	↘	극소	↗	극대	↘

예제 2.1.13

구간 $[0, 2\pi]$에서 함수 $f(x)=\sin x(1+\cos x)$의 극값을 구하라.

풀이
$$\begin{aligned} f'(x) &= (\sin x)'(1+\cos x)+\sin x(1+\cos x)' \\ &= \cos x(1+\cos x)+\sin x(-\sin x) \\ &= \cos x+\cos^2 x-(1-\cos^2 x) \\ &= 2\cos^2 x+\cos x-1 \\ &= (2\cos x-1)(\cos x+1) \end{aligned}$$

이므로 $f'(x)=0$에서 $\cos x=-1, \dfrac{1}{2}$이다. 이를 풀면 $0 \le x \le 2\pi$에서

$\cos x=-1$이면 $x=\pi$이고,

$$\cos x=\frac{1}{2}\text{이면 } x=\frac{\pi}{3}, \frac{5\pi}{3}$$

이다. 따라서 $f(x)$의 끝점을 포함하여

$$0,\quad \frac{\pi}{3},\quad \pi,\quad \frac{5\pi}{3},\quad 2\pi$$

가 $f(x)$의 임계점이 된다. 각각의 임계점들의 근방에서 $f'(x)$의 부호를 살펴 $f(x)$의 증감을 따져 표를 만들면 다음과 같다.

x	0	$0<x<\pi/3$	$\pi/3$	$\pi/3<x<\pi$	π	$\pi<x<5\pi/3$	$5\pi/3$	$\frac{5\pi}{3}<x<2\pi$	2π
f'		+		−		-		+	
f	극소	↗	극대	↘		↘	극소	↗	극대

따라서

$$f(x)\text{는 } x=0\text{에서 극솟값 } f(0)=0.$$

$$x=\frac{\pi}{3}\text{에서 극댓값 } f\left(\frac{\pi}{3}\right)=\frac{3\sqrt{3}}{4},$$

$$x=\frac{5\pi}{3}\text{에서 극솟값 } f\left(\frac{5\pi}{3}\right)=-\frac{3\sqrt{3}}{4},$$

$$x=2\pi\text{에서 극댓값 } f(0)=0$$

을 갖는다.

2.1 연습문제

1. 다음 함수의 증가, 감소하는 구간을 구하라.

(1) $f(x) = -x^3 + 1$ (2) $f(x) = x^3 - 12x + 1$

(3) $f(x) = 3^{-x}$ (4) $f(x) = \dfrac{1}{\sqrt{x-1}}$

(5) $f(x) = \ln\dfrac{1}{x}$ (6) $f(x) = \dfrac{e^x}{x}$

(7) $f(x) = x^3 + 6x^2 + 9x$ (7) $f(x) = -x^3 + 9x^2 - 15x + 2$

(9) $f(x) = \dfrac{x}{x-1}$ (10) $f(x) = 2\cos x - x$

2. 다음 함수의 극값을 구하라.

(1) $f(x) = -x^3 + 3x$ (2) $f(x) = x^3 - 6x^2 + 12x - 3$

(3) $f(x) = 3x^4 - 8x^2 + 4$ (4) $f(x) = x\sqrt{2x - x^2}$

(5) $f(x) = \dfrac{2x^2 - x}{x^2 + 1}$ (6) $f(x) = (1 + \sin x)(\cos x)$ $([0, 2\pi])$

(7) $f(x) = xe^{-x}$ (8) $f(x) = x^{1/x}$ $(x > 0)$

3. 구간 $[1,5]$에서 함수 $f(x) = 2x^3 - 15x^2 + 36x$의 최댓값과 최솟값을 모두 구하라.

4. 함수 $f(x) = x^3 + ax^2 + bx + 1$가 $x = -1$에서 극솟값, $x = -3$에서 극댓값을 가질 때 a와 b의 값을 구하라.

5. 구간 $[0, 2\pi]$에서 $f(x) = x + \cos x$의 임계점을 구하고 극값을 결정하라.

해답

1. (1) $(-\infty, \infty)$ 에서 감소
   (2) $(-\infty, -2), (2, \infty)$ 에서 증가 $(-2, 2)$ 에서 감소
   (3) (∞, ∞) 에서 감소
   (4) $(1, \infty)$ 에서 감소
   (5) $(0, \infty)$ 에서 감소
   (6) $(-\infty, 1)$ 에서 감소 $(1, \infty)$ 에서 증가
   (7) $(-\infty, -3]$, $[-1, \infty)$ 에서 증가, $[-3, -1]$ 에서 감소
   (8) $(-\infty, 1]$, $[5, \infty)$ 에서 감소, $[1,5]$ 에서 증가.
   (9) $(-\infty, 1)$, $(1, \infty)$ 에서 감소
   (10) $(-\infty, \frac{7\pi}{6}]$, $[\frac{11\pi}{6}, \infty)$ 에서 감소, $[\frac{7\pi}{6}, \frac{11\pi}{6}]$ 에서 증가
2. (1) 극소 -2 극대 2
   (2) 없다
   (3) $x=0$ 은 극값 아니고 $x=2$ 에서 극소 -12
   (4) 극소 없다. 극대 $\frac{3\sqrt{3}}{4}$
   (5) 극대 $\frac{5}{2}$ 극소 $\frac{3}{2}$
   (6) 극대 $\frac{3\sqrt{3}}{4}$ 극소$-\frac{3\sqrt{3}}{4}$
   (7) 극소없다. 극대 e^{-1}
   (8) 극소 없다 극대 $e^{e^{-1}}$
3. 임계점 1, 2, 3, 5 최대 $x=5$ 에서 $f(5)=55$ 최소 $x=3$ 일 때 $f(1)=23$
4. $3x^2+2ax+b=3(x+1)(x+3)$, $a=6$ $b=9$
5. $f'(x)=1-\sin x$ 임계점 $0, \pi/2, 2\pi$ 극대 $x=2\pi$ 에서 $f(2\pi)=2\pi+1$ 극소 $x=0$ 에서 $f(0)=1$

2.2 평균값 정리

도함수의 도입에서 평균변화율을 다루었다, 함수 $f(x)$의 구간 $[a,b]$에서 평균변화율은

$$\frac{f(b)-f(a)}{b-a}$$

이다. 이는 기하학적으로 함수 $f(x)$의 그래프 상의 두 점$(a, f(a))$와 $(b, f(b))$를 지나는 직선의 기울기를 의미한다.

정리 2.2.1 $f(x)$가 $x=c$에서 미분가능하고 극값을 갖는다면 $f'(c)=0$이다.

본 절에서는 $f(x)$가 $[a,b]$에서 연속이고 (a,b)에서 미분 가능할 때 평균변화율 $\frac{f(b)-f(a)}{b-a}$을 도함수로 갖는 점이 (a,b)에서 존재함을 보이겠다. 이것을 평균값 정리라 부른다.

정리 2.2.2 (Rolle의 정리)
폐구간 $[a,b]$에서 연속이고 개구간 (a,b)에서 미분 가능한 함수 일 때 $f(a)=f(b)$이면 $f'(c)=0$되는 점 c가 (a,b)에 적어도 하나 반드시 존재한다.

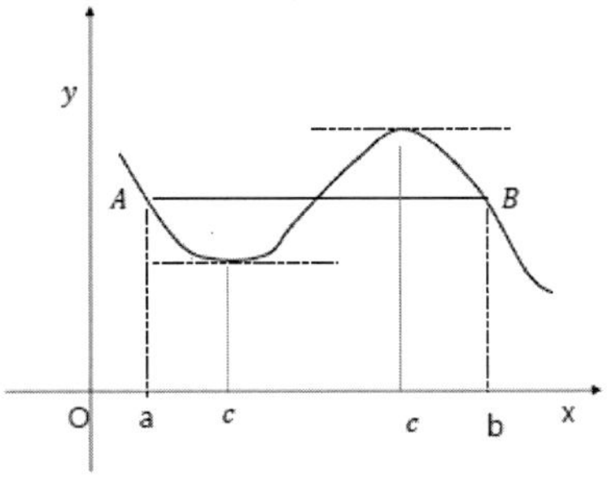

증명 먼저 f가 상수 함수인 경우를 생각하자. 이때에는 a와 b사이의 모든 x에 대하여 $f'(x)=0$이 되어 $f'(c)=0$되는 c가 무수히 많다. 다음으로 f가 상수함수가 아닌 경우를 고려하자. 그러면 폐구간 위에 정의된 연속함수는 최댓값과 최솟값을 가지므로 $f(x)$는 최댓값과 최솟값을 가진다. 그런데 f는 상수함수가 아니므로 최댓값과 최솟값이 동시에 $f(a)=f(b)$일 수 없다. 그런데 $f(c)$가 $f(a)$가 아니라면 $a<c<b$이다. 한편 $f(x)$는 (a,b)에서 미분가능하므로 정리 2.2.1에 의하여 $f'(c)=0$이다.

예제 2.2.1

구간 $[0,2]$에서 함수 $f(x)=x^3-4x$는 Rolle의 정리를 만족하는가?

풀이 분명히 $f(x)$는 다항식이므로 $[0,2]$에서 연속이고 $(0,2)$에서 미분가능이다. 또 $f(0)=f(2)$이므로 Rolle의 정리의 가정을 모두 만족한다. 따라서 $f'(c)=0$되는 점 c가 0과 2사이에 존재한다. $f'(c)=3c^2-4=0$으로부터 $c=\dfrac{2}{\sqrt{3}}\in(0,2)$ 이다.

예제 2.2.2

구간 $[0,2\sqrt{3}]$에서 정의 된 함수 $f(x)=x^3-12x$는 Rolle의 정리를 만족함을 보여라.

풀이 함수 $f(x)$는 다항식이므로 연속이며 미분가능하다. 또 $f(0)=f(2\sqrt{3})$ 이므로 Rolle의 모든 가정을 만족한다. 따라서 $f'(c)=3c^2-12=0$되는 c가 $(0,2\sqrt{3})$에 있다. $3c^2-12=0$로부터 c를 구하면 $c=2$이다.

다음은 Rolle의 정리의 확장인 평균값정리를 알아보자. 다음 그림은 구간 (a,b)에서 미분 가능한 함수 f의 끝점 $A(a,f(a))$와 $B(b,f(b))$를 연결한 선분 $\overline{AB}$에 평행한 접선이 점 $(c,f(c))$에서 나타남을 보여준다.

아래 그림은 평행한 접선이 여러 점에서 나타날 수도 있음을 보여준다. 이러한 현상은 Rolle의 정리를 일반화한 것으로 볼 수 있다

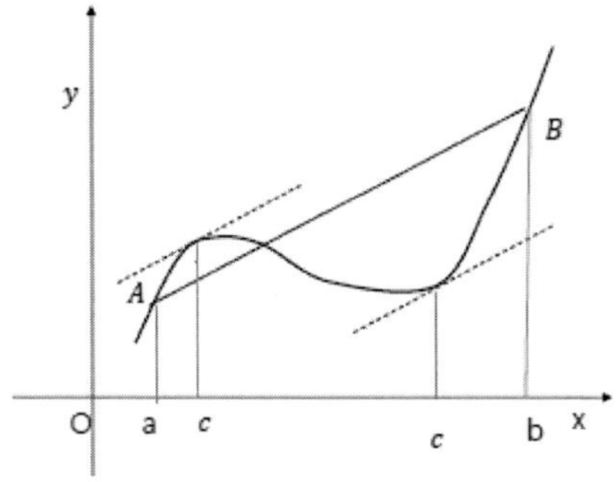

정리 2.2.3 (평균값정리)

$f(x)$가 $[a, b]$에서 연속이고 (a, b)에서 미분가능하면

$$\frac{f(b)-f(a)}{b-a}=f'(c)$$

되는 c가 a와 b사이에 적어도하나 반드시 존재한다.

증명 윗 그림에서 점 $A(a, f(a))$와 $B(b, f(b))$를 연결하는 직선의 방정식은

$$y-f(a)=\frac{f(b)-f(a)}{b-a}(x-a)$$

이다. 즉,

$$y=\frac{f(b)-f(a)}{b-a}(x-a)+f(a)$$

이다. 이제 폐구간 $[a,b]$에서 새로운 함수

$$h(x)=f(x)-\frac{f(b)-f(a)}{b-a}(x-a)-f(a)$$

를 생각하자. 이 함수 $h(x)$는 폐구간 $[a,b]$에서 연속이며 개구간(a,b)에서 미분가능하다. 또한 $h(a)=h(b)=0$이다. 따라서 $h(x)$는 Rolle의 정리를 완벽하게 만족한다. 따라서

$$h'(c)=f'(c)-\frac{f(b)-f(a)}{b-a}=0$$

되는, 즉

$$f'(c)=\frac{f(b)-f(a)}{b-a}$$

가 되는, c가 적어도 하나 a와 b사이에 존재한다.

참고 평균값정리는 미분적분학에 나타나는 중요한 정리를 증명할 때에 꼭 필요한 정리임을 강조한다.

예제 2.2.3

$f(x)=x^2$이며 구간이 $[0, 2]$일 때 평균값정리를 만족하는 c를 구하라.

풀이 $f(x)$는 다항식이므로 $[0,2]$에서 연속이고 $(0,2)$에서 미분가능하다. 따라서 평균값정리의 가정을 만족하므로

$$f'(c) = \frac{f(2) - f(0)}{2 - 0} = 2$$

을 만족하는 c가 구간 $(0, 2)$ 내에 존재한다. 한편 $f'(x) = 2x$이므로

$$f'(c) = 2c = 2$$

를 풀면 $c = 1$이다.

예제 2.2.4

$[1,\ 3]$상에 정의 된 $f(x) = 3x^2 + 4x - 3$이 평균값정리를 만족하는 c를 구하라.

풀이 주어진 함수 $f(x)$는 다항식이므로 주어진 구간에서 연속이며 또한 개구간에서 미분가능하다. 따라서

$$f'(c) = \frac{f(3) - f(1)}{3 - 1} = 16$$

되는 c가 1과 3사이에 존재한다. 한편 $f'(c) = 6c + 4 = 16$을 풀면 $c = 2$이다.

다음 예제는 $f(x)$가 미분가능하지 않는 점이 구간 내에 있으면 평균값 정리가 성립하지 않을 수도 있다는 사실을 보여준다. 즉 평균값 정리의 가정은 꼭 필요함을 보여준다.

예제 2.2.5

구간 $[-8, 27]$에서 정의 된 함수 $f(x) = \sqrt[3]{x}$는 평균값정리가 성립하지 않음을 보여라.

풀이 $x \neq 0$일 때 이 구간에서

$$f'(x) = \frac{2}{3}\frac{1}{\sqrt[3]{x}}$$

이고

$$\frac{f(27) - f(-8)}{27 - (-8)} = \frac{9 - 4}{35} = \frac{1}{7}$$

따라서, 평균값정리를 만족하는 c는

$$\frac{2}{3}\frac{1}{\sqrt[3]{c}} = \frac{1}{7}$$

을 만족하여야 한다. 그러나 이 식을 풀면 $c = (\frac{14}{3})^3 = 108$이다. 그러나 이 값은 구간 $(-8, 27)$ 내에 있지 않다. 이유는, 주어진 함수 $f(x)$는 주어진 폐구간에 속하는 한 점

$x=0$에서 미분 불가능하기 때문에 평균값정리의 가정을 만족하지 않음에 있다. ■

다음 정리는 평균값정리로 부터 얻어지는 중요한 정리 중의 하나이다.

정리 2.2.4

(1) 함수 $f(x)$가 폐구간 $[a,b]$에서 연속이고, 개구간 (a,b)에서 미분가능하며 이 구간에서 $f'(x)=0$이면, $f(x)$는 구간 $[a,b]$에서 상수함수이다.

(2) 함수 $f(x)$와 $g(x)$가 폐구간 $[a,b]$에서 연속이고 (a,b)에서 미분가능하며 이 구간에서 $f'(x)=g'(x)$이면, 적당한 상수 C가 존재하여 $f(x)=g(x)+C$ $(x\in[a,b])$가 성립한다.

증명 (1) 점 x_1과 x_2을 정의역 내의 임의의 서로 다른 두 점이라 하자. 또 일반성을 잃지 않고 $x_1<x_2$라 하자. 그러면 평균값정리에 의하여

$$\frac{f(x_1)-f(x_2)}{x_1-x_2}=f'(c)$$

를 만족하는 c가 $c\in(x_1,x_2)$ 에서 존재한다.

그런데 가정에서 $f'(x)=0$이므로 $f(x_1)-f(x_2)=0$을 얻는다. 즉, 구간 $[a,b]$내의 임의의 서로 다른 두 점의 함수 값이 일치함으로 f는 $[a,b]$에서 상수함수이다.

(2) 함수 $h(x)=f(x)-g(x)$ 도함수가 0이므로 (1)의 가정을 만족한다. 따라서 $h(x)$는 상수 함수 이므로 적당한 상수 C가 존재하여 $h(x)=C$, 즉 $f(x)-g(x)=C$를 만족한다. 따라서 $f(x)=g(x)+C$이다.

2.2 연습문제

1. Rolle의 정리를 만족하는지를 보이고 만족하면 c값을 구하라.

(1) $f(x) = x^2 - 6x + 8 \ [2,4]$ (2) $f(x) = x^3 - 3x^2 + 2x + 5 \ [0,2]$

(3) $f(x) = \cos x \ [\frac{\pi}{2}, \frac{3\pi}{2}]$ (4) $f(x) = x\sqrt{x-6} \ [0, 6]$

2. 주어진 구간에서 함수가 평균값정리를 만족하는지를 판별하고 만족하면 c를 구하라.

(1) $f(x) = x^2 + x \ [-2, 2]$ (2) $f(x) = x^2 + 3x \ [-3, 1]$

(3) $f(x) = \frac{1}{3}(x^3 + x - 4) \ [-1, 2]$ (4) $f(x) = \frac{x}{x-3} \ [0, 2]$

(5) $f(x) = x^3 - 2x - x + 1 \ [-1, 2]$ (6) $f(x) = |x-1| \ [0,3]$

3. 함수 $f(x) \equiv 5x^3 + 11x - 20$은 오직 하나의 x축과 교점을 가짐을 보여라.

4. 방정식 $4x^5 + x^3 + 2x + 1 = 0$은 오직 하나의 실근을 가짐을 보여라.

해답

1. (1) $c=3$ (2) $c=\frac{3\pm\sqrt{3}}{3}$ (3) $c=\pi$ (4) $c=4$

2. (1) $c=0$ (2) $c=-1$ (3) $c=1$ (4) $c=3-\sqrt{3}$ (5) $c=\frac{1\pm\sqrt{7}}{3}$ (6) $x=1$에서 미분 불가능

3. $f'(x) = 15x^2 + 11 > 0$ 이므로 증가함수이다. 따라서 x축을 오직 한번 교차한다.

4. $f(x) = 4x^5 + x^3 + 2x + 1$ 이라 두고 $f'(x) = 0$으로 두면 판별식이 음이므로 증가함수이다.

2.3 2계도함수와 곡선의 볼록성

본 절에서는 함수의 2계도함수를 활용하여 주어진 구간에서 위로 볼록 혹은 오목, 즉 변곡성을 알아보도록 하겠다.

함수 $f(x)=x^3$은 모든 구간에서 증가함수이다. 그러나 증가하는 모양을 살펴보면 $x<0$인 부분과 $x>0$인 부분에서 증가의 모양은 다르다.

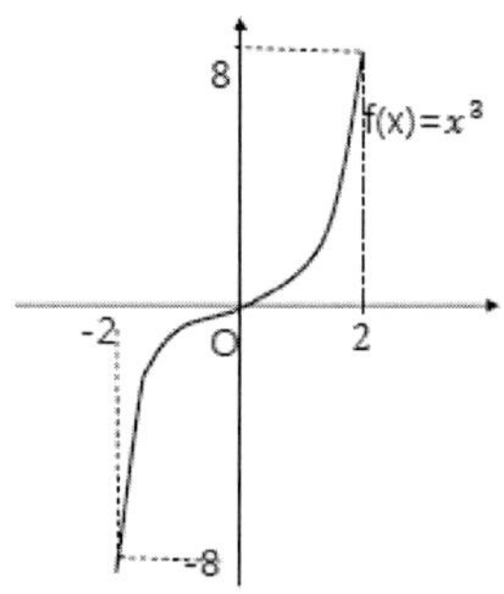

$(-\infty, 0)$에서는 곡선이 아래로 휘면서 증가하고 $(0, \infty)$에서는 곡선이 위로 휘면서 증가한다. 다시 말하면 $(-\infty, 0)$에서는 곡선의 기울기 $f'(x)=3x^2$은 감소하고 $(0, \infty)$에서는 곡선의 기울기가 증가한다. 이와 같이 접선이 어떻게 변화하는지에 따라 함수의 휘는 방향이 결정된다. 접선이 $f(x)$의 그래프를 따라 왼쪽에서 오른 쪽으로 이동할 때 시계방향으로 회전하면 아래로 오목이라 하고 반시계방향으로 움직이면 위로 오목이라 정의한다. 도함수를 이용하여 정의하면 다음과 같다.

정의 (함수의 오목성)

$f(x)$가 (a, b)에서 미분 가능할 때 $f'(x)$가 (a, b)에서 증가하면 $f(x)$는 (a,b)에서 위로 오목하다하고 $f'(x)$가 (a, b)에서 감소하면 $f(x)$는 아래로 오목하다고 한다.

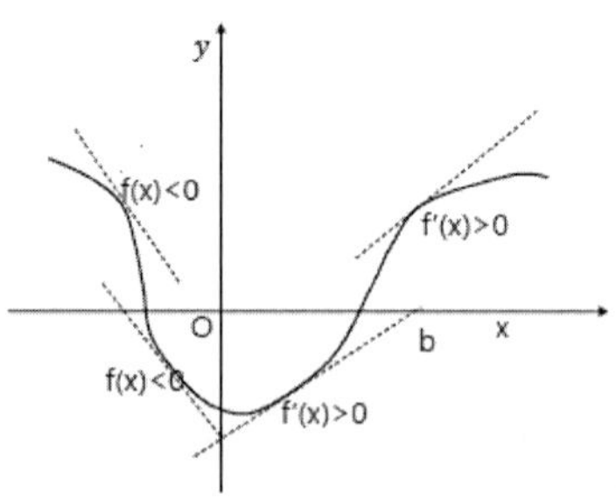

오목성의 정의를 기하학적으로 곡선 $f(x)$의 그래프와 접선의 위치를 따라 설명할 수 있다. (a,b)내의 임의의 점에서 곡선의 그래프가 접선보다 위에 있으면 $f(x)$는 (a,b)에서 위로 오목, $f(x)$의 그래프가 접선보다 아래에 위치하면 $f(x)$는 (a,b)에서 아래로 오목함을 알 수 있다.

1계도함수와 2계도함수를 활용하여 설명할 수도 있다. 모든 $x \in (a,b)$에 대하여 $f''(x) > 0$이면 $f'(x)$는 (a,b)에서 증가하고 모든 $x \in (a,b)$에서 $f''(x) < 0$이면 $f'(x)$는 감소한다. 따라서 다음 정리가 성립한다.

정리 2.3.1 (오목성 정리)

$f(x)$가 (a,b)에서 1계와 2계도함수를 가질 때,

(1) (a,b)에서 $f''(x) > 0$이면 $f(x)$는 (a,b)에서 위로 오목이다.

(2) (a,b)에서 $f''(x) < 0$이면 $f(x)$는 (a,b)에서 아래로 오목이다.

$f(x)$가 $x=c$에서 연속이고 $x=c$를 경계로 한 쪽에서는 위로 오목하고 다른 한쪽에서는 아래로 오목하다고 할 때 점$(c, f(c))$를 $f(x)$의 변곡점이라 부른다.

만약 $f''(x)$가 연속함수이고 $(c, f(c))$가 변곡점이라면 c^+에서와 c^-에서 $f''(x)$의 부호가 다르므로 $f''(c)=0$이다. 그러나 $f''(c)=0$일지라도 $x=c$는 변곡점이 아닐 수도 있다.

예제 2.3.1

$f(x)=x^4$은 $f''(0)=0$이지만 $x=0$는 $f(x)$의 변곡점이 아니다. 왜냐하면 $f''(x)=12x^2$으로서 $x=0$근방에서 $f''(x) > 0$ 으로 부호가 변하지 않기 때문이다.

예제 2.3.2

함수 $f(x)= x^3-3x-4$의 증가, 감소, 오목, 볼록성을 조사하라.

풀이 $f'(x)= 3x^2-3 = 3(x-1)(x+1)$이므로

$$x > 1 \text{ 이거나 } x < -1 \text{ 이면 } f'(x) > 0$$

$$-1 < x < 1 \text{ 이면 } f'(x) < 0$$

이다. 따라서

$f(x)$는 $(-\infty, -1)$과 $(1, \infty)$에서 증가하고

$f(x)$는 $(-1, 1)$에서 감소한다.

그리고 $f''(x) = 6x$이므로 $x > 0$에서 $f''(x) > 0$이고 $x < 0$에서 $f''(x) < 0$이다. 그러므로 $x = 0$은 변곡점이며 $f(x)$는 $(-\infty, 0)$에서 아래로 오목하고 $(0, \infty)$에서 위로 오목하다.

■

함수의 증감상태는 $f'(x)$의 값에 따라서 결정 된다. 같은 의미에서 $f'(x)$의 증감상태는 $f''(x)$의 값에 따라서 결정이 된다. 다음의 정리를 보라.

정리 2.3.2 (2계도함수에 의한 극값판정법)

함수 $f(x)$가 한 점 $x = c$에서 $f'(c)$와 $f''(c)$를 가지며 $f'(c) = 0$일 때

(1) $f''(c) < 0$이면 $f(c)$는 f의 극댓값이 된다.

(2) $f''(c) > 0$이면 $f'(c)$는 f의 극솟값이 된다.

예제 2.3.3

$f(x) = x^2$일 때 $f'(x) = 2x = 0$에서 $x = 0$을 얻으며 $f''(0) = 2 > 0$이므로 $x = 0$은 $f(x) = x^2$의 극솟점이 된다.

■

예제 2.3.4

$f(x) = 2x^3 + 3x^2 + 2$의 극값과 변곡점을 조사하라.

풀이 $f'(x) = 6x^2 + 6x = 6x(x+1) = 0$에서 $x = 0, -1$이 되며 $f''(x) = 12x + 6 = 0$에서 $x = -\dfrac{1}{2}$이다. $f''(0) = 6 < 0$이므로 극대가 되고 극댓값 $f(0) = 2$이다. 또 $f''(-1) = -6 < 0$이므로 극소가 되고 극솟값 $f(-1) = 3$이다.

$$x < -\frac{1}{2} \text{에서 } f''(x) < 0 \text{이고, } x > -\frac{1}{2} \text{에서 } f''(x) > 0$$

이므로 $x = -\dfrac{1}{2}$는 변곡점이 된다.

■

예제 2.3.5

함수 $f(x)=x^4-2x^3$의 극값과 변곡점을 조사하라.

풀이 $f'(x)=4x^3-6x^2=2x^2(2x-3)=0$에서 $x=0$또는 $x=\frac{3}{2}$이다.

$f''(x)=12x^2-12x$이므로 $f''(0)=0$이고 $f''(\frac{3}{2})=9<0$이다. 따라서 f는 $x=\frac{3}{2}$는 정의에 의하여 극솟값 $f(\frac{3}{2})=-\frac{351}{64}$를 갖는다. 그러나 $x=0$은 2계도함수로 판정할 수 없다. 이때는 $x=0$근방에서 부호의 변화를 살피는 1계도함수 판정법을 활용하여야 한다.

$$x<0\text{에서 }f'(x)<0\text{이고 }0<x<\frac{3}{2}\text{에서도 }f'(x)<0$$

이므로 도함수의 부호가 변하지 않는다. 따라서 f는 $x=0$에서 극값을 갖지 않는다. 한편,

$$f''(x)=0\text{에서 }x=0\text{과 }x=1\text{이다.}$$

$x<0$에서 $f''(x)>0$이고 $0<x<1$에서 $f''(x)<0$이며 $x>1$에서 $f''(x)>0$ 이므로 $x=0$과 $x=1$은 변곡점이 된다.

예제 2.3.6

구간 $[0,2\pi]$에서 $f(x)=\sin x+\cos x$의 극값을 구하라.

풀이 주어진 구간에서 미분가능 함으로 주어진 함수의 임계점은 끝점과 정점이다.

$$f'(x)=\cos x-\sin x=0\text{에서 }\tan x=1$$

이다. 주어진 구간 $[0,2\pi]$에서 풀면 $x=\frac{\pi}{4},\frac{5\pi}{4}$이다.
또한

$$f''(x)=-\sin x-\cos x$$

이므로

$$f''(\frac{\pi}{4})=-\sqrt{2}<0\text{이고 }f''(\frac{5\pi}{4})=\sqrt{2}>0$$

이다. 따라서 f의 극댓값은 $f(\frac{\pi}{4})=-\sqrt{2}$이고 극솟값은 $f(\frac{5\pi}{4})=\sqrt{2}$이다. 한편, 끝점 0과 2π에서는 $0<x<\frac{\pi}{4}$에서 $f'(x)>0$이고 $\frac{5\pi}{4}<x<2\pi$에서 $f'(x)<0$이다. 따라서 $x=0$에서 극소이고 극솟값은 $f(0)=1$, $x=2\pi$에서 극대를 갖고 극댓값 $f(2\pi)=1$을 갖는다.

2.3 연습문제

1. 다음 함수의 아래로 볼록 위로 볼록되는 구간을 구별하고 변곡점이 있으면 구하라.

(1) $f(x) = x\sqrt{x-1}$

(2) $f(x) = \dfrac{x}{x^2+1}$

(3) $f(x) = x^9 - 3x^3$

(4) $f(x) = x^{5/3}$

(5) $f(x) = \dfrac{2}{3}x^{\frac{2}{3}} - \dfrac{3}{5}x^{\frac{5}{3}}$

(6) $f(x) = \dfrac{1-\sqrt{x}}{1+\sqrt{x}}$

해답

1. (1) $x > \dfrac{4}{3}$ 에서 위로 볼록 $x < \dfrac{4}{3}$ 에서 아래로 볼록 $(\dfrac{4}{3}, \dfrac{4}{3\sqrt{3}})$ 에서 변곡점

(2) $x < -\sqrt{3}$ 에서 위로 볼록, $-\sqrt{3} < x < 0$ 에서 아래로 볼록, $0 < x < \sqrt{3}$ 에서 위로 볼록, $x > \sqrt{3}$ 에서 아래로 볼록, 변곡점은 $(0,0), (-\sqrt{3}, -\dfrac{\sqrt{3}}{4}), (\sqrt{3}, \dfrac{\sqrt{3}}{4})$ 이다.

(3) $x < -\dfrac{1}{\sqrt[3]{2}}$ 이면 위로 볼록, $-\dfrac{1}{\sqrt[3]{2}} < x < 0$ 에서 아래로 볼록, $0 < x < \dfrac{1}{\sqrt[3]{2}}$ 에서 위로 볼록, $x > \dfrac{1}{\sqrt[3]{2}}$ 에서 아래로 볼록, 변곡점은 $(0,0), (-\dfrac{1}{\sqrt[3]{2}}, \dfrac{11}{8}), (\dfrac{1}{\sqrt[3]{2}}, -\dfrac{11}{8})$ 이다.

(4) 모든실수에서 아래로 볼록, 변곡점은 없다.

(5) $x < -\dfrac{2}{9}$ 에서 아래로 볼록 $-\dfrac{2}{9} < x < 0$ 에서 위로볼록, $x > 0$ 에서 위로 볼록, 변곡점은 $(0,0), (-\dfrac{2}{9}, \dfrac{4}{5}(\dfrac{2}{9})^{2/3})$ 이다.

(6) 모든 실수에서 아래로볼록, 변곡점은 없다.

CHAPTER

3 도함수의 응용(II)

3.1 부정형의 극한과 로피탈 룰

함수의 그래프를 그릴 때에 특별한 위치에서의 함수 값의 존재성이나 두 함수의 비교 등에서 다음과 같은 상황을 만날 수 있다.

$$\frac{f(x)}{g(x)},\ f(x)g(x),\ f(x)-g(x),\ f(x)^{g(x)}$$

여기서 $x \to a$거나 $x \to \infty$일 때

$$\frac{0}{0},\ \frac{\infty}{\infty},\ 0 \cdot \infty,\ \infty-\infty,\ 1^{\infty},\ 0^{0},\ 0^{\infty}, \infty^{0}$$

형태가 될 수 있다. 이러한 형태의 극한을 부정형이라 한다. 이러한 경우에 도함수를 이용하여 극한을 계산 할 수 있다.

$\frac{0}{0}$의 부정형

x가 a에 수렴할 때 $f(x)$와 $g(x)$가 각 각 0에 가까이 가면 $\frac{f(x)}{f(x)}$를 $\frac{0}{0}$꼴의 부정형이라 부른다.

본 절에서 자주 사용할 극한에 관한 정리는 다음과 같다.

정리 함수 $f(x)$와 $g(x)$에 대하여 $x=a$에서 극한이 존재 할 때,

$$\lim_{x\to a}\frac{f(x)}{g(x)}=\frac{f(a)}{g(a)}\quad(\lim_{x\to a}g(x)\neq 0\text{일 때})$$

정리 3.1.1 (L' H$\hat{o}$spital Rule) 함수 $f(x)$와 $g(x)$가

(1) $f(a)=g(a)=0$를 만족하고

(2) $f'(a)$와 $g'(a)$가 존재하고

(3) $g'(a)\neq 0$이면

$$\lim_{x\to a}\frac{f(x)}{g(x)}=\lim_{x\to a}\frac{f'(x)}{g'(x)}=\frac{f'(a)}{g'(a)}$$

이다. 여기서 a는 b^+, b^-, $-\infty$, $+\infty$중의 하나일 수도 있다

증명 도함수의 정의를 활용한다.

$$\begin{aligned}\lim_{x\to a}\frac{f(x)}{g(x)}&=\lim_{x\to a}\frac{f(x)-0}{g(x)-0}\\&=\lim_{x\to a}\frac{f(x)-f(a)}{g(x)-g(a)}\\&=\lim_{x\to a}\frac{\dfrac{f(x)-f(a)}{x-a}}{\dfrac{g(x)-g(a)}{x-a}}\\&=\frac{\displaystyle\lim_{x\to a}\frac{f(x)-f(a)}{x-a}}{\displaystyle\lim_{x\to a}\frac{g(x)-g(a)}{x-a}}=\frac{f'(a)}{g'(a)}\end{aligned}$$

따라서.

$$\lim_{x\to a}\frac{f(x)}{g(x)}=\frac{f'(a)}{g'(a)}$$

예제 3.1.1

L'H$\hat{o}$spital Rule을 이용하여 극한을 구하라.

(1) $\lim_{x\to1}\dfrac{x^2-2x+1}{x-1}$ (2) $\lim_{x\to2}\dfrac{x^2-4}{x^2+2x-8}$

(3) $\lim_{x\to0}\dfrac{\sin x}{x}$ (4) $\lim_{x\to0}\dfrac{1-\cos x}{x^2+3x}$

풀이 (1) $\lim_{x\to1}(x^2-2x+1)=0$이고 $\lim_{x\to1}(x-1)=0$이므로 $\dfrac{0}{0}$꼴이다. 따라서, L'H$\hat{o}$spital Rule을 쓰면

$$\begin{aligned}\lim_{x\to1}\frac{x^2-2x+1}{x-1}&=\lim_{x\to1}\frac{(x^2-2x+1)'}{(x-1)'}\\&=\lim_{x\to1}\frac{2x-2}{1}=0.\end{aligned}$$

(2) $\lim_{x\to2}(x^2-4)=0$이고 $\lim_{x\to2}(x^2+2x-8)=0$이므로 $\dfrac{0}{0}$꼴이다. 따라서, L'H$\hat{o}$spital Rule을 쓰면

$$\begin{aligned}\lim_{x\to2}\frac{x^2-4}{x^2+2x-8}&=\lim_{x\to2}\frac{(x^2-4)'}{(x^2+2x-8)'}\\&=\lim_{x\to2}\frac{2x}{2x+2}=\frac{4}{6}=\frac{2}{3}\end{aligned}$$

(3) $\lim_{x\to0}\sin x=0$이고 $\lim_{x\to0}x=0$이므로 $\dfrac{0}{0}$꼴이다. 따라서, L'H$\hat{o}$spital Rule을 쓰면

$$\begin{aligned}\lim_{x\to0}\frac{\sin x}{x}&=\lim_{x\to0}\frac{(\sin x)'}{(x)'}\\&=\lim_{x\to0}\frac{\cos x}{1}=1\end{aligned}$$

(4) $\lim_{x\to0}(1-\cos x)=0$이고 $\lim_{x\to0}(x^2+3x)=0$이므로 $\dfrac{0}{0}$꼴이다. 따라서, L'H$\hat{o}$spital Rule을 쓰면

$$\begin{aligned}\lim_{x\to0}\frac{1-\cos x}{x^2+3x}&=\lim_{x\to0}\frac{(1-\cos x)'}{(x^2+3x)'}\\&=\lim_{x\to0}\frac{\sin x}{2x+3}=\frac{0}{3}=0\end{aligned}$$

참고 어떤 경우에는 $\lim_{x \to a} \frac{f'(x)}{g'(x)}$가 다시 $\frac{0}{0}$형태가 된다. 이러한 경우는 반복해서 L'H$\hat{o}$spital Rule을 적용한다.

예제 3.1.2

L'H$\hat{o}$spital Rule을 이용하여 극한을 계산하라.

(1) $\lim_{x \to 0} \frac{\sin x - x}{x^3}$ (2) $\lim_{x \to 0} \frac{\tan x - x}{\sin x - x}$

풀이 (1) $\lim_{x \to 0}(\sin x - x) = 0$이고 $\lim_{x \to 0} x^3 = 0$이므로 $\frac{0}{0}$꼴이 된다. 따라서, L'H$\hat{o}$spital Rule을 쓰면

$$\lim_{x \to 0} \frac{\sin x - x}{x^3} = \lim_{x \to 0} \frac{(\sin x - x)'}{(x^3)'} = \lim_{x \to 0} \frac{\cos x - 1}{3x^2}$$

그런데 $\lim_{x \to 0}(\cos x - 1) = 0$이고 $\lim_{x \to 0} 3x^2 = 0$이므로 다시 L'H$\hat{o}$spital Rule을 쓰면

$$\lim_{x \to 0} \frac{(\cos x - 1)}{(3x^2)} = \lim_{x \to 0} \frac{(\cos x - 1)'}{(3x^2)'} = \lim_{x \to 0} \frac{-\sin x}{6x}$$

여전히 $\frac{0}{0}$꼴이다. 다시 L'H$\hat{o}$spital Rule을 쓰면

$$= \lim_{x \to 0} \frac{-\cos x}{6} = -\frac{1}{6}$$

(2) $\lim_{x \to 0}(\tan x - x) = 0$이고 $\lim_{x \to 0}(\sin x - x) = 0$이며 $(\tan x - x)' = \sec^2 x - 1$이고 $(\sin x - x)' = \cos x - 1$이므로 L'H$\hat{o}$spital Rule을 쓰면

$$\lim_{x \to 0} \frac{\tan x - x}{\sin x - x} = \lim_{x \to 0} \frac{\sec^2 x - 1}{\cos x - 1}$$

이며 다시 $\frac{0}{0}$꼴이므로 다시 L'H$\hat{o}$spital Rule을 쓴다.

$$= \lim_{x \to 0} \frac{\sec^2 - 1}{\cos x - 1}$$

$$= \lim_{x\to 0}\frac{2\sec x\sec x\tan x}{-\sin x}$$

$$=-\lim_{x\to 0}\frac{2}{\cos^3 x}=-2$$

참고 $\frac{0}{\infty}$, $\frac{\infty}{0}$, $\infty+\infty$, $\infty\cdot\infty$, 0^{∞}, ∞^{∞}는 부정형이라 부르지 않는다. 이들은 ∞로의 발산속도나 0 혹은 1에 수렴속도에 관련 없이 일정한 값으로 가기 때문이다. 그러나 다음의 각각의 부정형

$$\frac{0}{0},\ \frac{\infty}{\infty},\ 0\cdot\infty,\ \infty-\infty,\ 1^{\infty},\ 0^{0},\ 0^{\infty}, \infty^{0}$$

들은 ∞로의 발산 속도나 0 및 1에 수렴하는 속도를 조절함으로서 부정형의 값은 다양하게 나타나게 된다.

$\frac{\infty}{\infty}$의 부정형

정리 3.1.2 (L'H$\hat{o}$spital Rule)

$\lim_{x\to a}|(f(x)| = \infty$이고 $\lim_{x\to a}|g(x)| = \infty$이며 $\lim_{x\to a}\left|\frac{f'(x)}{g'(x)}\right|$가 존재하면

$$\lim_{x\to a}\frac{f(x)}{g(x)} = \lim_{x\to a}\frac{f'(x)}{g'(x)}$$

이다. 여기서 a는 $a+$, a^-, $-\infty$, ∞중 어느 것 도 가능하다.

예제 3.1.3

L'H$\hat{o}$spital Rule을 이용하여 극한을 구하라.

(1) $\lim_{x\to\infty}\frac{x+3x^2}{4x+7x^3}$ (2) $\lim_{x\to-\infty}\frac{2x^3}{1-x^3}$

(3) $\lim_{x\to\frac{\pi}{2}}\frac{\sec x+1}{\tan x}$

풀이 (1) $\lim_{x\to\infty}|x+3x^2| = \infty$이고 $\lim_{x\to\infty}|4x+7x^3| = \infty$이므로 $\frac{\infty}{\infty}$의 부정형이다.

L'H$\hat{o}$spital Rule을 이용하면

$$\lim_{x\to\infty}\frac{x+3x^2}{4x+7x^3}=\lim_{x\to\infty}\frac{1+6x}{4+21x^2}$$
$$=\lim_{x\to\infty}\frac{6}{42x}=0$$

이다. 여기서, 두 번째 등호에서 L'H$\hat{o}$spital Rule을 사용하였다.

(2) $\lim\limits_{x\to-\infty}|2x^3|=\infty$ 이고 $\lim\limits_{x\to-\infty}|1-x^3|=\infty$ 이므로 $\frac{\infty}{\infty}$ 의 부정형이다.

L'H$\hat{o}$spital Rule을 이용하면

$$\lim_{x\to-\infty}\frac{2x^3}{1-x^3}=\lim_{x\to-\infty}\frac{6x^2}{-3x^2}$$
$$=\lim_{x\to-\infty}\frac{12x}{-6x}$$
$$=\lim_{x\to-\infty}\frac{12}{-6}=-2$$

여기서, 두 번째와 세 번째 등호에서 L'H$\hat{o}$spital Rule을 사용하였다.

(3) $\lim\limits_{x\to\frac{\pi}{2}}|\sec x+1|=\infty$ 이고 $\lim\limits_{x\to\frac{\pi}{2}}|\tan x|=\infty$ 이므로 $\frac{\infty}{\infty}$ 의 부정형이다.

L'H$\hat{o}$spital Rule을 이용하면

$$\lim_{x\to\frac{\pi}{2}}\frac{\sec x+1}{\tan x}=\lim_{x\to\frac{\pi}{2}}\frac{\sec x\tan x}{\sec^2 x}$$
$$=\lim_{x\to\frac{\pi}{2}}\frac{\tan x}{\sec x}$$
$$=\lim_{x\to\frac{\pi}{2}}\sin x=1$$

$0\cdot\infty$ 의 부정형과 $\infty-\infty$ 의 부정형

$\lim\limits_{x\to a}|f(x)|=0$이고 $\lim\limits_{x\to a}|g(x)|=\infty$ 이면 $f(x)g(x)=\dfrac{f(x)}{\dfrac{1}{g(x)}}$는 $\frac{0}{0}$ 부정형이다.

그리고 $f(x)g(x)=\dfrac{g(x)}{\dfrac{1}{f(x)}}$ 은 $\dfrac{\infty}{\infty}$ 부정형이다. $\lim\limits_{x\to a}f(x)=\infty$ 이고 $\lim\limits_{x\to a}g(x)=\infty$ 이면

$f(x)-g(x)=f(x)g(x)\left(\dfrac{1}{g(x)}-\dfrac{1}{f(x)}\right)$는 $\infty \cdot 0$의 부정형이다.

예제 3.1.4

L'H$\hat{o}$spital Rule을 이용하여 극한을 구하라.

(1) $\lim\limits_{x\to\frac{\pi}{2}}(x-\frac{\pi}{2})\tan x$

(2) $\lim\limits_{x\to 0^+}\left(\dfrac{1}{\sin x}-\dfrac{x+1}{x}\right)$

(3) $\lim\limits_{x\to 0}\left(\dfrac{2}{x}-\dfrac{2}{\sin x}\right)$

(4) $\lim\limits_{x\to 0}(\csc x-\cot x)$

풀이 (1) $0 \cdot \infty$ 형이므로 $\dfrac{0}{0}$ 꼴로 고쳐야한다.

$$\lim_{x\to\frac{\pi}{2}}\left(x-\frac{\pi}{2}\right)\tan x=\lim_{x\to\frac{\pi}{2}}\frac{x-\frac{\pi}{2}}{\cot x}$$

$$=\lim_{x\to\frac{\pi}{2}}\frac{1}{-\csc^2 x} \quad \text{(L'H}\hat{o}\text{spital Rule 사용)}$$

$$=\lim_{x\to\frac{\pi}{2}}(-\sin^2 x)=-1$$

(2) $\infty-\infty$ 꼴이므로 $\dfrac{0}{0}$ 꼴로 고쳐야한다.

$$\lim_{X\to 0^+}\left(\frac{1}{\sin x}-\frac{x+1}{x}\right)=\lim_{x\to 0^+}\frac{x-(x+1)\sin x}{x\sin x}$$

$$=\lim_{x\to 0^+}\frac{1-\sin x-(x+1)\cos x}{\sin x+x\cos x} \quad \text{(L'H}\hat{o}\text{spital Rule 사용)}$$

$$=\lim_{x\to 0^+}\frac{(x+1)\sin x-2\cos x}{2\cos x-x\sin x} \quad \text{(L'H}\hat{o}\text{spital Rule 사용)}$$

$$=-1$$

(3) $\infty-\infty$ 꼴이므로 $\dfrac{0}{0}$ 꼴로 고쳐야한다.

$$\lim_{x\to0}\left(\frac{2}{x}-\frac{2}{\sin x}\right)=\lim_{x\to0}\frac{2\sin x-2x}{x\sin x}$$

$$=\lim_{x\to0}\frac{2\cos x-2}{\sin x+x\cos x}\quad \text{(L'H}\hat{o}\text{spital Rule 사용)}$$

$$=\lim_{x\to0}\frac{2\sin x}{\cos x+\cos x-x\sin x}$$

$$=0$$

(4) $\infty-\infty$ 꼴이므로 $\frac{0}{0}$ 꼴로 고친다.

$$\lim_{x\to0}(\csc x-\cot x)=\lim_{x\to0}\left(\frac{1}{\sin x}-\frac{\cos x}{\sin x}\right)$$

$$=\lim_{x\to0}\frac{1-\cos x}{\sin x}\quad \text{(L'H}\hat{o}\text{spital Rule 사용)}$$

$$=\lim_{x\to0}\frac{\sin x}{\cos x}=0$$

0^0, ∞^0, 0^∞, 1^∞ 의 부정형

$\lim_{x\to a}f(x)=0$ 혹은 $\lim_{x\to a}f(x)=\infty$, $\lim_{x\to a}g(x)=0$ 혹은 $\lim_{x\to a}g(x)=\infty$ 이면

$$\lim_{x\to a}(f(x))^{g(x)}\text{는 } 0^0,\ \infty^0,\ 0^\infty,\ 1^\infty$$

의 부정형이 된다. 이때는 $x=e^{\ln x}$의 관계식을 이용하여 극한을 계산할 수 있다.

예제 3.1.5

L'H$\hat{o}$spital Rule을 이용하여 극한을 구하라.

(1) $\lim_{x\to0^+}x^x$ (2) $\lim_{x\to0^+}(x+1)^{\cot x}$

(3) $\lim_{x\to\frac{\pi}{2}^+}(\tan x)^{\cos x}$ (4) $\lim_{x\to0}(1-\sin x)^{\frac{1}{x}}$

풀이 요령은 분수형부정형 $\frac{0}{0}$ 꼴이나 $\frac{\infty}{\infty}$ 꼴로 바꾸어 로피탈 룰을 사용하여 계산한다.

(1) $x\to0^+$ 이면 x^x는 0^0 꼴이므로 부정형이다. 분수형의 부정형으로 고치기 위하여 $y=x^x$로 두고 양변에 자연로그를 취하면 $\ln y=x\ln x$를 얻는다. 이는 $0\cdot\infty$ 형의 부

정형이다.

$$\lim_{x\to 0^+} \ln y = \lim_{x\to 0^+} x\ln x = \lim_{x\to 0^+} \frac{\ln x}{\frac{1}{x}}$$

$$= \lim_{x\to 0^+} \frac{1/x}{-1/x^2} \quad \text{(L'H}\hat{o}\text{spital Rule 사용)}$$

$$= \lim_{x\to 0^+} (-x) = 0$$

따라서 $\ln y \to 0$ 이다. 한편 ln 함수는 일대일(전단사)함수이고 $\ln 1 = 0$ 이므로 $y \to 1$ 이다. 즉 $\lim_{x\to 0+} x^x = 1$ 이다.

(2) $x\to 0^+$ 이면 $(x+1)^{\cot x}$ 는 1^{∞} 꼴이므로 부정형이다. 분수형의 부정형으로 고치기 위하여 $y = (x+1)^{\cot x}$ 로 두고 양변에 자연로그를 취하면 $\ln y = \cot x \ln(x+1)$ 를 얻는다. 이는 $0 \cdot \infty$ 형의 부정형이다.

$$\lim_{x\to 0^+} \ln y = \lim_{x\to 0^+} \cot x \ln(x+1) = \lim_{x\to 0^+} \frac{\ln(x+1)}{\tan x}$$

$$= \lim_{x\to 0^+} \frac{1/(x+1)}{\sec^2 x} \quad \text{(L'H}\hat{o}\text{spital Rule 사용)}$$

$$= \lim_{x\to 0^+} \frac{\cos^2 x}{x+1} = 1$$

따라서 $\ln y \to 1$ 이다. 따라서 $\lim_{x\to 0^+} (x+1)^{\cot x} = e$ 이다.

(3) $x \to \frac{\pi}{2}^-$ 이면 $(\tan x)^{\cos x}$ 는 ∞^0 꼴이므로 부정형이다. 분수형의 부정형으로 고치기 위하여 $y = (\tan x)^{\cos x}$ 로 두고 양변에 자연로그를 취하면 $\ln y = \cos x \ln(\tan x)$ 를 얻는다. 이는 $0 \cdot \infty$ 형의 부정형이다.

$$\lim_{x\to \frac{\pi}{2}^+} \ln y = \lim_{x\to \frac{\pi}{2}^+} \cos x \ln\tan x = \lim_{x\to \frac{\pi}{2}^+} \frac{\ln\tan x}{\sec x}$$

$$= \lim_{x\to \frac{\pi}{2}^+} \frac{\sec^2 x/\tan x}{\sec x \tan x} \quad \text{(L'H}\hat{o}\text{spital Rule 사용)}$$

$$= \lim_{x\to \frac{\pi}{2}^+} \frac{\cos x}{\sin^2 x} = 0$$

따라서 $\ln y \to 0$ 이다. $\ln 1 = 0$ 이므로 $y \to 1$ 이다. 즉 $\lim_{x\to \frac{\pi}{2}^+} (\tan x)^{\cos x}$ 이다.

(4) $x\to 0$ 일 때 $(1-\sin x)^{\frac{1}{x}}$ 는 0^0꼴의 부정형이다. $y=(1-\sin x)^{\frac{1}{x}}$ 로 두고 ln을 취하면 $\ln y=\dfrac{1}{x}\ln(1-\sin x)$이다.

$$\lim_{x\to 0}\ln y=\lim_{x\to 0}\frac{1}{x}\ln(1-\sin x)=\lim_{x\to 0}\frac{\ln(1-\sin x)}{x}$$

$$=\lim_{x\to 0}\frac{\frac{-\cos x}{1-\sin x}}{1}\quad \text{(L'Hôspital Rule 사용)}$$

$$=\lim_{x\to 0}\frac{-\cos x}{1-\sin x}=\frac{-1}{1}=-1.$$

따라서 $\ln y\to -1$이다. 한편 ln 함수는 일대일(전단사)함수이고 $\ln e^{-1}=-1$이므로 $y\to e^{-1}$이다. 즉 $\lim_{x\to 0+}(1-\sin x)^{\frac{1}{x}}=e^{-1}$이다.

3.1 연습문제

1. 다음 극한 값을 구하라.

(1) $\lim_{x\to 4}\frac{x^4-256}{x-4}$ (2) $\lim_{x\to 4}\frac{x^4-256}{x^2-16}$

(3) $\lim_{x\to 3}\frac{x^2-3x}{x^2-9}$ (4) $\lim_{x\to\infty}\frac{\sqrt{4+x^2}}{x}$

(5) $\lim_{x\to 2}\frac{e^x-e^2}{x-3}$ (6) $\lim_{x\to 0}\frac{xe^x}{1-e^x}$

(7) $\lim_{x\to 0}\frac{e^x-1}{\tan 2x}$ (8) $\lim_{x\to 0}\frac{8^x-2^x}{4x}$

(9) $\lim_{x\to 0}\frac{\ln\cos x}{x^2}$ (10) $\lim_{x\to\infty}\frac{5x+2\ln x}{x+3\ln x}$

(11) $\lim_{x\to 0^+}\frac{\ln\cot x}{e^{\csc^2 x}}$ (12) $\lim_{x\to 0^+}\frac{e^x+3x^3}{4e^x+2x^2}$

2. 다음 극한값을 구하라.

(1) $\lim_{x\to 0}(e^x-1)\cos x$ (2) $\lim_{x\to\infty}x^2e^x$

(3) $\lim_{x\to 0}x\csc x$ (4) $\lim_{x\to 1}\csc\pi x\ln x$

(5) $\lim_{x\to\frac{\pi}{2}^-}e^{-\tan x}\sec^2 x$ (6) $\lim_{x\to 0}(x-\sin^{-1}x)\csc^3 x$

3. 다음 극한 값을 구하라

(1) $\lim_{x\to 0}\left(\frac{4}{x^2-4}-\frac{1}{x-2}\right)$ (2) $\lim_{x\to 0}\left(\frac{1}{x}-\frac{1}{\sin x}\right)$

(3) $\lim_{x\to 0}\left(\frac{4}{x^2}-\frac{2}{1-\cos x}\right)$ (4) $\lim_{x\to\frac{\pi}{2}}(\sec^3 x-\tan^3 x)$

(5) $\lim_{x\to 1}\left(\frac{1}{\ln x}-\frac{x}{x-1}\right)$ (6) $\lim_{x\to\infty}\left(\frac{\ln x}{x}-\frac{1}{\sqrt{x}}\right)$

4. 다음 극한 값을 구하라.

(1) $\lim_{x\to 0}(\cos x)^{\frac{1}{x}}$

(2) $\lim_{x\to 0}(e^x + 3x)^{\frac{1}{x}}$

(3) $\lim_{x\to\infty}(1 - e^{-x})^{e^x}$

(4) $\lim_{x\to\frac{\pi}{2}}(\sin x - \cos x)^{\tan x}$

(5) $\lim_{x\to\frac{\pi}{2}^-}(\tan x)^{\cos x}$

(6) $\lim_{x\to 1} x^{\tan\frac{\pi}{2}x}$

해답

1. (1) 256 (2) 32 (3) $\frac{1}{2}$ (4) 1 (5) 1
   (6) -1 (7) $\frac{1}{2}$ (8) $\frac{1}{2}\ln 2$ (9) $-\frac{1}{2}$ (10) 5
   (11) 0 (12) $\frac{1}{4}$
2. (1) 1 (2) 0 (3) 1 (4) $-\frac{1}{\pi}$ (5) 0
   (6) $-\frac{1}{6}$
3. (1) $-\frac{1}{4}$ (2) 0 (3) $-\frac{1}{3}$ (4) ∞ (5) $-\frac{1}{2}$
   (6) 0
4. (1) 1 (2) e^4 (3) e^{-1} (4) e^{-1} (5) 1
   (6) $e^{-\pi/2}$

3.2 곡선의 추적

함수의 표현은 양함수 $y=f(x)$와 음함수 $f(x,y)=0$표현이 있다. 양함수 $y=f(x)$는 언제나 $f(x)-y=0$처럼 음함수로 변형할 수 있다. 그러나 역은 성립하지 않을 수도 있다. 그래서 앞으로는 일반성을 잃지 않고 곡선이라 하면 $f(x,y)=0$의 표현을 갖는 것으로 한다. 곡선 $f(x,y)=0$의 방정식이 주어졌을 때 그 곡선의 개형을 그리는 것을 곡선의 추적이라고 한다.

곡선의 추적을 위하여 지금까지 배운 내용을 살펴보겠다. 기초 수학과정에서는 주어진 함수에 대하여 정의역, 치역, 대칭성, 극한, 연속, 점근선의 개념을 다루었다, 그리고 본 교재의 앞부분에서는 도함수와 접선을 그리고 극값, 증가·감소하는 구간, 오목·볼록 변곡점을 알아 봤다. 본 절에서는 이 모든 정보를 종합하여 함수의 중요한 특징을 추적하는 절차를 다루려 한다.

곡선의 추적은 대략 다음과 같은 절차를 따른다. .

A. 정의역을 살핀다.

함수 f의 정의역, 즉 $f(x)$가 정의되는 x의 값의 집합을 결정한다.

B. 절편을 찾는다.

$y-$축 절편은 $f(0)$이다. 이는 곡선이 $y-$축과 만나는 위치를 알려준다. $x-$축 절편은 $f(x)=0$를 풀면 얻어진다(방정식풀기가 어려우면 이 단계는 건넌다.).

C. 대칭성을 조사한다.

(1) 정의역에 속하는 모든 x에 대하여 $f(x)=f(-x)$ 이면, x를 $-x$로 바꿔도 곡선의 방정식이 변하지 않으면 f는 짝함수이다. 즉 곡선은 y축에 관하여 대칭이 된다. 이는 $x>0$에서 그래프를 알면 y축에 대칭시키면 됨으로 노력이 반으로 준다. 이러한 함수의 예는 다음과 같다.

<예> $f(x)=x^2$, $f(x)=x^4$, $f(x)=|x|$, $f(x)=\cos x$

(2) 정의역에 속하는 모든 x에 관하여 $f(-x)=-f(x)$이면 $f(x)$는 홀함수이며 곡선은 원점에 대하여 대칭이 된다. 또 $x>0$에서 곡선의 모양을 알면 원점을 중심으로 180° 만큼 회전시킴으로 전체곡선을 얻을 수 있다. 이러한 함수의 예는 다음과 같다.

<예> $f(x)=x$, $f(x)=x^3$, $f(x)=x^5$, $f(x)=\sin x$, $f(x)=\tan x$, $f(x)=\dfrac{1}{x}$.

(3) 양의 실수 p가 존재하여 정의역의 모든 점 x에 관하여 $f(x+p)=f(x)$를 만족하면 f를 주기함수라 한다. 이를 만족하는 가장 작은 p를 주기라한다. 길이가 p인 구간에서 함수의 그래프를 알면 평행이동을 이용하여 전체 그래프를 그린다.

<예> $f(x)=\sin x$, 주기는 2π이다. $f(x)=\tan x$, 주기는 π이다.

D. 점근선을 살핀다.

(1) 수평 점근선을 살핀다.

$\lim\limits_{x\to\infty} f(x)=L$이고 $\lim\limits_{x\to-\infty} f(x)=L$이면 $y=L$을 곡선 $f(x)$의 수평점근선이라 부르고 $\lim\limits_{x\to\infty} f(x)=\infty$(혹은 $-\infty$)이면 오른 쪽에(왼쪽에)점근선이 존재하지 않는다. 그러나 이 정보 또한 중요하다고 할 수 있다.

(2) 수직점근선을 살핀다.

다음과 같은 명제

$$\lim_{x\to a+} f(x)=\infty,\ \lim_{x\to a^+} f(x)=-\infty,\ \lim_{x\to a+} f(x)=-\infty,\ \lim_{x\to a^-} f(x)=-\infty$$

중에서 적어도 하나가 성립하면 $x=a$를 수직 점근선이라 한다. 참고로 유리 함수의 경우 분모 분자에 공통인수가 없는 경우에 분모를 0으로 두고 풀면 수직 점근선을 얻을 수 있다. 중요한 것은 a가 정의역의 끝점이면서 $f(a)$는 정의 되지 않으면 $\lim\limits_{x\to a^+} f(x)$나 $\lim\limits_{x\to a^-} f(x)$를 반드시 계산하여 확인하여야 한다.

(3) 비스듬한 점근선을 찾는다.

직선 $y=mx+b$에 대하여 $\lim\limits_{x\to\infty}[f(x)-(mx+b)]=0$

혹은 $\lim_{x \to -\infty} [f(x) - (mx+b)] = 0$를 만족하면 이는 x가 커짐에 따라 $f(x)$는 $mx = b$에 가까워졌다는 것을 의미한다. 유리함수의 경우 분자의 차수가 분모의 차수보다 1만큼 클 때 비스듬한 점근선이 나타난다.

E. 증가 감소 구간을 살핀다.

$f'(x)$를 계산하고 $f'(x) > 0$인 부분(증가상태)과 $f'(x) < 0$인 부분(감소상태) 으로 나눈다.

F. 극댓값과 극솟값을 구한다.

함수 $f(x)$의 임계점을 찾는다($f'(c) = 0$ 거나 $f'(c)$가 정의되지 않는 곳).

$f'(c) = 0$인 위치에서 $x = c$전과 후에서 $f'(x)$의 부호를 살펴 양에서 음으로 변하면 극대, 음에서 양으로 변하면 극소위치이다. 2계 도함수 판정을 이용하면 $f'(c) = 0$이고 $f''(c) > 0$이면 극소, $f'(c) = 0$이고 $f''(c) < 0$이면 극대가 된다.

G. 볼록과 오목, 변곡점의 위치를 살핀다.

$f''(x)$계산하여 $f''(x) > 0$인 부분에서는 아래로 볼록하고 $f''(x) < 0$인 부분에서는 위로 볼록하다. $f''(c) = 0$이고 $x = c$의 전후에서 $f''(x)$의 부호가 변하면 $x = c$는 변곡점이다.

H. A~G의 정보를 종합하여 표를 만들고 그래프를 그린다.

점근선은 점선으로, 절편, 극값이 나타나는 점, 변곡점을 표시한다. 이런 점들을 지나는 곡선을 정보 E에 따라 오르고 내리되 정보G에 따라 오목 볼록을 표현하며 점근선에 수렴시킨다. 이때 특정한 위치에서 정확하게 그리고 싶으면 그 점에서 접선의 방정식을 구해 본다. 접선의 방정식은 곡선이 나아가려는 방향을 잘 설명해 준다.

예제 3.2.1

$f(x) = -x^3 + 3x - 5$의 그래프를 추적하고 그려라.

풀이 (A) 정의역은 모든 실수이다.

(B) $f(0) = -5$이므로 y대 절편은 -5이다. $f(x) = 0$를 만족하는 x는 연속함수의 중간치 정리에 의하여 존재하나 구체적인 값을 구하는 것은 쉽지 않다.

(C) 대칭성은 없다.

(D) 점근선은 없다.

(E) 함수 $f(x)$에 대하여 다음을 얻는다.

$$f'(x) = -3x^2 + 3x = -3(x+1)(x-1)$$

극값을 구하기 위해 $f'(x) = 0$으로 두면 $x = 0, 1$이다.

$$x < -1 \text{거나 } x > 1 \text{이면 } f'(x) < 0 \text{이고}$$
$$-1 < x < 1 \text{이면 } f'(x) > 0$$

이다. 따라서 $x < -1$거나 $x > 1$이면 감소이고 $-1 < x < 1$이면 증가이다.

(F) $f''(x) = -6x$이므로 2계도함수를 이용하여 $f''(-1) = 12 > 0$이고 $f''(1) = -6 < 0$이다. 따라서 $x = 1$에서 f는 극댓값은 $f(1) = -3$을 갖고 $x = -1$에서 극솟값 $f(-1) = -7$을 갖는다. 그러나 $f''(0)$의 근방에서는

$$x < 0 \text{에서 } f''(x) > 0 \text{이고 } x > 0 \text{에서 } \quad f''(x) < 0$$

이므로 $x < 0$에서는 아래로 볼록, $x > 0$에서는 위로 볼록이 된다. 즉 $x = 0$에서 f의 변곡점 $(0, -5)$을 갖는다. 얻은 정보를 정리하면 다음가 같다.

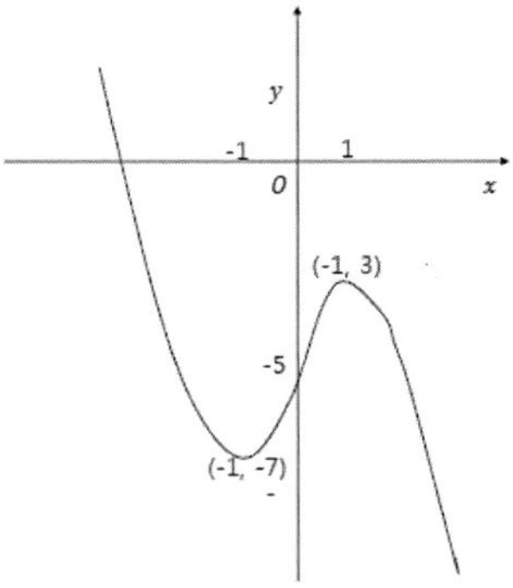

x	$\cdots$	-1	$\cdots$	0	$\cdots$	1	$\cdots$
$f'(x)$	-	0	+	↗	+	0	-
$f''(x)$	+	+	+	0	-	-	-
$f(x)$		-7		-5		-3	
	아래로볼록	극소	아래로볼록	변곡	위로 볼록	극대	위로볼록

예제 3.2.2

$f(x) = x^4 - 4x^3$의 그래프를 추적하고 그려라.

풀이 (A) 정의역은 모든 실수이다.

(B) $f(0) = 0$이므로 y대 절편은 $y = 0$만 지난다. $f(x) = 0$에서 $x = 0$(3중근)과 $x = 4$를 얻는다. 따라서 곡선은 $x = 0$과 $x = 4$를 x대 절편으로 갖는다.

(C) 대칭성은 없다.

(D) 점근선도 없다.

(E) $f(x)$로부터

$$f'(x) = 4x^3 - 12x^2 = 4x^2(x-3)$$
$$f''(x) = 12x^2 - 24x = 12x(x-2)$$

를 얻는다. $f'(x) = 0$으로 부터 임계점 위치는 $x = 0$과 3이다. 이계도함수를 활용하여 극값을 판정하면 $f''(3) = 36 > 0$ 이어서 f는 $x = 3$에서 극솟값 $f(3) = -27$을 갖는다. 한편 $f''(0) = 0$이 되어 이계도함수 판정은 유효하지 않다. 이러한 경우는 일계도함수 판정법을 쓴다. $x < 0$에서는 $f'(x) < 0$이며 $x > 0$에서도 $f'(x) < 0$이다. 따라서 $x = 0$는 f의 극값을 갖지 못 한다. $f''(x) = 0$으로부터 $x = 0$과 2를 얻는다. 그리고 $x < 0$에서 $f''(x) > 0$이고 $x > 0$이면 $f''(x) < 0$이며 $0 < x < 2$에서 $f''(x) < 0$이며 $x > 2$이면 $f''(x) > 0$이다. 따라서 $x < 0$에서 아래로 볼록 $0 < x < 2$에서 위로 볼록, $x > 2$에서 아래로 볼록하다 즉 $x = 0$ 과 2는 f의 변곡점이다.

정리하면 다음 표가 된다.

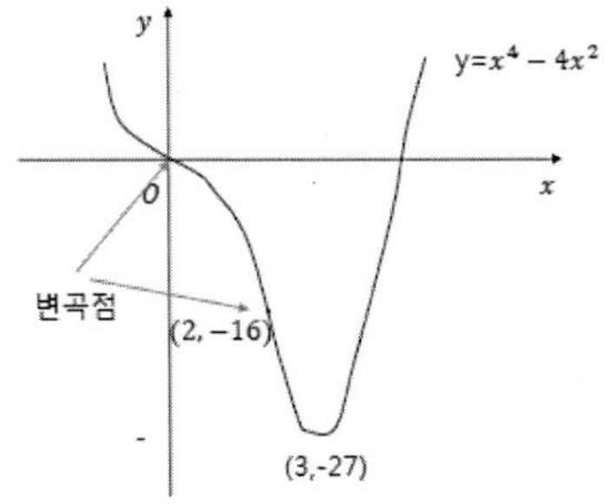

x	$\cdots$	0	$\cdots$	2	$\cdots$	3	$\cdots$
$f'(x)$	-	0	-	-	=	0	+
$f''(x)$	+	0	-	0	+	+	+
$f(x)$		0		-16		-27	
	아래로볼록	변곡	위로볼록	변곡	아래로볼록	극소	아래로벌록

위의 예제 3.2.1과 예제 3.2.2는 일계도함수와 이계도함수로부터 모든 정보를 얻을 수 있었다. 다음의 예제들은 일계와 이계도함수로 얻을 수 있는 정보 외에 추가정보가 필요하다.

예제 3.2.3

$f(x) = xe^x$의 그래프를 추적하고 그려라.

풀이 (A) 정의역은 모든 실수 이며

(B) $f(0) = 0$과 $xe^x = 0$에서 x대와 y대 절편은 모두 0이 된다.

(C) 대칭성은 없다.

(D) $\lim_{x\to\infty} x = \lim_{x\to\infty} e^x = \infty$이므로 $\lim_{x\to\infty} x e^x = \infty$이며 $\lim_{x\to-\infty} x = -\infty$, $\lim_{x\to\infty} e^x = 0$

이므로 $\lim_{x\to-\infty} xe^x$는 $0 \cdot \infty$의 부정형이다. L. Hôspital rule을 쓰면

$$\lim_{x\to-\infty} xe^x = \lim_{x\to\infty} \frac{x}{e^{-x}} = \lim_{x\to-\infty} \frac{1}{-e^{-x}}$$
$$= \lim_{x\to-\infty} (-e^x) = 0$$

이다. 따라서 $x-$축은 수평점근선이 된다.

(E) $f'(x) = xe^x + e^x = e^x(x+1) = 0$에서 $e^x > 0$이므로 $x = 1$이다. $x < -1$이면 $f'(x) < 0$이고 $x > -1$이면 $f'(x) > 0$이다. 따라서 $x < -1$에서 감소하고 $x > -1$에서 증가한다. 즉 $x = -1$에서 f는 극솟값 $f(-1) = -e^{-1}$을 갖는다.

(F) $f''(x) = (x+1)e^x + e^x = (x+2)e^x$에서 $x < -2$에서 $f''(x) < 0$이고 $x > -2$에서 $f''(x) > 0$이다. 따라서 $x < -2$에서 위로 볼록하고 $x > -2$에서 아래로 볼록하다. 변곡점은 $(-2, -2e^{-2})$이다.

이러한 정보들을 요약하면 다음과 같다.

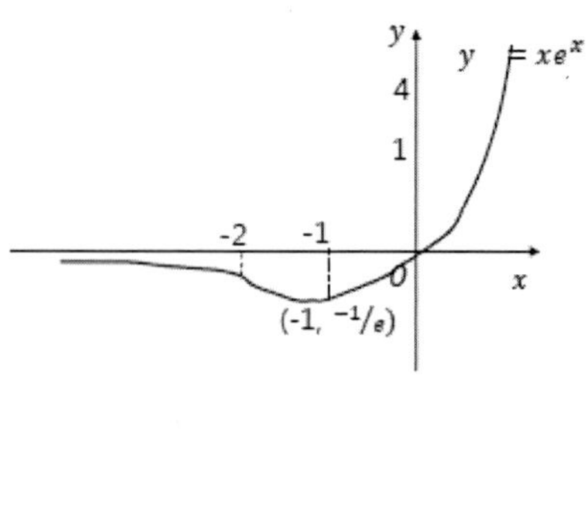

x	$-\infty$	$\cdots$	-2	$\cdots$	-1	$\cdots$	0	$\cdots$	∞
$f'(x)$	-	-		-	0	+		+	+
$f''(x)$	-	-	0	+	+	+		+	+
$f(x)$	0		$-2e^{-2}$		$-e^{-1}$		0		∞
	위로로볼록		변곡	아래로볼록	극소	아래로볼록			

예제 3.2.4

$f(x)=\dfrac{2x^2}{x^2-1}$의 그래프를 추적하고 그려라.

풀이 (A) 정의역은 분모를 0으로 하는 $x^2-1=0$을 만족하는 x를 제외한 모든 실수 이다. 따라서 $(-\infty,-1)\cup(-1,1)\cup(1,\infty)$이다.

(B) $f(0)=0$와 $f(x)=0$에서 x대와 y대의 절편은 $(0,0)$이다.

(C) $f(-x)=f(x)$이므로 그래프는 $y-$축 대칭성을 갖는다.

(D) 점근선. L. H$\hat{o}$spital rule을 이용하여

$$\lim_{x\to\pm\infty}\frac{2x^2}{x^2-1}=\lim_{x\to\pm\infty}\frac{4x}{2x}=\lim_{x\to\pm\infty}\frac{4}{2}=2$$

이다. 따라서, $y=2$를 수평점근선으로 갖는다. 또 $x=\pm 1$에서

$$\lim_{x\to 1^+}\frac{2x^2}{x^2-1}=\infty,\qquad \lim_{x\to 1^-}\frac{2x^2}{x^2-1}=-\infty$$

$$\lim_{x\to -1^+}\frac{2x^2}{x^2-1}=-\infty,\qquad \lim_{x\to -1^-}\frac{2x^2}{x^2-1}=\infty$$

이므로 $x=\pm 1$은 수직점근선이다.

(E) 극값을 확인한다.

$$f'(x)=\frac{4x(x^2-1)-2x^2(2x)}{(x^2-)^2}=\frac{-4x}{(x^2-1)^2}$$

이므로 $x<0$에서 $f'(x)>0$이므로 증가하고 $x>0$에서 $f'(x)<0$이므로 감소한다.(여기서 $x\neq 1$이고 $x\neq -1$이다) 따라서 $x=0$에서 극댓값 $f(0)=0$을 갖는다.

(F) 변곡점을 찾는다.

$$f''(x)=\frac{-4(x^2-1)^2+4x(x^2-1)2x}{(x^2-1)^4}=\frac{12x^2+4}{(x^2-1)^3}$$

이므로 모든 실수에 대하여 $12x^2+4>0$이므로 $f''(x)>0$에서 $x^2-1>0$이며 $x<1$거나 $x>1$이다.

또, $f''(x) < 0$에서 $x^2 - 1 < 0$이며 $-1 < x < 1$이다. 따라서 $x < -1$과 $x > 1$에서 아래로 볼록이고, $-1 < x < 1$에서 위로 볼록이다. 그러나 $x = \pm 1$은 정의역에 속하지 않음으로 변곡점은 되지 않는다. 모든 정보를 요약하면 다음과 같다.

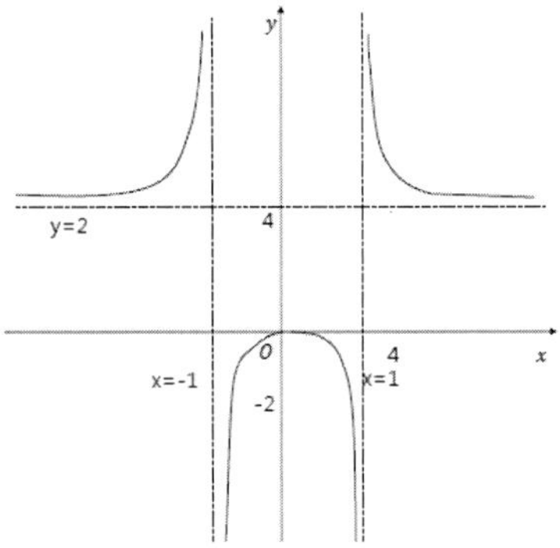

x	$-\infty$	$\cdots$	-1	$\cdots$	0	$\cdots$	1	$\cdots$	∞
$f'(x)$	-	+	정의안됨	+	0	-	정의안됨	-	
$f''(x)$	-	-		+	+	+		+	+
$f(x)$	2				0				2
	아래로볼록		점근선	위로볼록	극대	위로볼록	점근선	아래로볼록	

예제 3.2.5

$f(x) = \dfrac{\cos x}{2 + \sin x}$의 그래프를 추적하고 그려라.

풀이 (A) 모든 x에 대하여 $\sin x + 2 \neq 0$이므로 정의역은 모든 실수 이다.

(B) $f(0) = \dfrac{1}{2}$이므로 y대 절편은 $y = 2$이며, x대 절편을 위하여 $\dfrac{\cos x}{2 + \sin x} = 0$에서 $\cos x = 0$을 풀면 모든 정수 n에 대하여 $x = \dfrac{(2n+1)\pi}{2}$이다.

(C) $f(x) = f(x + 2\pi)$이므로 주기함수이다. 따라서 $[0, 2\pi]$에서의 그래프를 그리고 평행이동하면 된다. 다른 대칭성은 없다.

(D) 점근선은 없다.

(E) $f'(x) = \dfrac{-\sin x(2 + \sin x) - \cos x(\cos x)}{(2 + \sin x)^2}$

$$= -\frac{2\sin x + 1}{(2 + \sin x)^2}$$

$f'(x) = 0$에서 $2\sin x + 1 = 0$이다. 이로부터 $x = \dfrac{7\pi}{6}$와 $\dfrac{11\pi}{6}$를 얻는다.

$$f'(x) > 0 \text{으로부터 } \frac{7\pi}{6} < x < \frac{11\pi}{6} \text{이며}$$

$$f'(x) > 0 \text{으로부터 } 0 < x < \frac{7\pi}{6} \text{와 } \frac{11\pi}{6} < x < 2\pi$$

를 얻는다. 따라서

$f(x)$는 $\dfrac{7\pi}{6} < x < \dfrac{11\pi}{6}$에서 증가하고 $0 < x < \dfrac{7\pi}{6}$와 $\dfrac{11\pi}{6} < x < 2\pi$에서 감소한다. 즉 $x = \dfrac{7\pi}{6}$에서 극소이고 극솟값 $f(\dfrac{7\pi}{6}) = -\dfrac{\sqrt{3}}{3}$를 가지고 $x = \dfrac{11\pi}{6}$에서 극대이고 극댓값 $f(\dfrac{11\pi}{6}) = \dfrac{\sqrt{3}}{3}$을 갖는다.

(F) $$f''(x) = \frac{2\cos x(2+\sin x)^2 - (2\sin x + 1) \cdot 2(2+\sin x)\cos x}{(2+\sin x)^4}$$
$$= \frac{2\cos x(2+\sin x) - 2\cos x(2\sin x + 1)}{(2+\sin x)^3}$$
$$= -\frac{2\cos x(1-\sin x)}{(2+\sin x)^3}$$

$f''(x) = 0$이면 분모는 항상 양이므로 $\cos x(1-\sin x) = 0$이며 $\cos x = 0$ 혹은 $\sin x = 1$이다.

따라서 $x = \dfrac{\pi}{2}$와 $\dfrac{3\pi}{2}$이다. 또 $\dfrac{\pi}{2} < x < \dfrac{3\pi}{2}$에서 $f''(x) > 0$이고 $0 < x < \dfrac{\pi}{2}$와 $\dfrac{3\pi}{2} < x < 2\pi$에서 $f''(x) < 0$이다.

요약하면 $x = \dfrac{\pi}{2}$와 $\dfrac{3\pi}{2}$의 좌우에서 $f''(x)$의 부호가 변한다.

즉 변곡점이 된다. 또 $f(\dfrac{\pi}{2}) = 0$이고 $f(\dfrac{3\pi}{2}) = 0$이다.

얻은 정보를 요약하면 다음 표와 같다.

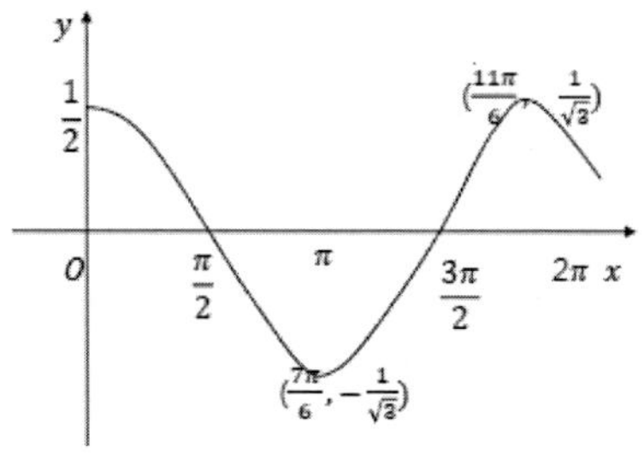

x	0	$\cdots$	$\frac{\pi}{2}$	$\cdots$	$\frac{7\pi}{6}$	$\cdots$	$\frac{3\pi}{2}$	$\cdots$	$\frac{11\pi}{6}$	$\cdots$	2π
$f'(x)$		-		-	0	+		+	0	-	
$f''(x)$	-	-	0	+		+	0	-		-	
$f(x)$	$\frac{1}{2}$		0		$-\frac{\sqrt{3}}{3}$		0		$\frac{\sqrt{3}}{3}$		$\frac{1}{2}$
	위로볼록		변곡	아래로볼록	극소	아래로볼록	변곡	위로볼록	극대	위로볼록	

예제 3.2.6

$f(x)=\dfrac{x^2}{x-2}$ 의 그래프를 추적하고 그려라.

풀이 (A) 정의역은 $x \neq 2$인 모든 실수 이다.

(B) $f(0)=0$이며 $f(x)=0$에서 $x=0$을 얻는다. x대 절편과 y대 절편은 각각 0이다.

(C) 대칭성과 주기성은 없다.

(D) $f(x)=\dfrac{x^2}{x-2}=\dfrac{x^2-4+4}{x-2}=\dfrac{x^2-4}{x-2}+\dfrac{4}{x-2}=x+2+\dfrac{4}{x-2}$ 에서

$$\lim_{x\to\infty}[f(x)-(x+2)]=0\text{이고 }\lim_{x\to-\infty}[f(x)-(x+2)]=0$$

이므로 비스듬한 점근선 $y=x+2$를 갖는다. 또,

$$\lim_{x\to2^-}\left(x+2+\frac{4}{x-2}\right)=-\infty\text{ 이고 }\lim_{x\to2^+}\left(x+2+\frac{4}{x-2}\right)=\infty$$

이므로 수직점근선 $x=2$를 갖는다.

$$\lim_{x\to\infty}\frac{x^2}{x-2}=\infty\text{ 이고 }\lim_{x\to-\infty}\frac{x^2}{x-2}=-\infty$$

이므로 수평점근선은 없다.

(E) $f'(x)=1-\dfrac{4}{(x-2)^2}$ 에서 $f'(x)=0$으로 두면 $x=0, 4$를 얻는다.

$$f''(x)=\frac{8}{(x-2)^3}$$

이므로 극값이기 위한 이계도함수 판정법을 쓰면

$$f''(0)=-1<0\text{이고 }f''(4)=1>0$$

이므로 $x=0$은 극대이며 극댓값 $f(0)=0$을 가지고 $x=4$에서 극소가 되고 극솟값 $f(4)=8$을 가진다.

(F) $f''(x) = \dfrac{8}{(x-2)^3} = 0$ 되는 x는 결코 없으므로 변곡점은 갖지 않는다. 그러나

$$x < 2 \text{이면 } f''(x) < 0$$

이므로 위로 볼록이며

$$x > 2 \text{이면 } f''(x) > 0$$

이므로 아래로 볼록이다.

얻은 정보를 요약하면 다음과 같다.

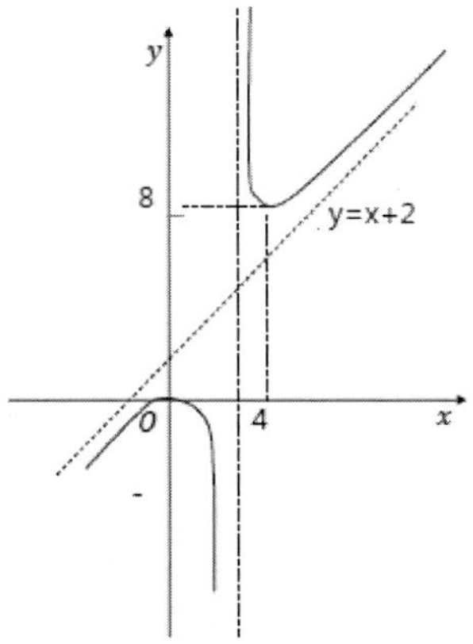

x	∞	$\cdots$	0	$\cdots$	2^-	2	2^+	$\cdots$	4	$\cdots$	∞
$f'(x)$		+	0	-		×		-	0	+	
$f''(x)$		-		-	-	×	+	+	+	+	
$f(x)$	$-\infty$		0		$-\infty$	×	∞		8		∞
	위로볼록		극대	위로볼록		점근선	아래로볼록		극소	아래로볼록	

예제 3.2.7

함수 $f(x) = \dfrac{x^2}{(x-2)(x-6)}$를 추적하라.

풀이 (A) 정의역은 $x \neq 2$이며 $x \neq 6$인 모든 실수 이다.

(B) $f(0) = 0$이며 $f(x) = 0$에서 $x = 0$을 얻는다. x대 절편과 y대 절편은 각각 0이다.

(C) 대칭성과 주기성은 없다.

(D) $f(x) = \dfrac{x^2}{(x-2)(x-6)} = \dfrac{x^2 - 8x + 12 + (8x - 12)}{x^2 - 8x + 12} = 1 + \dfrac{8x - 12}{(x-2)(x-6)}$

에서 $y = 1$은 수평점근선이 되며,

수직점근선은 $x = 2$와 $x = 6$이 된다.

(E) $$y' = \frac{2x(x-2)(x-6) - 2x^2(x-4)}{(x-2)^2(x-6)^2} = \frac{8x(3-x)}{(x-2)^2(x-6)^2}$$

$$y'' = \frac{(x-2)^2(x-6)^2(24-16) - 8x(3-x)(2)(s-2)(x-6)(2x-8)}{(x-2)^4(x-6)^4}$$

$$= \frac{8(2x^3 - 9x^2 + 36)}{(x-2)^3(x-6)^3}$$

이로부터 임계점은 $(0,0)$과 $(3,3)$이며 $y''(0) > 0$이므로 $x = 0$에서 극소값 0을, $y''(3) < 0$이므로 $x = 3$에서 극대값 -3을 갖는다. 또

$$y'' = 0, \text{ 즉 } 2x^3 - 9x^2 + 36 = 0$$

으로 부터 $x \fallingdotseq -1.70$을 얻는다. 이때 $y \fallingdotseq 0.10$이다. 그래프로 나타내면 다음과 같다.

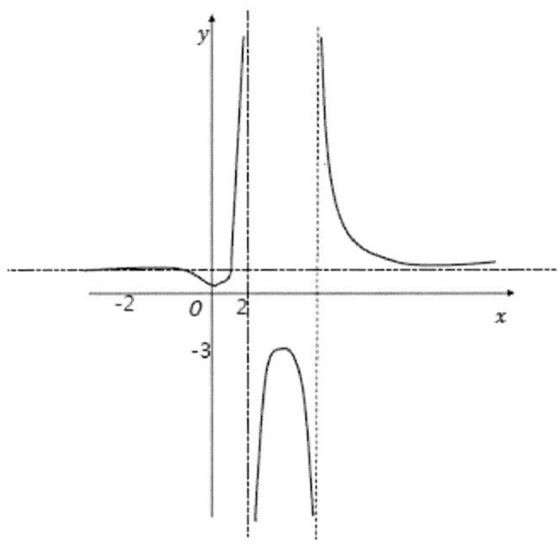

예제 3.2.8

함수 $y^2(x^2 - 4) = x^4$를 추적하라.

풀이 (A) 정의역 : $y^2 = \dfrac{x^4}{x^2 - 4}$로 부터 $y = \pm\dfrac{x^2}{\sqrt{x^2 - 4}}$을 얻는다. $x^2 - 4 > 0$이어야 하므로 $x > 2$와 $x < -2$를 얻는다. 따라서 정의역은 $x > 2$과 $x < -2$와 고립점 (0,0)이다.

(B) $f(0) = 0$이며 $f(x) = 0$에서 $x = 0$을 얻는다. x대 절편과 y대 절편은 각각 0이다.

(C) 대칭성 : x축 대칭, y축 대칭, 그리고 원점 대칭성을 갖는다. 따라서 제 1 사분면에 나타나는 그래프를 구하여 대칭을 시키면 된다.

(D) $y^2 - x^2 = \dfrac{x^4}{x^2-4} - x^2 = \dfrac{4}{x^2-4} \to 0$ ($x \to \pm\infty$ 이면) 이므로 $y = \pm x$는 점근선이 된다. 또 $x = \pm 2$는 수직 점근선이다.

(E) $f'(x) = \dfrac{x^3 - 8x}{(x^2-x)^{3/2}}$, $f''(x) = \dfrac{4x^2+32}{(x^2-4)^{5/2}}$ 이므로 $f'(x) = 0$ 에서 $x = 2\sqrt{2}$ 이며 이때 $y = 4$ 이다. $f''(x) > 0$ 이므로 아래로 볼록이다. 얻은 정보와 대칭성을 이용하여 그래프를 그리면 된다.

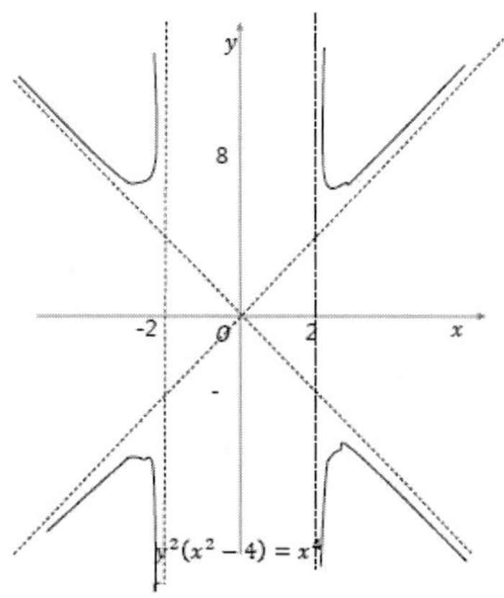

3.2 연습문제

1. 다음 함수를 추적하라.

(1) $f(x) = x^2 + 2x - 3$

(2) $f(x) = 3 + 2x - x^2$

(3) $f(x) = x^3 + 2x^2 - 4x - 8$

(4) $f(x) = x^3 - 6x^2 + 9x - 8$

(4) $f(x) = (2 - x)^3$

(6) $f(x) = (x^2 - 4)^2$

(7) $f(x) = (x-4)^4(x+3)^3$

(8) $f(x) = x^3 + 48/x$

(9) $f(x) = (x-1)^{1/3}(x+2)^{2/3}$

해답

1. (1) $x = 1$ 에서 극솟값 -4, 변곡점 없음, 모든 실수에서 아래로 볼록

(2) $x = 1$ 에서 극댓값 4, 변곡점 없음 위로 볼록

(3) $x = 2/3$ 에서 극솟값 $-\dfrac{256}{27}$, $x = -2$ 에서 극솟값 0, $x = -1/2$ 에서 변곡점, $x > -2/3$ 에서 위로 볼록, $x < -2/3$ 에서 아래로 볼록

(4) $x =$ 에서 극댓값 -4, $x = 3$ 에서 극솟값 -8, $x = 2$ 에서 변곡점, $x > 2$ 에서 아래로 볼록, $x < 2$ 에서 위로 볼록

(5) 극값은 없다, $x = 2$ 에서 변곡점, $x > 2$ 에서 위로 볼록 $x < 2$ 에서 아래로 볼록

(6) $x = 0$ 에서 극대 16, $x = \pm 12$ 에서 극소 0, $x = \pm\dfrac{2\sqrt{3}}{3}$ 에서 변곡점, $x > \dfrac{2\sqrt{3}}{3}$ 와 $x < -\dfrac{2\sqrt{3}}{3}$ 에서 아래로 볼록, $-\dfrac{2\sqrt{3}}{3} < x < \dfrac{2\sqrt{3}}{3}$ 에서 위로 볼록

(7) $x = 0$ 에서 극소 6912, $x = 4$ 에서 극소 0, $x = -3$ 에서 아무것도 아님

(8)$x = -2$ 에서 극대 -32, $x = 2$ 에서 극소 32

(9) $x = -2$ 에서 극대 0, $x = 0$ 에서 극소 $-\sqrt[3]{4}$, $x = 1$ 은 아무 것도 아님

3.3 물리에의 응용과 최적화문제

물리에의 활용

입자가 직선 위를 움직인다고 하자. 이를 직선운동이라고 한다. 수직선 위에서 직선운동을 하는 점 P가 시각 t에서 위치를 좌표 x로 나타낼 때 x는 t의 함수가 되어 다음과 같이 나타낼 수 있다.

$$x = f(t)$$

어떤 입자가 수직선 위에서 시각이 t에서 $t+\Delta t$까지 변할 때 점 $P(t)$에서 점 $Q(t+\Delta t)$까지 움직인다. 그러면

$$\frac{\Delta x}{\Delta t} = \frac{f(t+\Delta t) - f(t)}{\Delta t}$$

은 시각 t에서 $t+\Delta t$까지 $f(t)$의 평균 변화율이다. 이는 입자의 시각 t에서 $t+\Delta t$까지의 평균 속도를 의미한다. 그리고 $\Delta t \to 0$이면 평균변화율의 극한 값

$$\begin{aligned} f'(t) &= \lim_{\Delta t \to 0} \frac{\Delta x}{\Delta t} = \lim_{\Delta t \to 0} \frac{f(t+\Delta t) - f(t)}{\Delta t} \\ &= f'(t) \end{aligned}$$

를 시각 t에서의 이 입자의 순간 속도 또는 속도라 하고 $v(t)$로 쓴다. 또한 속도의 크기 $|v(t)|$를 속력이라 한다. 그리고 $v(t) > 0$일 때 양의 방향, $v(t) < 0$일 때, 음의 방향으로 운동한다고 한다. 시각 t에서 $t+\Delta t$까지 변할 때 어떤 물체의 속도가 v에서 Δv까지 변하면 속도 v는 시각 t의 함수 이므로 속도의 평균변화율은

$$\frac{\Delta v}{\Delta t} = \frac{v(t+\Delta t) - v(t)}{\Delta t}$$

이 된다. 또 $\Delta t \to 0$이면

$$v'(t) = \lim_{\triangle t \to 0} \frac{v(t+\triangle t) - v(t)}{\triangle t} = \frac{dv}{dt}$$

를 t에서의 이 입자의 가속도라 하고 $a(t)$로 나타낸다.

예제 3.3.1

수직선 위를 운동하는 입자가 시각 t에서의 위치는 $x = t^3 - 6t$로 주어진다. 다음에 답하라.

(1) 1초 후의 입자의 속도와 가속도를 구하라.

(2) 속도가 21일 때의 시각 t의 값은?

풀이 (1) 시각 t에서 속도를 $v(t)$, 가속도를 $a(t)$라 하면

$$v(t) = (t^3 - 6t)' = 3t^2 - 6,\ a(t) = \frac{dv}{dt} = 6t$$

이다. 따라서 $v(1) = -3$, $a(1) = 6$이다.

(2) $v(t) = 21$에서 $3t^2 - 6 = 21$이다. 이를 풀면 $3(t+3)(t-3) = 0$에서 $t = 3, -3$이다. $t > 0$이므로 $t = 3$이다.

예제 3.3.2

지표면에서 위로 향하여 쏘아 올린 물체의 시각 t에서의 높이가

$$h(t) = 14.7t - 4.9t^2$$

으로 주어진다. 다음에 답하라.

(1) 이 물체의 초기속도를 구하라.

(2) 이 물체가 최고 높이에 도달하는 시간을 구하고 이때 최고 높이를 구하라.

풀이 시각 t에서의 속도를 $v(t)$라 하면

$$v(t) = h'(t) = 14.7 - 9.8t$$

를 얻는다.

(1) 초기속도는 $t = 0$일 때의 속도이므로 $v(0) = 14.7$이다.

(2) 최고 높이에 도달했다는 뜻은 속도가 0일 때 이므로

$$v(t) = 14.7 - 9.8t = 0$$

에서 $t = 1.5$(초)이다. 이때 최고 높이는

$$h(1.5) = 14.7 - 4.9 \times 1.5^2 = 11.025$$

이다.

예제 3.3.3

다리 위에서 물체를 자유낙하 시켜서 다리의 높이를 측정하는 실험을 하였다. 공을 낙하시키고 t초 후의 물체의 위치는

$$s(t) = \frac{1}{2}gt^2 \quad (g = 9.8m/\text{sec})$$

로 알려져 있다. 만약 2초 후에 물체가 강에 도달 하였다고 할 때 다리의 높이와 물위에 떨어 질 때의 속도와 가속도를 구하라.

풀이 다리의 높이는

$$s(2) = \frac{1}{2} \times 9.8 \times 2^2 = 19.6m$$

이다. 또

$$v(2) = s'(t) = gt|_{t=2} = 19.6m/\text{sec},$$

$$a(t) = 9.8m/\text{sec}^2$$

이다.

예제 3.3.4

구 모양의 비누방울에 $10cm^3/\text{sec}$로 공기를 불어 넣을 때 비누방울의 반지름의 증가율을 구하라.

(1) 1초 후의 입자의 속도와 가속도를 구하라.

(2) 속도가 21일 때의 사각 t의 값은?

풀이 시각 t에서의 비누방울의 반지름을 $r(t)$로 나타내면 체적 $V(t)$는

$$V(t) = \frac{4}{3}\pi r^3$$

이다. 이 식의 양변을 t로 미분하면

$$\frac{dV}{dt} = \frac{4}{3}\pi \frac{d(r^3)}{dt}\frac{dr}{dt} = 4\pi r^2 \frac{dr}{dt}$$

이다. 따라서

$$\frac{dr}{dt} = \frac{1}{4\pi r^2}\frac{dV}{dt}$$

이다. 따라서 $\frac{dV}{dt} = 10$일 때

$$\frac{dr}{dt} = \frac{10}{4\pi r^2}$$

이다.

예제 3.3.5

원통형 물 탱크에 물을 1초에 $3cm^3$의 비율로 물을 뺀다고 할 때 물의 높이의 변화율을 구하라.

풀이 물의 높이를 $h(t)$, 물 탱크의 반지름을 r이라하면 탱크의 물의 량은

$$V(t) = \pi r^2 h(t)$$

로 주어진다. 시간이 흐르면 높이만이 변하므로 양변을 t로 미분하면

$$\frac{dV}{dt} = \pi r^2 \frac{dh}{dt}$$

이며

$$\frac{dh}{dt} = \frac{1}{\pi r^2}\frac{dV}{dt}$$

이다. 그런데 $\frac{dV}{dt} = -3cm^3/\sec$이므로

$$\frac{dh}{dt} = -\frac{3}{\pi r^2} cm/\sec$$

이다.

예제 3.3.6

두 대의 트럭이 동시에 물류 창고를 떠나서 한 대 A는 동쪽으로 시속 $80km$로, 다른 한대 B는 시속$60km$로 북쪽으로 달린다고 하자. 두 트럭사이의 거리의 변화량을 구하라. 또 10분 후에 두 트럭사이의 거리의 변화량을 구하라.

풀이 시각 t에서의 트럭 A의 위치를 $x = x(t)$로, 트럭 B의 위치를 $y = y(t)$로 나타내면 $x(t) = 80t$, $y(t) = 60t$이다. 따라서 $s(t) = \sqrt{x^2(t) + y^2(t)} = 100t$를 얻는다.

따라서 $\frac{ds}{dt} = 100km/h$이다.

예제 3.3.7

한 변의 길이가 $30cm$인 정사각형 종이의 네 모서리에서 같은 크기의 정사각형을 잘라내고 남은 부분을 접어서 상자를 만들려한다. 이 상자의 부피를 최대로 하려면 잘라내는 정사각형의 한 변의 길이를 얼마로 하여야 하는가?

풀이 잘라내는 정사각형의 길이를 xcm이라 하면 얻어지는 상자의 세변의 길이는 x, $30-2x$, $30-2x$가 되어 상자의 부피는

$$V = x(30-2x)^2 = 4x^3 - 120x^2 + 900x \quad (\text{단 } 0 < x < 30)$$

이다.

$$\frac{dV}{dx} = 12x^2 - 240x + 900 = 12(x-5)(x-15)$$

$$x = 5 \quad (x\text{는 } 0\text{과 } 15\text{사이의 값이므로})$$

또 $x < 5$에서 $\frac{dV}{dt} < 0$이며 $x > 5$에서 $\frac{dV}{dt} > 0$이므로 $x = 5$는 극대가 되며 최대가 된다. 즉 $x = 5$에서 최댓값 $V(5) = 2000$이다.

예제 3.3.8

원기둥의 겉넓이를 $2\pi a^2$으로 일정하게 유지하고 부피는 최대로 하고 싶다. 원기둥의 밑면의 반지름의 길이와 높이와의 비를 얼마로 하여야하는가?

풀이 밑면의 반지름을 r, 높이를 h라하면 원기둥의 겉넓이는

$2\pi a^2 = (\text{아래위 뚜껑 넓이}) + (\text{옆넓이}) = 2\pi r^2 + 2\pi rh$

$$r^2 + rh = a^2$$

이로 부터 $h = \frac{1}{r}(a^2 - r^2)$을 얻는다. 부피를 V라 하면 $V = \pi r^2 h$가 되어

$$V = \pi r(a^2 - r^2) = \pi(a^2 r - r^3)$$

$$\frac{dV}{dr} = \pi(a^2 - 3r^2)$$

이다. $h = \frac{1}{r}(a^2 - r^2) > 0$이므로 $a > r > 0$을 얻는다. 따라서 $r = \frac{a}{\sqrt{3}}$일 때 V는

최대가 된다. 이때 $h = \dfrac{2}{\sqrt{3}}$ 이므로

$$r : h = \frac{a}{\sqrt{3}} : \frac{2a}{\sqrt{3}} = 1 : 2$$

이다.

3.3 연습문제

1. 직선 운동하는 물체가 시각 t에서의 거리는 $s(t)=27t-4.5t^2$로 나타난다. 제동을 걸고 정지까지 걸린 시간은 얼마일까? 또 시각 t에서의 가속도는?

2. 두 수의 곱이 100이고 합이 최소가 되는 두 양수를 구하라.

3. 둘레의 길이가 $100m$인 직사각형의 면적을 최대로 하는 가로와 세로의 길이를 구하라.

4. 뚜껑이 없는 원통형 깡통의 일정한 부피 V를 유지하면서 최소의 양철을 사용하고자 할 때 깡통의 반지름과 높이의 비는?

5. 포물선 $y=9-x^2$과 x축과의 교점 A, B에 대하여 선분 AB에 대하여 선분 AB를 밑면, 이 포물선 위의 두 점을 잇는 선분을 윗변으로 하는 사다리꼴 넓이의 최댓값을 구하라.

해답

1. 걸린시간 3초, 가속도는 $-9m/\sec^2$
2. 10, 10
3. 25, 25
4. 반지름=높이= $\sqrt[3]{V/\pi}$
5. 32

CHAPTER

4 부정적분

4.1 부정적분의 정의

1장에서는 미분가능 한 함수 $f(x)$의 도함수 $f'(x)$를 구하는 방법을 공부했다. 역으로, 본 장에서는 함수 $f(x)$가 주어졌을 때 (   )$'=f(x)$되는 (   )에 들어갈 적절한 함수를 구하는 문제를 다룬다. $f(x)=2x$ 일 때 (   )안에 적절한 하나의 함수는 x^2+1이 될 수 있다.

이처럼 함수 $f(x)$가 주어졌을 때

$$F'(x)=f(x)$$

되는 함수 $F(x)$를 $f(x)$의 부정적분 또는 원시함수라 한다. 그런데 함수 $G(x)$가 $G'(x)=f(x)$라면 $G(x)$또한 $f(x)$의 부정적분이 된다. 그래서

$$G(x)=F(x)+C$$

가 성립한다.

이것은

$$\int f(x)\,dx=F(x)+C \text{ (단 } C\text{는 상수)}$$

로 된다. 이때, C를 적분상수라 부르고 $f(x)$를 피적분함수, x를 적분변수, $f(x)$의 부정

적분을 구하는 것을 $f(x)$를 적분한다라고 한다.

또 미분과 부정적분의 정의를 생각하면 다음 관계가 성립함을 알 수 있다.

$$\frac{d}{dx}\int f(x)\,dx = f(x),\quad \int\left(\frac{d}{dx}f(x)\right)dx = f(x) + C$$

부정적분 $F(x)$을 미분하면 피적분함수 $f(x)$가 되므로 피적분함수를 적분하여 부정적분을 구한다는 의미는 미분 연산의 역연산임을 알 수 있다. 따라서 이미 공부한 여러 가지 미분공식을 이용하여 다음의 기본적인 적분공식을 얻을 수 있다.

도함수	부정적분
(1) $\frac{d}{dx}kx = k$ (k는 상수)	$\int k\,dx = kx + C$
(2) $\frac{d}{dx}x^n = nx^{n-1}$	$\int x^n dx = \frac{x^{n+1}}{n+1} + C$ ($n \neq -1$인 실수)
(3) $\frac{d}{dx}\cos x = -\sin x$	$\int \sin x\,dx = -\cos x + C$
(4) $\frac{d}{dx}\sin x = \cos x$	$\int \cos x\,dx = \sin x + C$
(5) $\frac{d}{dx}\tan x = \sec^2 x$	$\int \sec^2 x\,dx = \tan x + C$
(6) $\frac{d}{dx}\cot x = -\csc^2 x$	$\int \csc^2 x\,dx = -\cot x + C$
(7) $\frac{d}{dx}\sec x = \sec x \tan x$	$\int \sec x \tan x\,dx = \sec x + C$
(8) $\frac{d}{dx}\csc x = -\csc x \cot xk$	$\int \csc x \cot x\,dx = -\csc x + C$
(9) $\frac{d}{dx}e^x = e^x$	$\int e^x dx = e^x + C$
(10) $\frac{d}{dx}\ln x = \frac{1}{x}$	$\int \frac{1}{x}dx = \ln x + C$
(11) $\frac{d}{dx}a^x = a^x \ln a$	$\int a^x dx = \frac{1}{\ln a}a^x + C$

위의 공식에 더불어 도함수의 선형성으로부터 다음과 같은 정리가 성립한다.

정리 4.1.1 함수 $f(x)$와 $g(x)$가 각각 부정적분을 가질 때,

(1) $\int kf(x)dx = k\int f(x)\,dx$ (단 k는 실수)

(2) $\int (f(x) \pm g(x))dx = \int f(x)dx \pm \int g(x)dx$

예제 4.1.1

다음 부정적분을 구하라.

(1) $\int \sqrt[3]{x}\,dx$

(2) $\int \frac{1}{x^2}dx$

(3) $\int 7x^3\,dx$

(4) $\int (x^2+4)\,dx$

(5) $\int (3x^6-4x)\,dx$

(6) $\int (5x^3+3x^2-\sqrt{x}+2)dx$

풀이 (1) $\int \sqrt[3]{x}\,dx = \int x^{\frac{1}{3}}dx = \frac{x^{4/3}}{4/3} + C = \frac{3}{4}x^{4/3} + C$

(2) $\int \frac{1}{x^2}dx = \int x^{-2}\,dx = \frac{x^{-1}}{-1} + C = -\frac{1}{x} + C$

(3) $\int 7x^3\,dx = 7\int x^3 dx = 7(\frac{x^4}{4}) + C = \frac{7}{7}x^4 + C$

(4) $\int (x^2+4)\,dx = \int x^2\,dx + \int 4\,dx = \frac{1}{3}x^3 + 4x + C$

(5) $\int (3x^6-4x)\,dx = \int 3x^6 dx - \int 4x\,dx = 3\int x^6 dx - 4\int x\,dx$

$= 3(\frac{1}{7}x^7) - 4(\frac{1}{2}x^2) + C = \frac{3}{7}x^7 - 2x^2 + C$

(6) $\int (5x^3+3x^2-\sqrt{x}+2)dx = \frac{5}{4}x^4 + x^3 - \frac{2}{3}\sqrt{x^3} + 2x + C$

예제 4.1.2

다음 부정적분을 구하라.

(1) $\int (1-x)\sqrt{x}\,dx$ (2) $\int (3x+4)^2 dx$

(3) $\int \frac{x^3+5x^2-4}{x^2}dx$

풀이 (1) $\int (1-x)\sqrt{x}\,dx = \int (1-x)x^{1/2}\,dx = \int (x^{1/2}-x^{3/2})dx$

$$= \int x^{1/2}dx - \int x^{3/2}dx = \frac{1}{3/2}x^{3/2} - \frac{1}{5/2}x^{5/2} + C$$

$$= \frac{2}{3}x^{3/2} - \frac{2}{5}x^{5/2} + C$$

(2) $\int (3x+4)^2 dx = \int (9x^2+24x+16)dx$

$$= 9\left(\frac{1}{3}x^3\right) + 24\left(\frac{1}{2}x^2\right) + 16x + C$$

$$= 3x^3 + 12x^2 + 16x + C$$

(3) $\int \frac{x^3+5x^2-4}{x^2}dx = \int (x+5-4x^{-2})dx = \frac{1}{2}x^2 + 5x - 4\left(\frac{1}{-1}x^{-1}\right) + C$

$$= \frac{1}{2}x^2 + 5x + \frac{4}{x} + C$$

예제 4.1.3

다음부정적분을 구하라.

(1) $\int (x^2+3x+2)dx$ (2) $\int (x^3+3\sin x+\sec^2 x)dx$

(3) $\int (3\cos x + 2\csc^2 x)dx$ (4) $\int \left(2x^3 + \frac{3}{x} + 3e^x\right)dx$

풀이 (1) $\int (x^2+3x+2)dx = \int x^2 dx + 3\int x dx + 2\int dx$

$$= \frac{1}{3}x^3 + \frac{3}{2}x^2 + 2x + C$$

(2) $\int (x^3+3\sin x+\sec^2 x)dx = \int x^3 dx + 3\int \sin x\,dx + \int \sec^2 x\,dx$

$$= \frac{1}{4}x^4 - 3\cos x + \tan x + C$$

(3) $\int (3\cos x + 2\csc^2 x)\,dx = \int 3\cos x dx + \int 2\csc^2 x dx$

$= 3\sin x - 2\cot x + C$

(4) $\int \left(2x^3 + \frac{3}{x} + 3e^x\right)dx = \int 2x^3 dx + \int \frac{3}{x}dx + \int 3e^x dx$

$= \frac{1}{2}x^4 + 3\ln x + 3e^x + C$

예제 4.1.4

(1) 함수 $y = f(x)$는 점 $(1, 2)$를 지난다. 그리고 곡선상의 임의의 점 (x, y)에서의 기울기는 $x^3 + 2x - 1$일 때 함수 $f(x)$를 구하라.

(2) 점 $(0,3)$을 지나고 임의의 점 (x, y)에서 의 기울기가 $\sin x + \cos x$로 주어질 때 만족하는 함수 $f(x)$를 구하라

풀이 (1) 도함수의 정의에 의하여 $f'(x) = x^3 + 2x - 1$이므로

$$f(x) = \int f'(x)\,dx = \int (x^3 + 2x - 1)\,dx = \frac{1}{4}x^4 + x^2 - x + C$$

이다. 한편 $(1,2)$를 지나므로 $f(1) = \frac{1}{4} + 1 - 1 + C = 2$에서 $C = \frac{1}{4}$이다

따라서 구하는 함수 $f(x) = \frac{1}{4}x^4 + x^2 - x + \frac{1}{4}$이다.

(2) 도함수의 정의에 의하여 $f'(x) = \sin x + \cos x$이므로

$$f(x) = \int f'(x)\,dx = -\cos x + \sin x + C$$

이다. 한편 $(0, 3)$을 지나므로 $3 = -\cos 0 + \sin 0 + C$에서 $C = 4$이다. 따라서 구하는 함수는 $f(x) = -\cos x + \sin x + 4$이다.

4.1 연습문제

1. 다음 부정적분을 구하라.

(1) $\int x^3 dx$ (2) $\int \cos x\, dx$

(3) $\int e^{3x} dx$ (4) $\int 4\cos x dx$

(5) $\int (x + x^2) dx$ (6) $\int (3x+1)^2 dx$

(7) $\int (3x + \sin 2x)\, dx$ (8) $\int (e^{-3x} - 2)^2 dx$

2. 다음 부정적분을 구라라.

(1) $\int (\cos(3x) - 2)^2 dx$ (2) $\int \cos^2 \frac{x}{2} dx$

(3) $\int \frac{\cos^2 x}{1 - \sin^2 x} dx$ (4) $\int \tan^2 x dx$

(5) $\int (e^{-3x} - \frac{2}{x}) dx$ (6) $\int (e^x + e^{-x})^2 dx$

(7) $\int (e^{-x} - \frac{1}{2}e^{2x})^2 dx$ (8) $\int (e^{3x} - 3)^2 dx$

해답

1. (1) $\frac{1}{4}x^4 + C$ (2) $\sin x + C$ (3) $\frac{1}{3}e^{3x} + C$

(4) $4\sin x + C$ (5) $\frac{1}{2}x^2 + \frac{1}{3}x^3 + C$ (6) $3x^3 + 3x^2 + x + C$

(7) $\frac{3}{2}x^2 - \frac{1}{2}\cos 2x + C$ (8) $-\frac{1}{6}e^{-6x} + \frac{4}{3}e^{-3x} + 4x + C$

2. (1) $\frac{9}{2}x - \frac{4}{3}\sin(3x) + \frac{1}{12}(\sin 6x) + C$ (2) $\frac{1}{2}x + \frac{1}{2}\sin x + C$

(3) $x - \cos x + C$ (4) $\tan x - x + C$

(5) $-\frac{1}{3}e^{-3x} - 2\ln|x| + C$ (6) $\frac{1}{2}(e^{2x} - e^{-2x} + 4x) + C$

(7) $-\frac{1}{2}e^{-2x} - e^x + \frac{1}{16}e^{4x} + C$ (8) $\frac{1}{4}e^{4x} - 3e^{2x} + 9x + C$

4.2 치환적분

합성함수미분의 역산으로 치환적분 공식을 얻을 수 있다.

정리 4.2.1

(1) $\int f(ax)\,dx = \frac{1}{a}F(ax) + C\,(a \neq 0)$

(2) $\int (f(x))^r f'(x)dx = \frac{1}{r+1}(f(x))^{r+1} + C\,(r \neq -1)$

(3) $\int g(f(x))f'(x)\,dx = \int g(u)\,du$

증명 (3) $g(x) = x^r$이라 하고 $y = g(f(x))$의 도함수는

$$\frac{dy}{dx} = g'(f(x))f'(x)$$

이다. 즉 $u = f(x)$라 하고 양변을 x에 관하여 미분하면

$$\frac{du}{dx} = f'(x) \text{ 이며 } du = f'(x)dx$$

를 얻는다. 따라서

$$\int g(f(x))f'(x)\,dx = \int g(u)\,du$$

(1) (3)에서 $f(x) = ax$라면

$$\int g(ax)\,a\,dx = \int g(u)\,du$$

따라서

$$\int g(ax)\,dx = \frac{1}{a}\int g(u)\,du$$

(2) (3)에서 $g(x) = x^{r+1}$라 두면

$$g(f(x)) = (f(x))^{r+1}$$

이며 $u = f(x)$라 두면 $du = f'(x)\,dx$ 이므로

$$\int (f(x))^r f'(x)dx = \int u^r du = \frac{1}{r+1}(f(x))^{r+1} + C$$

예제 4.2.1

다음 부정적분을 계산하라.

(1) $\int (\frac{1}{3}x^3 + 7)^5 x^2\,dx$ (2) $\int (x^2+1)^{2/3} x\,dx$

(3) $\int (2x^2+1)^{10} x\,dx$ (4) $\int \frac{x}{\sqrt{x^2+4}}dx$

풀이 (1) $u = \frac{1}{3}x^3 + 7$로 두고 양변을 미분하면 $\frac{du}{dx} = x^2$이며 $du = x^2\,dx$이다.

따라서

$$\int (\frac{1}{3}x^3+7)^5 x^2\,dx = \int u^5\,du = \frac{1}{6}u^6 + C$$

$$= \frac{1}{6}(\frac{1}{3}x^3+7)^6 + C$$

(2) $u = x^2 + 1$ 로 두고 양변을 미분하면 $\frac{du}{dx} = 2x$이며 $\frac{1}{2}du = x\,dx$이다.

따라서

$$\int (x^2+1)^{2/3} x\,dx = \frac{1}{2}\int u^{2/3}du = \frac{1}{2} \cdot \frac{1}{5/3}u^{5/3} + C$$

$$= \frac{3}{10}(x^2+1)^{5/3} + C$$

(3) $u = 2x^2 + 1$로 두고 양변을 미분하면 $\frac{du}{dx} = 4x$이며 $\frac{1}{4}du = x\,dx$이다.

따라서

$$\int (2x^2+1)^{10} x\,dx = \frac{1}{4}\int u^{10}\,du = \frac{1}{4} \cdot \frac{1}{11}u^{11} + C$$

$$= \frac{1}{44}(2x^2+1)^{11} + C$$

(4) $u = x^2 + 4$로 두고 양변을 미분하면 $\frac{1}{2}du = x\,dx$이다. 따라서

$$\int \frac{x}{\sqrt{x^2+4}}dx = \frac{1}{2}\int \frac{1}{\sqrt{u}}du = \frac{1}{2}\int u^{-\frac{1}{2}}du$$

$$= \frac{1}{2}\frac{1}{\frac{1}{2}}u^{\frac{1}{2}} + C = \sqrt{x^2+4} + C$$

예제 4.2.2

다음 부정적분을 계산하라.

(1) $\int \cos 3x\, dx$ (2) $\int \sin 2x\, dx$

(3) $\int \sec^2 5x\, dx$ (4) $\int \csc^2 (\frac{1}{2}x)$

(5) $\int e^{3x} dx$ (6) $\int \cosh (2x) dx$

풀이 (1) $u = 3x$ 라 두면 $\frac{du}{dx} = 3$ 이며 $dx = \frac{1}{3}du$ 이다.

따라서

$$\int \cos 3x\, dx = \frac{1}{3}\int \cos u\, du$$
$$= \frac{1}{3}\sin u + C = \frac{1}{3}\sin 3x + C$$

(2) $u = 2x$ 라 두고 양변을 미분하면 $dx = \frac{1}{2}du$ 이다. 따라서

$$\int \sin 2x\, dx = \frac{1}{2}\int \sin u\, du$$
$$= -\frac{1}{2}\cos u + C = -\frac{1}{2}\cos 2x + C$$

(3) $u = 5x$ 라 두고 양변을 미분하면 면 $dx = \frac{1}{5}du$ 이다. 따라서

$$\int \sec^2 (5x) dx = \frac{1}{5}\int \sec^2 u\, du$$
$$= \frac{1}{5}\tan u + C = \frac{1}{5}\tan (5x) + C$$

(4) $u = \frac{1}{2}x$ 라 두고 양변을 미분하면 $dx = 2\,du$ 이다. 따라서

$$\int \csc^2 (\frac{1}{2}x)\, dx = 2\int \csc^2 u\, du$$
$$= -2\int \cot u + C = -2\cot(\frac{1}{2}x) + C$$

(5) $u = 3x$ 라 두고 양변을 미분하면 $dx = \frac{1}{3}du$ 이다. 따라서

$$\int e^{3x}dx = \frac{1}{3}\int e^{u}du$$

$$= \frac{1}{3}e^{u} + C = \frac{1}{3}e^{3x} + C$$

(6) $u = 2x$ 라 두면 $dx = \frac{1}{2}du$ 이다. 따라서

$$\int \cosh(2x)dx = \frac{1}{2}\int \cosh u\, du$$

$$= \frac{1}{2}\sinh u + C = \frac{1}{2}\sinh(2x) + C$$

예제 4.2.3

다음 부정적분을 구하라.

(1) $\int x\sin(x^2)\,dx$ (2) $\int \cos^2 x \sin x\,dx$

(3) $\int \tan x\,dx$ (4) $\int x\sec^2(4x^2-1)\,dx$

(5) $\int e^x\sqrt{e^x - 2}\,dx$ (6) $\int \frac{e^{\frac{1}{x}}}{x^2}dx$

풀이 (1) $u = x^2$ 으로 두면 $\frac{1}{2}du = dx$ 이다. 따라서

$$\int x\sin(x^2)\,dx = \frac{1}{2}\int \sin u\,du = -\frac{1}{2}\cos u + C$$

$$= \frac{1}{2}\cos(x^2) + C$$

(2) $u = \cos x$ 라 두면 $du = -\sin x\,dx$이다. 따라서

$$\int \cos^2 x\sin x\,dx = -\int u^2 du = -\frac{1}{3}u^3 + C$$

$$= -\frac{1}{3}\cos^3 x + C$$

(3) $u = \cos x$ 로 두면 $du = -\sin x\,dx$이다. 따라서

$$\int \tan x\,dx = \int \frac{\sin x}{\cos x}dx = -\int \frac{1}{u}du = -\ln|u| + C$$

$$= -\ln|\cos x| + C$$

(4) $u = 4x^2 - 1$로 두면 $\frac{1}{8}du = x\,dx$이다. 따라서

$$\int x\sec^2(4x^2-1)\,dx = \frac{1}{8}\int \sec^2 u\ du = \frac{1}{8}\tan u + C$$
$$= \frac{1}{8}\tan(4x^2-1) + C$$

(5) $u = \sqrt{e^x - 2}$로 두면 $u^2 = e^x - 2$이며 $2udu = e^x\,dx$이다. 따라서

$$\int e^x\sqrt{e^x-2}\,dx = \int 2u^2 du = \frac{2}{3}u^3 + C$$
$$= \frac{2}{3}\sqrt{(e^x-2)^3} + C$$

(6) $u = \frac{1}{x}$ 로 두면 $du = -\frac{1}{x^2}dx$이다. 따라서

$$\int \frac{e^{\frac{1}{x}}}{x^2}dx = -\int e^u du = -e^u + C$$
$$= -e^{\frac{1}{x}} + C$$

4.2 연습문제

1. 다음 부정적분을 구하라.

(1) $\int x^2\sqrt{x^3+2}\,dx$

(2) $\int \frac{(\sqrt{x}+2)^3}{\sqrt{x}}dx$

(3) $\int x^3\sqrt{x^4+3}\,dx$

(4) $\int \frac{\sin x}{\sqrt{\cos x}}dx$

(5) $\int x^2\cos(x^3)dx$

(6) $\int xe^{x^2+1}dx$

(7) $\int e^x\sqrt{e^x+1}\,dx$

(8) $\int \frac{e^{\sqrt{x}}}{\sqrt{x}}dx$

(9) $\int \frac{\sqrt{\ln x}}{x}dx$

(10) $\int \frac{\cos\frac{1}{x}}{x^2}dx$

(11) $\int \frac{1}{\sqrt{x}(\sqrt{x}+1)}dx$

(12) $\int \frac{4}{x(\ln x+1)^2}dx$

(13) $\int x^2\sec^2 x^3 dx$

(14) $\int \frac{x}{\sqrt{1-x^4}}dx$

(15) $\int \frac{x^3}{\sqrt{1-x^4}}dx$

(16) $\int \frac{x^2}{1+x^6}dx$

(17) $\int \frac{2x+3}{x+7}dx$

(18) $\int \frac{1}{\sqrt{1+\sqrt{x}}}dx$

(19) $\int \frac{(\sin^{-1}x)^3}{\sqrt{1-x^2}}dx$

(20) $\int \frac{e^x}{(e^x+3)^9}dx$

해답

1\. (1) $\frac{2}{9}(x^3+2)^{3/2}+C$ (2) $\frac{1}{2}(\sqrt{x}+2)^4+C$

(3) $\frac{1}{6}(x^4+3)^{3/2}+C$ (4) $-2\sqrt{\cos x}+C$

(5) $\frac{1}{3}\sin x^3+C$ (6) $\frac{1}{2}e^{x^2+1}+C$

(7) $\frac{2}{3}(e^x+4)^{3/2}+C$ (8) $2e^{\sqrt{x}}+C$

(9) $\frac{2}{3}(\ln x)^{3/2}+C$ (10) $-\sin\frac{1}{x}+C$

(11) $-2(\sqrt{x+1})^{-1}+C$ (12) $-4(\ln x+1)^{-1}+C$

(13) $\frac{1}{3}\tan x^3+C$ (14) $\frac{1}{2}\sin^{-1}x^2+C$

(15) $\frac{1}{2}(1-x^4)^{1/2}+C$ (16) $\frac{1}{3}\tan^{-1}x^3+C$

(17) $2(x+7)-11\ln|x+7|+C$ (18) $\frac{4}{3}(1+\sqrt{x})^{3/2}-4(1+\sqrt{x})^{1/2}+C$

(19) $\frac{(\sin^{-1}x)^4}{4}+C$ (20) $-\frac{1}{8}(e^x+3)^{-8}+C$

4.3 부분적분

우리는 1장의 미분법에서 다음과 같은 두 함수의 곱에 대한 미분법을 다루었다

$$(f(x)g(x))' = f'(x)g(x) + f(x)g'(x)$$

여기서 양변을 x 에 관하여 적분하면

$$f(x)g(x) = \int f'(x)g(x)\,dx + \int f(x)g'(x)\,dx$$

이며, 따라서

$$\int f'(x)g(x)\,dx = f(x)g(x) - \int f(x)g'(x)\,dx$$

를 얻는다. 이를 부분적분 공식이라 부른다.

예제 4.3.1

다음 부정적분을 구하라.

(1) $\int \ln x\,dx$　　(2) $\int x\ln x\,dx$

(3) $\int (\ln x)^2 dx$　　(4) $\int \frac{\ln x}{x^2}dx$

풀이 모두 부분적분을 이용하여야 하는 문제이며 $f'(x)$ 와 $g(x)$의 역할을 잘 선정하여야 한다.

(1) $f'(x) = 1,\ g(x) = \ln x$ 라 하면 $f(x) = x,\ g'(x) = \frac{1}{x}$ 이다.

따라서

$$\int \ln dx = f(x)g(x) - \int f(x)g'(x)dx = x\ln x - \int x\left(\frac{1}{x}\right)dx$$

$$= x\ln x - \int dx = x\ln x - x + C$$

(2) $f'(x) = x,\ g(x) = \ln x$ 라 두면 $f(x) = \frac{1}{2}x^2,\ g'(x) = \frac{1}{x}$ 가 된다.

따라서

$$\int x\ln x\,dx = f(x)g(x) - \int f(x)g'(x)\,dx$$
$$= \frac{1}{2}x^2\ln x - \int \frac{1}{2}x^2\left(\frac{1}{x}\right)dx$$
$$= \frac{1}{2}x^2\ln x - \frac{1}{2}\int x\,dx$$
$$= \frac{1}{2}x^2\ln x - \frac{1}{4}x^2 + C$$

(3) $f'(x) = 1,\ g(x) = (\ln x)^2$라 두면 $f(x) = x$이며 $g'(x) = \dfrac{2\ln x}{x}$이다.

$$\int (\ln x)^2 dx = x(\ln x)^2 - \int \frac{2\ln x}{x} x\,dx$$
$$= x(\ln x)^2 - 2\int \ln x\,dx$$
$$= (x(\ln x)^2 - 2x(-1 + \ln x) + C$$
$$= x[(\ln x)^2 - 2\ln x + 2] + C$$

(4) $f'(x) = \dfrac{1}{x^2},\ g(x) = \ln x$라 두면 $f(x) = -\dfrac{1}{x}$이며 $g'(x) = \dfrac{1}{x}$이다.

$$\int \frac{\ln x}{x^2}dx = (-\frac{1}{x})\ln x - \int \frac{1}{x}(-\frac{1}{x})dx$$
$$= -\frac{\ln x}{x} - \frac{1}{x} + C$$

예제 4.3.2

다음 부정적분을 구하라.

(1) $\int x e^x dx$ (2) $\int x^2 e^x dx$

(3) $\int x^2 e^{-3x} dx$ (4) $\int x^3 e^{x^2} dx$

풀이 (1) $f'(x) = e^x,\ g(x) = x$라 두면 $f(x) = e^x,\ g'(x) = 1$이 된다. 따라서

$$\int x e^x dx = f(x)g(x) - \int f(x)g'(x)\,dx = x e^x - \int e^x dx$$
$$= x e^x - e^x + C$$

(2) $f'(x) = e^x,\ g(x) = x^2$이라 두면 $f(x) = e^x$이고 $g'(x) = 2x$이다. 따라서

$$\int x^2 e^x \, dx = x^2 e^x - \int (2x) e^x \, dx$$
$$= x^2 e^x - 2\int x e^x \, dx$$
$$= x^2 e^x - 2(x e^x - e^x) + C$$
$$= e^x (x^2 - 2x + 2) + C$$

(3) $f'(x) = e^{-3x}$, $g(x) = x^2$ 이라 두면 $f(x) = -\frac{1}{3}e^{-3x}$, $g'(x) = 2x$ 이다. 따라서

$$\int x^2 e^{-3x} dx = x^2 (-\frac{1}{3}e^{-3x}) - \int (2x)(-\frac{1}{3}e^{-3x}) dx$$
$$= -\frac{1}{3}x^2 e^{-3x} + \frac{2}{3} intx e^{-3x} dx$$

한편

$$\int x e^{-3x} dx = x(-\frac{1}{3}e^{-3x}) - \int (1)(-\frac{1}{3}e^{-3x}) dx$$
$$= -\frac{1}{3}xe^{-3x} + \frac{1}{3}\int e^{-3x} dx$$
$$= -\frac{1}{3}x e^{-3x} - \frac{1}{9}e^{-3x} + C$$

그러므로

$$\int x^2 e^{-3x} dx = -\frac{1}{3}x^2 e^{-3x} + \frac{2}{3}\left[-\frac{1}{3}x e^{-3x} - \frac{1}{9}e^{-3x}\right] + C$$

(4) $f'(x) = x e^{x^2}$, $g(x) = x^2$ 이라 두면 $f(x) = \frac{1}{2}e^{x^2}$, $g'(x) = 2x$ 이다. 따라서

$$\int x^3 e^{x^2} dx = f(x)g(x) - \int f(x) g'(x) \, dx$$
$$= \frac{1}{2}x^2 e^{x^2} - \int x e^{x^2} dx$$
$$= \frac{1}{2}x^2 e^{x^2} - \frac{1}{2}e^{x^2} + C$$

예제 4.3.3

다음부정적분을 구하라.

(1) $\int x \sin x \, dx$

(2) $\int x \cos x \, dx$

(3) $\int e^x \cos dx$ (4) $\int \sin^{-1}x dx$

(5) $\int \tan^{-1}x dx$ (6) $\int \sec^3 x\, dx$

풀이 (1) $f'(x)= \sin x, g(x)= x$ 라 두면 $f(x) = -\cos x.\ g'(x)= 1$이다.

$$\begin{aligned}\int x \sin x\, dx &= f(x)g(x)- \int f(x)g'(x)dx \\ &= -x\cos x - \int(-\cos x)(1)dx \\ &= -x\cos x + \int \cos x dx \\ &= -x\cos x + \sin x + C\end{aligned}$$

(2) $f'(x)= \cos x, g(x)= x$ 라 두면 $f(x)= \sin x$이며 $g'(x)=1$이다.

$$\begin{aligned}\int x\cos x\, dx &= x\sin x - \int \sin x\, dx \\ &= x\sin x - (-\cos x) + C \\ &= x\sin x + \cos x + C\end{aligned}$$

(3) $f'(x)= \cos x, g(x)= e^x$라 두면 $f(x)= \sin x, g'(x)= e^x$가 된다. 따라서

$$\int e^x \cos dx = f(x)g(x)- \int f(x)g'(x)dx = (\sin x)\ e^x - \int (\sin x)\ e^x dx$$

이다. 한편 $\int (\sin x)e^x\, dx$를 계산하기 위하여, 다시 한번 부분적분을 적용한다.

$$\begin{aligned}\int (\sin x)\ e^x dx &= -(\cos x)e^x - \int(-\cos x)e^x dx \\ &= -(\cos x)\ e^x + \int (\cos x)\ e^x\, dx\end{aligned}$$

원식에 대입하면

$$\begin{aligned}\int e^x \cos dx &= (\sin x)\ e^x - \int (\sin x)\ e^x dx \\ &= (\sin x)e^x - [-(\cos x)\ e^x + \int (\cos x)\ e^x\, dx] \\ &= (\sin x)e^x + (\cos x)\ e^x - \int (\cos x)\ e^x\, dx\end{aligned}$$

이를 $\int e^x \cos dx$ 에 관하여 정돈하면

$$\int e^x \cos x\, dx = \frac{1}{2}(e^x \sin x + e^x \cos x) + C$$

이다.

(4) $f'(x)= 1,\ g(x)= \sin^{-1}x$라 두면 $f(x)= x, g'(x)= \dfrac{1}{\sqrt{1-x^2}}$이므로

$$\int \sin^{-1}x dx = x\sin^{-1}x - \int \frac{x}{\sqrt{1-x^2}}dx$$

이다. 우변의 적분을 구하기 위하여 $u=\sqrt{1-x^2}$ 으로 두면 $u^2=1-x^2$, $x\,dx=-u\,du$ 이므로

$$\int \frac{x}{\sqrt{1-x^2}}dx=\int \frac{-u}{u}du=-\int 1du$$
$$=-u+C=-\sqrt{1-x^2}+C$$

따라서, 구하는 적분은

$$\int \sin^{-1}x dx = x\sin^{-1}x-\sqrt{1-x^2}+C$$

이다.

(5) $f'(x)=1$, $g(x)=\tan^{-1}x$라 두면 $f(x)=x$, $g'(x)=\dfrac{1}{1+x^2}$이다. 따라서

$$\int \tan^{-1}x\,dx = x\tan^{-1}x-\int \frac{x}{1+x^2}dx$$
$$=x\tan^{-1}x-\frac{1}{2}\int \frac{2x}{1+x^2}dx$$
$$=x\tan^{-1}x-\frac{1}{2}\ln(1+x^2)+C$$

(6) $f'(x)=\sec^2x$, $g(x)=\sec x$라 두면 $f(x)=\tan x$이며 $g'(x)=\sec x\tan x$이다. 따라서

$$\int \sec^3 x dx=\sec x\tan x-\int(\sec x\tan x)\tan x\,dx$$
$$=\sec x\tan x-\int \sec x\tan^2 x dx$$
$$=\sec x\tan x-\int \sec x\,(\sec^2x-1)\,dx$$
$$=\sec x\tan x-\int \sec^3 x\,dx+\int \sec x dx$$

이다. 그러므로

$$2\int \sec^3 x dx=\sec x\tan x+\int \sec x\,dx$$

한편

$$\int \sec x\,dx=\ln|\sec x+\tan x|+C$$

이므로

$$\int \sec^3 x dx=\frac{1}{2}\sec x\tan x+\frac{1}{2}\ln|\sec x+\tan x|+C$$

이다.

4.3 연습문제

1. 다음 부정적분을 구하라.

(1) $\int x\cos x\,dx$ (2) $\int x^3\sin x\,dx$

(3) $\int \frac{\ln x}{x^2}dx$ (4) $\int x^2 e^{-3x}dx$

(5) $\int \cos^{-1}2x\,dx$ (6) $\int x\tan^{-1}x\,dx$

(7) $\int x^3 e^{2x}dx$ (8) $\int x^3\sin x\,dx$

(9) $\int x\sin^{-1}(x^2)dx$ (10) $\int x(\ln x)^2 dx$

해답

1. (1) $x\sin x+\cos x+C$ (2) $-x^3\cos x+3x^2\sin x+6x\cos x-6\sin x+C$

(3) $-\frac{\ln x+1}{x}+C$ (4) $-\frac{1}{3}e^{-3x}(x^2+\frac{2}{3}x+\frac{2}{9})+C$

(5) $x\cos^{-1}2x-\frac{1}{2}\sqrt{1-4x^2}+C$ (6) $\frac{1}{2}(x^2+1)\tan^{-1}x-\frac{1}{2}x+C$

(7) $\frac{1}{2}x^3e^{2x}-\frac{3}{4}x^2e^{2x}+\frac{3}{4}xe^{2x}-\frac{1}{8}e^{2x}+C$

(8) $-x^3\cos x+3x^2\sin x+6x\cos x-6\sin x+C$

(9) $\frac{1}{2}x^2\sin^{-1}(x^2)+\frac{1}{2}\sqrt{1-x^4}+C$

(10) $\frac{x^2}{2}((\ln x)^2-\ln x+\frac{1}{2})+C$

4.4 삼각함수적분, 역삼각함수적분

본 절에서는 $\sin x$ 와 $\cos x$ 의 곱으로 나타나는

$$\int \sin^k x \cos^l x\,dx$$

의 부정적분을 다루며, 여기서 k 와 l 은 음이 아닌 정수를 나타내며 그 값에 따라서 풀이법이 다르다.

TYPE I

$\sin x$ 의 지수 k 와 $\cos x$ 의 지수 l 중에서 적어도 하나는 홀수인 경우 홀수 아닌 삼각함수를 치환함으로 계산할 수 있다.

예제 4.4.1

다음 삼각함수부정적분을 구하라.

(1) $\int \sin^3 x \cos^2 x\,dx$ (2) $\int \sin^4 x \cos^7 x\,dx$

(3) $\int \sin^3(3x)\cos^5(3x)\,dx$ (4) $\int \sin^5 x\,dx$

풀이 지수가 짝수인 삼각함수를 u 로 치환한다.

(1) $u=\cos x$ 로 두고 양변을 미분하면 $du = -\sin x dx$이다. 따라서

$$\begin{aligned}\int \sin^3 x \cos^2 x\,dx &= \int \sin^2 x \cos^2 x \sin x dx\\ &= -\int (1-\cos^2 x)\cos^2 x \sin x dx\\ &= -\int (1-u^2)u^2 du = -\int (u^2-u^4)du\\ &= -\frac{1}{3}u^3+\frac{1}{5}u^5+C\\ &= -\frac{1}{3}\cos^3 x+\frac{1}{5}\cos^5 x+C\end{aligned}$$

(2) $u=\sin x$ 로 두고 양변을 미분한다. 그러면 $du=\cos x dx$이다. 따라서

$$\begin{aligned}\int \sin^4 x \cos^7 x\,dx &= \int \sin^4 x \cos^6 x \cos x\,dx \\ &= \int \sin^4 x (1-\sin^2 x)^3 \cos x\,dx \\ &= \int u^4 (1-u^2)^3 du \\ &= \int u^4 (1-3u^2+3u^4-u^6)\,du \\ &= \int (u^4-3u^6+3u^8-u^{10})\,du \\ &= \frac{1}{5}u^5-\frac{3}{7}u^7+\frac{1}{3}u^9-\frac{1}{11}u^{11}+C \\ &= \frac{1}{5}\sin^5 x-\frac{3}{7}\sin^5 x+\frac{1}{3}\sin^9 x-\frac{1}{11}\sin^{11} x+C\end{aligned}$$

(3) 두 지수가 모두 홀수 이다. 이때는 어느 삼각함수를 u 로 두어도 된다. $u=\sin 3x$ 라 두고 양변을 미분하면 $du=-3\cos 3x\,dx$이다. 따라서

$$\begin{aligned}\int \sin^3(3x)\cos^5(3x)\,dx &= \int \sin^3(3x)(\cos^4(3x))\cos(3x)\,dx \\ &= \int \sin^3(3x)(1-\sin^2(3x))^2\cos(3x)\,dx \\ &=-\frac{1}{3}\int u^3(1-u^2)^2 du \\ &=-\frac{1}{3}\int (u^3-2u^5+u^7)du \\ &=-\frac{1}{12}u^4+\frac{1}{9}u^6-\frac{1}{24}u^8+C \\ &=-\frac{1}{12}\sin^4(3x)+\frac{1}{9}\sin^6(3x)-\frac{1}{8}\sin^8(3x)+C\end{aligned}$$

(4) $u=\cos u$ 라 두면 $du=-\sin x dx$이다. 따라서

$$\begin{aligned}\int \sin^5 x\,dx &= \int \sin^4 x \sin x\,dx \\ &= \int (1-\cos^2 x)^2 \sin x dx \\ &=-\int (1-u^2)^2 du \\ &=-\int (1-2u^2+u^4)du \\ &=-u+\frac{2}{3}u^3-\frac{1}{5}u^5+C \\ &=-\cos x+\frac{2}{3}\cos^3 x-\frac{1}{5}\cos^5 x+C\end{aligned}$$

TYPE 2

$\sin x$ 의 지수 k 와 $\cos x$ 의 지수 l 이 동시에 짝수인 경우는 반각 공식을 활용하여 계산 할 수 있다. 참고로 반각공식은 다음과 같다.

$$\cos^2 x = \frac{1+\cos 2x}{2}, \quad \sin^2 x = \frac{1-\cos 2x}{2}$$

예제 4.4.2

다음 삼각함수의 부정적분을 계산하라.

(1) $\int \sin^2 x \cos^2 x \, dx$ (2) $\int \cos^2 x \sin^4 x dx$

풀이 반각공식을 활용하여 차수를 낮춘다.

(1) $$\int \sin^2 x \cos^2 x \, dx = \int \frac{1-\cos 2x}{2} \cdot \frac{1+\cos 2x}{2} dx$$
$$= \frac{1}{4}\int (1-\cos^2 2x)\, dx$$

또 다시 반각공식을 쓴다.

$$= \frac{1}{4}\int (1-\frac{1+\cos 4x}{2}) dx$$
$$= \frac{1}{4}\int (\frac{1}{2}-\frac{1}{2}\cos 4x)\, dx$$
$$= \frac{1}{4}(\frac{1}{2}x-\frac{1}{8}\sin 4x)+C$$

(2) $$\int \cos^2 x \sin^4 x \, dx = \int \cos^2 x\, (\sin^2 x)^2 dx$$
$$= \int (\frac{1+\cos 2x}{2})(\frac{1-\cos 2x}{2})^2 dx$$
$$= \int (\frac{1+\cos 2x)}{2} \cdot (\frac{1-2\cos 2x+\cos^2 2x}{4}) dx$$
$$= \frac{1}{8}\int ((1-2\cos 2x+\cos^2 2x)+(\cos 2x)(1-\cos 2x+\cos^2 2x)) dx$$
$$= \frac{1}{8}\int (1-2\cos 2x+\cos^2 2x+\cos 2x-2\cos^2 2x+\cos^3 2x)\, dx$$

$$= \frac{1}{8}\int (1-\cos 2x - \cos^2 2x + \cos^3 2x)\,dx$$

$$= \frac{1}{8}(\int 1\,dx - \int \cos 2x\,dx - \int \cos^2 2x + \int \cos^3 2x\,dx)$$

$$= \frac{1}{8}(x - \frac{\sin 2x}{2} - \int \frac{1+\cos 4x}{2}dx + \int \cos 2x(1-\sin^2 2x)dx$$

여기서

$$\int \cos^2 2x\,dx = \int \frac{1+\cos 4x}{2}dx = \frac{1}{2}(x + \frac{\sin 4x}{4})$$

$$\int (\cos 2x)(1-\sin^2 2x)\,dx = \frac{1}{2}\int (1-u^2)\,du = \frac{1}{2}u - \frac{1}{6}u^3 + C$$

$$(u = \sin 2x,\ du = 2\cos 2x dx)$$

$$= \frac{1}{2}\sin 2x - \frac{1}{6}\sin^3 2x + C$$

따라서

$$\int \cos^2 x \sin^4 x dx = \frac{1}{8}(x - \frac{\sin 2x}{2} - 2x - \frac{\sin 4x}{8} + \frac{\sin 2x}{2} - \frac{1}{2}\frac{\sin^3 2x}{3}) + C$$

$$= \frac{1}{8}(\frac{x}{2} - \frac{\sin 4x}{8} - \frac{\sin^3 2x}{6}) + C$$

$$= \frac{x}{16} - \frac{\sin 4x}{64} + \frac{\sin^3 2x}{48} + C$$

TYPE III

다음은 k 와 l 이 음이 아닌 정수 일 때 $\int \tan^k x \sec^l x\,dx$의 적분을 알아보겠다.

$$\sin^2 x + \cos^2 x = 1$$

로 부터

$$\sec^2 x = \tan^2 x + 1$$

임을 이용하여 계산한다.

예제 4.4.3

다음 삼각함수의 부정적분을 계산하라.

(1) $\int \tan^2 x \sec^4 x\, dx$　　(2) $\int \tan^3 x \sec x\, dx$

(3) $\int \sec x\, dx$　　(4) $\int \sec^3 x\, dx$

(5) $\int \tan^2 x \sec x\, dx$　　(6) $\int \sec^4 x\, dx$

풀이 (1) $u = \tan x$ 라 두고 양변을 x 에 관하여 미분하면 $du = \sec^2 x\, dx$이다. 따라서

$$\begin{aligned}\int \tan^2 x \sec^4 x\, dx &= \int \tan^2 x (1+\tan^2 x)\sec^2 x\, dx \\ &= \int (u^2(1+u^2)\, dx = \int (u^4+u^2)\, dx \\ &= \frac{1}{5}u^5 + \frac{1}{3}u^3 + C \\ &= \frac{1}{5}\tan^5 x + \frac{1}{3}\tan^3 x + C\end{aligned}$$

(2) $u = \sec x$라 두면 $du = \sec x \tan x\, dx$이다. 따라서

$$\begin{aligned}\int \tan^3 x \sec x\, dx &= \int \tan^2 x \sec x \tan x\, dx \\ &= \int (\sec^2 x - 1)\sec x \tan x\, dx \\ &= \int (u^2-1)\, du = \frac{1}{3}u^3 - u + C \\ &= \frac{1}{3}sec^3 x - \sec x + C\end{aligned}$$

(3) $$\begin{aligned}\int \sec x\, dx &= \int \sec x \cdot \frac{\sec x + \tan x}{\sec x + \tan x}dx \\ &= \int \frac{\sec^2 x + \sec x \tan x}{\sec x + \tan x}dx \\ &= \ln|\sec x + \tan x| + C\end{aligned}$$

(4) (부분적분에서 다루었지만 여기서 다시 반복한다.) $f'(x) = \sec^2 x$, $g(x) = \sec x$라 두고 부분적분을 하면

$$\begin{aligned}\int \sec^3 x\, dx &= \tan x \sec x - \int \tan x (\sec x \tan x)\, dx \\ &= \sec x \tan x - \int \sec x (\sec^2 x - 1)dx \\ &= \sec x \tan x - \int \sec^3 x\, dx + \int \sec x\, dx\end{aligned}$$

$$= \sec x \tan x - \int \sec^3 x\, dx + \ln|\sec x + \tan x|$$ ((3)번에 의하여)

정돈하면

$$2\int \sec^3 x\, dx = \sec x \tan x + \ln|\sec x + \tan x|$$

따라서

$$\int \sec^3 x\, dx = \frac{1}{2}(\sec x \tan x + \ln|\sec x \tan x|) + C$$

(5) $\int \tan^2 x \sec x = \int (\sec^2 x - 1)\sec x\, dx = \int (\sec^3 x - \sec x)\, dx$

$$= \frac{1}{2}(\sec x \tan x + \ln|\sec x + \tan x|) - \ln|\sec x + \tan x| + C$$

$$= \frac{1}{2}(\sec x \tan x - \ln|\sec x + \tan x| + C$$

(6) $\int \sec^4 x\, dx = \int \sec^2 x(\tan^2 x + 1)\, dx$

$$= \int \sec^2 x \tan^2 x dx + \int \sec^2 x dx$$

$$= \int t^2 dt + \tan x + C$$ (단 $t = \tan x$ 로 두고 치환적분))

$$= \frac{1}{3}\tan^3 x + \tan x + C$$

TYPE IV

마지막으로 삼각함수의 합/차 공식을 이용하여

$$\int \sin Ax \cos Bx\, dx$$

$$\int \sin Ax \sin Bx\, dx$$

$$\int \cos Ax \cos Bx\, dx$$

를 다룬다. 이를 위하여 곱을 합/차로 바꾸는 공식

$$\sin Ax \cos Bx = \frac{1}{2}(\sin(A+B) + \sin(A-B))$$

$$\sin Ax \sin Bx = \frac{1}{2}(\cos(A-B) - \cos(A+B))$$

$$\cos Ax \cos Bx = \frac{1}{2}(\cos(A-B) + \cos(A+B))$$

를 사용한다.

예제 4.4.4

다음 삼각함수의 부정적분을 구하라.

(1) $\int \sin 7x \cos 3x \, dx$ (2) $\int \sin 7x \sin 3x \, dx$

(3) $\int \cos 7x \cos 3x \, dx$ (4) $\int \cos x \sin 2x \sin 3x \, dx$

풀이 (1)
$$\begin{aligned}\int \sin 7x \cos 3x \, dx &= \int \frac{1}{2}(\sin(7+3)x + \sin(7-3)x \, dx \\ &= \int \frac{1}{2}(\sin 10x + \sin 4x)\, dx \\ &= \frac{1}{2}(-\frac{1}{10}\cos 10x - \frac{1}{4}\cos 4x) + C \\ &= -\frac{1}{40}(2\cos 10x + 5\cos 4x) + C\end{aligned}$$

(2)
$$\begin{aligned}\int \sin 7x \sin 3x \, dx &= \int \frac{1}{2}(\cos(7-4)x - \cos(7+3)x)dx \\ &= \int \frac{1}{2}(\cos 4x - \cos 10x)\, dx \\ &= \frac{1}{2}(\frac{1}{4}\sin 4x - \frac{1}{10}\sin 10x) + C \\ &= \frac{1}{40}(5\sin 4x - 2\sin 10x) + C\end{aligned}$$

(3)
$$\begin{aligned}\int \cos 7x \cos 3x \, dx &= \int \frac{1}{2}(\cos(7-3)x + \cos(7+3))dx \\ &= \int \frac{1}{2}(\cos 4x + \cos 10x)\, dx \\ &= \frac{1}{2}(\frac{1}{4}\sin 4x + \frac{1}{10}\sin 10x) + C \\ &= \frac{1}{40}(5\sin 4x + 2\sin 10x) + C\end{aligned}$$

(4) $\int \cos x \sin 2x \sin 3x\, dx = \int \cos x [\frac{1}{2}(\cos(3-2)x + \cos(3+2)x)]dx$

$$= \frac{1}{2}\int \cos^2 x dx + \frac{1}{2}\int \cos x \cos 5x\, dx$$

$$= \frac{1}{2}\int \frac{1+\cos 2x}{2} dx + \frac{1}{4}\int (\cos 4x + \cos 6x) dx$$

$$= \frac{1}{4}x + \frac{1}{8}\sin 2x + \frac{1}{16}\sin 4x + \frac{1}{24}\sin 6x + C$$

정리 4.4.1 (역삼각함수의 적분)

(1) $\int \frac{1}{\sqrt{1-x^2}} dx = \sin^{-1}x + C = -\cos^{-1}x + C$

(2) $\int \frac{1}{1+x^2} dx = \tan^{-1}x + C = -\cot^{-1}x + C$

(3) $\int \frac{1}{x\sqrt{x^2-1}} dx = \sec^{-1}x + C = -\csc^{-1}x + C$

예제 4.4.5

다음 역삼각함수의 적분을 계산하라.

(1) $\int \frac{1}{\sqrt{1-4x^2}} = dx$ (2) $\int \frac{x}{\sqrt{1-4x^4}} dx$

(3) $\int \frac{1}{x^2+9} dx$ (4) $\int \frac{1}{4x^2+4x+2} dx$

풀이 (1) $u = 2x$ 라 두면 $du = 2dx$ 이므로

$$\int \frac{1}{\sqrt{1-4x^2}} dx = \frac{1}{2}\int \frac{1}{\sqrt{1-u^2}} du$$

$$= \frac{1}{2}\sin^{-1}u + C$$

$$= \frac{1}{2}\sin^{-1}(2x) + C$$

(2) $u = 2x^2$ 이라 두면 $du = 4xdx$ 이므로

$$\int \frac{x}{\sqrt{1-4x^4}} dx = \int \frac{x}{\sqrt{1-(2x^2)^2}} dx$$

$$= \frac{1}{4}\int \frac{1}{\sqrt{1-u^2}}du$$
$$= \frac{1}{4}\sin^{-1}u + C = \frac{1}{4}\sin^{-1}(2x^2) + C$$

(3) $(\tan^{-1}x)' = \dfrac{1}{1+x^2}$임을 활용한다.

$$\int \frac{1}{x^2+9}dx = \int \frac{1}{3^2(\frac{x^2}{3^2}+1)}dx$$
$$= \frac{1}{9}\int \frac{1}{(\frac{x}{3})^2+1}dx$$

를 얻는다. 또 $u = \dfrac{x}{3}$ 이라 하면 $du = \dfrac{1}{3}dx$ 이므로

$$\int \frac{1}{x^2+9}dx = \frac{1}{3}\int \frac{1}{u^2+1}du$$
$$= \frac{1}{3}\tan^{-1}u + C$$
$$= \frac{1}{3}\tan^{-1}(\frac{x}{3}) + C$$

(4) 피적분함수를 완전제곱으로 고치면 $4x^2+4x+5 = (2x+1)^2+4$ 따라서

$$\int \frac{1}{4x^2+4x+5}dx = \int \frac{1}{(2x+1)^2+4}dx$$
$$= \frac{1}{2}\int \frac{1}{u^2+4}du \quad (u = 2x+1)$$
$$= \frac{1}{2}\frac{1}{4}\int \frac{1}{(\frac{u}{2})^2+1}du$$
$$= \frac{1}{4}\int \frac{1}{v^2+1}dv \quad (v = \frac{u}{2})$$
$$= \frac{1}{4}\tan^{-1}v + C = \frac{1}{4}\tan^{-1}(\frac{u}{2}) + C$$
$$= \frac{1}{4}\tan^{-1}(\frac{2x+1}{2}) + C$$

■

참고 분모가 2차 다항식이고 분자가 상수이며 분모가 완전 제곱으로 고쳐서 $(ax+b)^2+c^2$ 인 경우는 $\tan^{-1}x$ 를 활용하여 적분을 한다. 또 $(ax+b)^2-c^2$인 경우는 다음 절의 유리함수 적분을 한다.

4.4 연습문제

1. 다음 부정적분을 구하라.

(1) $\int \cos^2 x\,dx$

(2) $\int \sin^3 2x\,dx$

(3) $\int \sin^4 2x dx$

(4) $\int \sin^2 x \cos^5 x dx$

(5) $\int \sin^3 x \cos^3 x dx$

(6) $\int \sin 2x \cos 4x\,dx$

(7) $\int \cos 3x \cos 2x\,dx$

(8) $\int \sin 5x \sin x\,dx$

(9) $\int \frac{\cos^3 x}{1-\sin x}dx$

(10) $\int \tan^3 x dx$

(11) $\int \tan^4 x \sec^4 x dx$

(12) $\int \cot^3 x \csc^3 x dx$

(13) $\int \tan x \sqrt{\sec x}\,dx$

(14) $\int \frac{x^2}{(a^2-x^2)^{3/2}}dx$

해답

1. (1) $\frac{1}{2}x+\frac{1}{4}\sin 2x+C$

(2) $\frac{1}{6}\cos^3 2x-\frac{1}{2}\cos 2x+C$

(3) $\frac{3}{8}x-\frac{1}{8}\sin 4x+\frac{1}{64}\sin 8x+C$

(4) $\frac{1}{3}\cos^5 x-\frac{1}{3}\cos^3 x+C$

(5) $\frac{1}{48}\cos^3 2x-\frac{1}{16}\cos 2x+C$

(6) $\frac{1}{4}\cos 2x-\frac{1}{12}\cos 6x+C$

(7) $\frac{1}{2}\sin x+\frac{1}{10}\ \sin 5x+C$

(8) $\frac{1}{8}\sin 4x-\frac{1}{12}\sin 6x+C$

(9) $\sin x+\frac{1}{2}\ \sin^2 x+C$

(10) $\frac{1}{2}\tan^2 x+\ln|\cos x|+C$

(11) $\frac{1}{7}\tan^7 x+\frac{1}{3}\tan^5 x+C$

(12) $-\frac{1}{3}\csc^5 x+\frac{1}{3}\csc^3 x+C$

(13) $2\sqrt{\sec x}+C$

(14) $\frac{x}{\sqrt{a^2-x^2}}-\sin^{-1}(\frac{x}{a})+C$

4.5 유리함수 적분법

본 절에서는 $N(x)$ 와 $D(x)$ 가 다항식일 때

$$\int \frac{N(x)}{D(x)} dx$$

의 부정적분을 구한다. 함수 $\frac{N(x)}{D(x)}$ 의 형을 유리함수라 부르며 $D(x)$ 를 분모 다항식 $N(x)$ 를 분자 다항식이라 부르겠다.

예로서, 다음과 같은 부정적분을 다룬다고 하자.

$$\int \frac{2x^3}{5x^8+3x-4} dx \text{는 } \frac{1}{5}\int \frac{2x^3}{x^8+\frac{3}{5}x-\frac{4}{5}} dx$$

로 변형이 되고, 또

$$\frac{2x^5+7}{x^2+3} = 2x^3-6x+\frac{18x+7}{x^2+3}$$

이므로

$$\int \frac{2x^5+7}{x^2+3} dx = \frac{1}{2}x^4-3x^2+\int \frac{18x+7}{x^2+3} dx$$

으로 변형이 된다. 그러므로 유리함수 적분은 주어진 유리함수를 적절한 계산을 통하여 분모다항식의 차수가 분자 다항식의 차수보다 큰 진유리함수로 변형하여 계산한다.

수학과에서 다루는 현대대수학에서 임의의 진유리함수 $\frac{N(x)}{D(x)}$ 는

$$\frac{c}{(ax+b)^m} \text{와 } \frac{dx+e}{(ax^2+bx+c)^m}$$

의 부분분수의 합으로 언제나 분해된다는 사실이 알려져 있다.

부분분수분해 방법

분모다항식 $D(x)$가 1차식과 2차식의 곱으로 인수분해 되었다면 $\dfrac{N(x)}{D(x)}$에 대응하는 부분분수는 다음과 같다.

분모 $D(x)$가 $(ax+b)^n$를 인수로 가진다면 대응하는 부분분수는 다음과 같다.

$$\frac{A_1}{(ax+b)^1}+\frac{A_2}{(ax+b)^2}+\cdots\cdots+\frac{A_n}{(ax+b)^n}\ (A_i \text{ 는 상수})$$

분모 $D(x)$가 $(ax^2+bx+c)^n$을 인수로 가진다면 대응하는 부분분수는 다음과 같다.

$$\frac{A_1x+B_1}{ax^2+bx+c}+\frac{A_2x+B_2}{(ax^2+bx+c)^2}+\cdots+\frac{A_nx+B_n}{(ax^2+bx+c)^n}\ (A_i,\ B_i \text{ 는 상수})$$

참고 최고차 계수가 1인 다항식은 일차다항식 $x-a$과 인수분해 불가능한 이차다항식 x^2+bx+c들의 곱으로 항상 인수분해가 되는 것으로 알려져 있다.

참고 이차함수 $ax^2+bx+c=0$가 인수분해가능일 필요충분조건은 $b^2-4ac \ge 0$이다.

예제 4.5.1

(1) x^2+4는 $b^2-4ac=0-4(1)(4)=-16<0$ 이므로 인수분해 불가능하다.

(2) x^2+x-4는 $b^2-4ac=1-4(1)(-4)=17\ge 0$ 이므로 인수분해 가능하다.

(3) $x^3-4x=x(x^2-4)=x(x-1)(x+2)$

(4) $x^3+4x=x(x^2+4)$ (x^2+4는 인수분해 불가능)

(5) $x^4-9=(x^2=3)(x^2+3)=(x-\sqrt{3})(x+\sqrt{3})(x^2+3)$($x^2+3$은 인수분해 불가능)

(6) $x^3-3x^2-x+3=(x+1)(x-2)^2$

예제 4.5.2

$\int \frac{dx}{x^2-4}$ 을 계산하라.

풀이 분모다항식 $x^2-4=(x-2)(x+2)$ 이므로

$$\frac{1}{(x-2)(x+2)}=\frac{A}{x-2}+\frac{B}{x+2}$$

로 두고 A 와 B 를 항등식정리를 이용하여 결정한다. 양변에 $(x-2)(x+2)$를 곱하면

$$1=A(x+2)+B(x-2)$$

이며 항등식이므로 x 에 -2 를 대입하면 $1=A(0)+B(-4)=-4B$에서 $B=-\frac{1}{4}$ 이다. 또 x 대신 2를 대입하면 $1=A(4)+B(0)=4A$ 에서 $A=\frac{1}{4}$ 를 얻는다. 그리하여

$$\frac{1}{(x-2)(x+2)}=\frac{1}{4}\frac{1}{x-2}-\frac{1}{4}\frac{1}{x+2}$$

따라서

$$\begin{aligned}\int \frac{1}{x^2-4}dx &= \int (\frac{1}{4}\frac{1}{x-2}-\frac{1}{4}\frac{1}{x+2})dx \\ &= \frac{1}{4}\ln|x-2|-\frac{1}{4}\ln|x+2|+C \\ &= \frac{1}{4}(\ln|x-2|-\ln|x+2|)+C \\ &= \frac{1}{4}\ln|\frac{x-2}{x+2}|+C\end{aligned}$$

예제 4.5.3

$\int \frac{x+1}{x^3+x^2-6x}dx$ 를 계산하라.

풀이 $x^3+x^2-6x=x(x-2)(x+3)$이므로 피적분함수 $\frac{x+1}{x^3+x^2-6x}$ 는

$$\frac{x+1}{x^3+x^2-6x}=\frac{A}{x}+\frac{B}{x-2}+\frac{C}{x+3}$$

로 쓸 수 있으며, 양변에 $x(x-2)(x+3)$을 곱하여

$$x+1 = A(z-2)(x+3) + Bx(x+3) + Cx(x-2)$$

를 얻는다. x 대신 0 을 대입하여

$$1 = A(-2)(3) + B(0)(-2) + C(0)(-2) = -6A$$

x 대신 2 를 대입하여

$$1 = A(0)(5) + B(2)(5) + C(2)(0) = 10B$$

x 대신 -3 을 대입하여

$$1 = A(-5)(0) + B(-3)(0) + C(-3)(-5) = 15C$$

따라서 $A = -\frac{1}{6}, B = \frac{3}{10}, C = -\frac{2}{15}$.

따라서

$$\int \frac{x+1}{x^3+x^2-6x}dx = \int (-\frac{1}{6}\frac{1}{x} + \frac{3}{10}\frac{1}{x+2} - \frac{2}{15}\frac{1}{x+3})dx$$

$$= -\frac{1}{6}\ln|x| + \frac{3}{10}\ln|x+2| - \frac{2}{15}\ln|x+3| + C$$

예제 4.5.4

부정적분 $\int \frac{3x+5}{x^3-x^2-x-1}dx$ 을 계산하라.

풀이 분모를 인수분해하면

$$x^3-x^2-x+1 = (x+1)(x-1)^2$$

이다. 피적분함수 $\frac{3x+5}{x^3-x^2-x-1}$는

$$\frac{3x+5}{x^3-x^2-x-1} = \frac{A}{x+1} + \frac{B}{x-1} + \frac{C}{(x-1)^2}$$

으로 쓸 수 있으며 양변에 $(x+1)(x-1)^2$을 곱하여

$$3x+5 = A(x-1)^2 + B(x+1)(x-1) + C(x+1)$$

를 얻는다. $x=1$ 를 대입하여

$$8 = (0)A + (2)(0)B + (2)C = 2C.\ \text{따라서}\ C = 4$$

$x=-1$ 을 대입하여

$$2 = (4)A + (0)(-2)B + (0)C = 4A.\ \text{따라서}\ A = \frac{1}{2}$$

B 를 구하기 위하여 항등식의 x^2 항을 비교하면 $A+B=0$을 얻으며 이로부터

$B=-\dfrac{1}{2}$ 를 얻는다. 요약하면

$$\frac{3x+5}{x^3-x^2-x-1}=\frac{1}{2}\frac{1}{x+1}-\frac{1}{2}\frac{1}{x-1}+4\frac{1}{(x-1)^2}$$

그러므로

$$\int\frac{3x+5}{x^3-x^2-x-1}dx=\frac{1}{2}\ln|x+1|-\frac{1}{2}\ln|x-1|+4\int\frac{1}{(x-1)^2}dx$$

한편

$$\int\frac{1}{(x-1)^2}dx=\int(x-1)^{-2}dx=-(x-1)^{-1}=-\frac{1}{x-1}$$

따라서

$$\int\frac{3x+5}{x^3-x^2-x-1}dx=\frac{1}{2}\ln|x+1|-\frac{1}{2}\ln|x-1|-4\frac{1}{x-1}+C$$

$$=\frac{1}{2}\ln\left|\frac{x+1}{x-1}\right|-\frac{4}{x-1}+C$$

예제 4.5.5

부정적분 $\displaystyle\int\frac{x+1}{x^3(x-2)^2}dx$을 계산하라.

풀이 피적분함수 $\dfrac{x+1}{x^3(x-2)^2}$ 는

$$\frac{x+1}{x^3(x-2)^2}=\frac{A}{x}+\frac{B}{x^2}+\frac{C}{x^3}+\frac{D}{x-2}+\frac{E}{(x-2)^2}$$

으로 쓸 수 있으며, 양변에 $x^3(x-2)^2$을 곱하여

$$x+1=Ax^2(x-2)^2+Bx(x-2)^2+C(x-2)^2+Dx^3(x-2)Ex^3$$

$x=0$ 을 대입하면 $1=4C$ 이며 $C=\dfrac{1}{2}$

$x=2$ 를 대입하면 $3=8E$ 이며 $E=\dfrac{3}{8}$

항등식의 일차항 x 의 계수를 비교하면 $1=4B-4C$이며 $B=\dfrac{1}{2}$

항등식의 이차항 x^2 의 계수를 비교하여 $0=4A-4B+4C$이며 $A=\dfrac{1}{4}$

항등식의 삼차항 x^3 의 계수를 비교하여 $0 = A + D$ 이며 $D = -\frac{1}{4}$ 를 얻는다.

요약하면

$$\frac{x+1}{x^3(x-2)^2} = \frac{1}{4}\frac{1}{x} + \frac{1}{2}\frac{1}{x^2} + \frac{1}{4}\frac{1}{x^3} - \frac{1}{4}\frac{1}{x-2} + \frac{3}{8}\frac{1}{(x-2)^2}$$

그러므로

$$\int \frac{x+1}{x^3(x-2)^2}dx = \frac{1}{4}\ln|x| - \frac{1}{2}\frac{1}{x} - \frac{1}{4}\frac{1}{x^2} - \frac{1}{4}\ln|x-2| - \frac{3}{8}\frac{1}{x-2} + C$$

$$= \frac{1}{4}\ln\left|\frac{x}{x-2}\right| - \frac{4x+1}{8x^2} - \frac{3}{8}\frac{1}{x-2} + C$$

예제 4.5.6

부정적분 $\int \frac{x-1}{x(x^2+1)(x^2+2)}dx$ 를 계산하라.

풀이 피적분함수는

$$\frac{x-1}{x(x^2+1)(x^2+2)} = \frac{A}{x} + \frac{Bx+C}{x^2+1} + \frac{Dx+E}{x^2+2}$$

로 쓸 수 있으며 양변에 $x(x^2+1)(x^2+2)$를 곱하여

$$x-1 = A(x^2+1)(x^2+2) + (Bx+C)x(x^2+2) + (Dx+E)x(x^2+1)$$

를 얻으며 좌변을 전개하여 내림차순으로 정리하면

$$x-1 = (A+B+D)x^4 + (B+E)x^3 + (3A+C+D)x^2 + (2E+E)x + 2A$$

이다. 항등정리를 이용하여

$$2A = -1,\ 2C+E = 1,\ 3A+C+D = 0,\ B+E+0,\ A+B+D = 0$$

이다. 이로부터

$$A = -\frac{1}{2},\ B = -1,\ C = 0,\ D = \frac{3}{2},\ E = 1$$

따라서

$$\frac{x-1}{x(x^2+1)(x^2+2)} = -\frac{1}{2}\frac{1}{x} - \frac{x}{x^2+1} + \frac{1}{2}\frac{3x+2}{x^2+2}$$

$$\int \frac{x-1}{x(x^2+1)(x^2+2)}dx = -\frac{1}{2}\ln|x| - \int \frac{x}{x^2+1}dx + \frac{1}{2}\int \frac{3x+2}{x^2+2}dx$$

$$\int \frac{x}{x^2+1}dx = \frac{1}{2}\int \frac{2x}{x^2+1}dx = \frac{1}{2}\ln|x^2+1|$$

$$\int \frac{3x+2}{x^2+2}dx = \int \frac{3x}{x^2+2}dx + \int \frac{2}{x^2+2}dx$$

$$= \frac{3}{2}\int \frac{2x}{x^2+2}dx + \sqrt{2}\,tan^{-1}(\frac{x}{\sqrt{2}})$$

$$= \frac{3}{2}\ln|x^2+2| + \sqrt{2}\tan^{-1}(\frac{x}{\sqrt{2}})$$

그러므로

$$\int \frac{x-1}{x(x^2+1)(x^2+2)}dx = -\frac{1}{2}\ln|x| + \frac{1}{4}n|x^2+1| + \frac{\sqrt{2}}{2}\tan^{-1}(\frac{x}{\sqrt{2}}) + C$$

예제 4.5.7

부정적분 $\int \frac{2x^2+3}{(x^2+1)^2}dx$ 를 계산하라.

풀이 $\frac{2x^2+3}{(x^2+1)^2} = \frac{Ax+B}{x^2+1} + \frac{Cx+D}{(x^2+1)^2}$

이라 두면

$$\frac{2x^2+3}{(x^2+1)^2} = \frac{Ax^2+Bx^2+(A+C)x+(B+D)}{(x^2+1)^2}$$

이다. 이로부터

$$2x^2+3 = Ax^2+Bx^2+(A+C)x+(B+D)$$

항등식이므로 양변의 계수를 비교하여 $A=0$, $B=2$, $C=0$, $D=1$ 를 얻는다.

$$\int \frac{2x^2+3}{(x^2+1)^2}dx = \int \frac{2}{x^2+1}dx + \int \frac{1}{(x^2+1)^2}dx$$

$$= 2\tan^{-1}x + \int \frac{1}{(x^2+1)^2}dx$$

한편,

$$\int \frac{1}{(x^2+1)^2}dx = \int \frac{\sec^2\theta}{\sec^4\theta}d\theta \quad (x=\tan\theta,\ dx=\sec^2\theta\, d\theta\ )$$

$$= \int \cos^2\theta\, d\theta = \int \frac{1+\cos 2\theta}{2}d\theta$$

$$= \frac{1}{2}\theta + \frac{1}{2}\frac{1}{2}\sin 2\theta$$

$$= \frac{1}{2}(\theta + \sin\theta\cos\theta)$$

$$= \frac{1}{2}(\theta + \frac{\sin\theta\cos\theta}{\sin^2\theta + \cos^2\theta})$$

$$= \frac{1}{2}(\theta + \frac{\tan\theta}{\tan^2\theta + 1})$$

$$= \frac{1}{2}(\tan^{-1}x + \frac{x}{x^2+1})$$

그러므로

$$\int \frac{2x^2+3}{(x^2+1)^2}dx = \frac{5}{2}\tan^{-1}x + \frac{1}{2}\frac{x}{x^2+1} + C$$

예제 4.5.8

부정적분 $\int \frac{x^4 - x^3 - x - 1}{x^3 - x}dx$ 를 계산하라.

풀이 다항식의 나눗셈을 행하여 피적분함수는

$$\frac{x^4 - x^3 - x - 1}{x^3 - x} = x - \frac{x+1}{x^3 - x^2} = x - \frac{x+1}{x^2(x-1)}$$

로 쓸 수 있으며, 두 번째 식을

$$\frac{x+1}{x^2(x-1)} = \frac{A}{x} + \frac{B}{x^2} + \frac{C}{x-1}$$

로 쓰고 양변에 $x^2(x-1)$을 곱하여 정돈하면

$$x + 1 = Ax(x-1) + B(x-1) + Cx^3$$

을 얻는다. 항등정리를 이용하여 $A = -2$, $B = -1$, $C = 2$ 임을 알 수 있다.
따라서

$$\int \frac{x^4 - x^3 - x - 1}{x^3 - x}dx = \int x\,dx + 2\int \frac{1}{x}dx + \int \frac{1}{x^2}dx - 2\int \frac{1}{x-1}dx$$

$$= \frac{1}{2}x^2 + 2\ln|x| - \frac{1}{x} - 2\ln|x-1| + C$$

$$= \frac{1}{2}x^2 - \frac{1}{x} + 2\ln\left|\frac{x}{x-1}\right| + C$$

마지막으로 피적분함수가 $\sin x$ 와 $\cos x$ 를 포함하는 유리함수의 경우 : $t=\tan\left(\frac{x}{2}\right)$라 두면

$$\sin\frac{x}{2}=\frac{t}{\sqrt{1+t^2}},\quad \cos x=\frac{1}{\sqrt{1+t^2}},\quad dt=\frac{1+t^2}{2}dx$$

가 되어

$$\sin x = 2\sin\frac{x}{2}\cos\frac{x}{2}=\frac{2t}{1+t^2}$$

$$\cos x=\cos^2\frac{x}{2}-\sin^2\frac{x}{2}=\frac{1-t^2}{1+t^2}$$

$$dx=\frac{2}{1+t^2}dt$$

로 변환되며, 변수 t 에 대한 유리 함수가 되어 유리함수적분법을 활용할 수 있다.

예제 4.5.9

다음의 부정적분을 구하라.

(1) $\displaystyle\int\frac{dx}{1-\cos x}$ (2) $\displaystyle\int\frac{dx}{1+\sin x}$

풀이 (1) $\tan\frac{x}{2}=t$ 라 하면 $\cos x=\frac{1-t^2}{1+t^2}$, $dx=\frac{2}{1+t^2}dt$ 이므로

$$\int\frac{dx}{1-\cos x}=\int\frac{1}{1-\frac{1-t^2}{1+t^2}}\frac{1}{1+t^2}dt$$

$$=\int t^{-2}dt=-\frac{1}{t}+C$$

$$=-\cot\frac{x}{2}+C$$

(2) $\tan\frac{x}{2}=t$ 라 하면 $\cos x=\frac{2t}{1+t^2}$, $dx=\frac{2}{1+t^2}dt$ 이므로

$$\int\frac{dx}{1+\sin x}=\int\frac{1}{1+\frac{2t}{1+t^2}}\frac{2}{1+t^2}dt$$

$$=\int\frac{1}{(1+t)^2}dt=-\frac{2}{1+t}+C$$

$$=-\frac{2}{1+\tan\frac{x}{2}}+C$$

4.5 연습문제

1. 다음 부정적분을 구하라.

(1) $\int \frac{x-5}{x^2-1}dx$

(2) $\int \frac{6x}{x^2-x-2}dx$

(3) $\int \frac{-x+5}{x^3-x^2-2x}dx$

(4) $\int \frac{x^3+x+2}{x^2+2x-8}dx$

(5) $\int \frac{x-1}{x^3+4x^2+4x}dx$

(6) $\int \frac{x+2}{x^3+x}dx$

(7) $\int \frac{4x-2}{16x^4-1}dx$

(8) $\int \frac{4x^2-7x-17}{6x^2-11x-10}dx$

(9) $\int \frac{dx}{-1+\sin x}$

(10) $\int \frac{dx}{5+4\cos x}$

해답

1. (1) $3\ln|x+1|-2\ln|x-1|+C$

(2) $4\ln|x-2|+2\ln|x+1|+C$

(3) $-\frac{5}{2}\ln|x|+\frac{1}{2}\ln|x-2|+2\ln|x+1|+C$

(4) $\frac{x^2}{2}-2x+11\ln|x+4|+2\ln|x-2|+C$

(5) $-\frac{1}{4}\ln|x|+\frac{1}{4}\ln|x+2|-\frac{3}{2(x+2)}$

(6) $2\ln|x|-\ln(x^2+1)+\tan^{-1}x+C$

(7) $-\frac{1}{2}\ln|4x^2+1|+\frac{1}{2}\tan^{-1}(2x)+\frac{1}{2}\ln|2x+1|+C$

(8) $-x-\frac{1}{2}\ln|2x-5|+\frac{5}{9}\ln|3x+2|+C$

(9) $-\frac{2}{1-\tan(x/2)}+C$

(10) $\frac{2}{3}\tan^{-1}(\frac{1}{3}\tan\frac{x}{2})+C$

4.6 삼각치환과 무리함수 적분

삼각치환

피적분함수가 대수적 함수이면서 특별한 형태를 포함하는 경우 삼각함수치환을 통하여 적분계산 할 수 있다.

TYPE I.

피적분함수에 $\sqrt{a^2+x^2}$ 이 나타나면 $x = a\tan\theta$ $(-\frac{\pi}{2} < \theta < \frac{\pi}{2})$로 치환하라.

TYPE II.

피적분함수에 $\sqrt{a^2-x^2}$ 이 나타나면 $x = a\sin\theta$ $(-\frac{\pi}{2} < \theta < \frac{\pi}{2})$로 치환하라.

TYPE III.

피적분함수에 $\sqrt{x^2-a^2}$ 이 나타나면 $x = a\sec\theta (0 < \theta < \pi,\ \theta \neq 0)$로 치환하라.

예제 4.6.1

삼각치환을 이용하여 부정적분을 구하라.

(1) $\int \frac{dx}{\sqrt{4+x^2}}$ (2) $\int \frac{dx}{x^2\sqrt{4+x^2}}$

풀이 (1) $x = 2\tan\theta$ 로 두고 양변을 미분하면 $dx = 2\sec^2 x\, d\theta$이며 $\sqrt{4+x^2} = 2\sec\theta$이다.

$$\int \frac{dx}{\sqrt{4+x^2}} = \int \frac{2\sec^2\theta}{2\sec\theta} d\theta = \int \sec\theta\, d\theta$$

$$= \ln|\sec\theta + \tan\theta| + C$$

$$= \ln|\frac{\sqrt{4+x^2}}{2} + \frac{x}{2}| + C$$

$$= \ln|x + \sqrt{4+x^2}| + C$$

(2) $x = 2\tan\theta$(즉 $\theta = \tan^{-1}(\frac{x}{2})$)라 두면 $dx = 2\sec^2\theta\, d\theta$이며

$$\sqrt{4+x^2} = \sqrt{4+4\tan^2\theta} = 2\sqrt{1+\tan^2\theta} = 2\sqrt{\sec^2\theta} = 2|\sec\theta|$$

또 $\tan^{-1}x$ 의 정의에 의하여 $-\frac{\pi}{2} < \theta < \frac{\pi}{2}$이므로 $\cos\theta > 0$ 이며 $\sec\theta > 0$ 이다.

그래서 $\sec\theta = |\sec\theta| = \sqrt{4+x^2/2}$ 이다. 따라서

$$\int \frac{dx}{x^2\sqrt{4+x^2}} = \int \frac{2\sec^2\theta\, d\theta}{4\tan^2\theta\,(2\sec\theta)}$$

$$= \frac{1}{4}\int \frac{\sec\theta}{\tan^2\theta} d\theta$$

$$= \frac{1}{4}\int \frac{\cos\theta}{\sin^2\theta} d\theta$$

($u = \sin\theta$ 라 두면 $du = \cos\theta\, d\theta$이며 치환적분을 하면)

$$= \frac{1}{4}(-(\sin\theta)^{-1}) + C = -\frac{1}{4\sin\theta} + C$$

한편 $\sin\theta = \dfrac{\tan\theta}{\sec\theta} = \dfrac{x/2}{\sqrt{4+x^2/2}} = \dfrac{x}{\sqrt{4+x^2}}$

따라서

$$\int \frac{dx}{x^2\sqrt{4+x^2}} = -\frac{\sqrt{4+x^2}}{4x} + C$$

예제 4.6.2

삼각치환을 이용하여 다음 부정적분을 계산하라.

(1) $\int \sqrt{9-x^2}\, dx$ (2) $\int \frac{dx}{x^2\sqrt{9-x^2}}$

풀이 (1) $x = 3\sin\theta$라 두면 $dx = 3\cos\theta\, d\theta$, $\sqrt{9-x^2} = 3\cos\theta$이다

$$\int \sqrt{9-x^2}\, dx = \int 9\cos^2\theta\, d\theta$$

$$= \frac{9}{2}\int (1+\cos 2\theta)\, d\theta$$

$$= \frac{9}{2}(\theta + \frac{1}{2}\sin 2\theta) + C$$

$$= \frac{9}{2}(\theta + \sin\theta\cos\theta) + C$$

$$= \frac{9}{2}(\tan^{-1}(\frac{x}{\sqrt{9-x^2}}) + \frac{x\sqrt{9-x^2}}{9}) + C$$

(2) $x = 3\sin\theta$ 라 두면(즉 $\theta = \sin^{-1}(x/3)$) $dx = 3\cos\theta\, d\theta$이다.

$$\sqrt{9-x^2} = \sqrt{9-9\sin^2\theta} = 3\sqrt{\cos^2\theta} = 3|\cos\theta|$$

한편 $\sin^{-1}(x)$ 의 정의에 의하여 $-\frac{\pi}{2} < \theta < \frac{\pi}{2}$ 이며 $\cos\theta > 0$ 이다. 따라서

$$\cos\theta = |\cos\theta| = \sqrt{9-x^2/2}$$

그러므로

$$\int \frac{dx}{x^2\sqrt{9-x^2}} = \int \frac{3\cos\theta}{9\sin^2\theta(3\cos\theta)} d\theta$$

$$= \frac{1}{9}\int \csc^2\theta\, d\theta$$

$$= -\frac{1}{9}\cot\theta + C = -\frac{1}{9}\frac{\cos\theta}{\sin\theta} + C$$

$$= -\frac{1}{9}\frac{\sqrt{9-x^2/3}}{3/3} + C$$

$$= -\frac{1}{9}\frac{\sqrt{9-x^2}}{x} + C$$

예제 4.6.3

삼각치환을 이용하여 다음 부정적분을 구하라.

(1) $\int \frac{x^2}{\sqrt{x^2-4}} dx$ (2) $\int \frac{x+1}{\sqrt{x^2+2x+2}} dx$

(3) $\int \frac{x^2}{\sqrt{2x-x^2}} dx$

풀이 $x = 2\sec\theta$라 두면 (즉 $\theta = \sec^{-1}(x/2)$), $dx = 2\sec\theta\tan\theta\, d\theta$이다. $\sec^{-1}x$ 의 정의에 의하여 θ 는 1분면과 3분면의 각이므로 $\tan\theta > 0$ 이다.

따라서 $\tan\theta = |\tan\theta| = \dfrac{\sqrt{x^2-4}}{2}$

그러므로

$$\begin{aligned}\int \frac{x^2}{\sqrt{x^2-4}}dx &= \int \frac{4\sec^2\theta(2\sec\theta\tan\theta)}{2\tan\theta}d\theta \\ &= 4\int \sec^3\theta\, d\theta \\ &= 2(\sec\theta\tan\theta + \ln|\sec\theta + \tan\theta|) + C \\ &= 2\left(\frac{x}{2}\frac{\sqrt{x^2-4}}{2} + \ln\left|\frac{x}{2} + \frac{\sqrt{x^2-4}}{2}\right|\right) + C \\ &= \frac{x\sqrt{x^2-4}}{2} + 2\ln\left|\frac{x+\sqrt{x^2-4}}{2}\right| + C \\ &= \frac{x\sqrt{x^2-4}}{2} + 2\ln|x+\sqrt{x^2-4}| + C\end{aligned}$$

(2) $\sqrt{x^2+2x+2} = \sqrt{(x+1)^2+1}$이므로 $x+1 = \tan\theta$라 두면 $dx = \sec^2\theta\, d\theta$이며 $\sqrt{x^2+2x+2} = \sec\theta$이다. 따라서

$$\begin{aligned}\int \frac{x+1}{\sqrt{x^2+2x+2}}dx &= \int \frac{x+1}{\sqrt{(x+1)^2+1}}dx \\ &= \int \frac{\tan\theta}{\sec\theta} sec^2\theta d\theta \\ &= \int \tan\theta\sec\theta\, d\theta \\ &= \sec\theta + C = \sqrt{x^2+2x+2} + C\end{aligned}$$

(3) $\sqrt{2x-x^2} = \sqrt{1-(x-1)^2}$ 이므로 $x-1 = \sin\theta$라 두면 $dx = \cos\theta\, d\theta$이며 $\sqrt{2x-x^2} = \cos\theta$ 가 된다. 따라서

$$\begin{aligned}\int \frac{x^2}{\sqrt{2x-x^2}}dx &= \int \frac{(1+\sin\theta)^2}{\cos\theta}\cos\theta\, d\theta \\ &= \int (1+\sin^2\theta)d\theta \\ &= \int \left(\frac{3}{2} + 2\sin\theta - \frac{1}{2}\cos 2\theta\right)d\theta \\ &= \frac{1}{2}\theta - 2\cos\theta - \frac{1}{2}\sin 2\theta + C \\ &= \frac{1}{2}\sin^{-1}(x-1) - 2\sqrt{2x-x^2} - \frac{1}{2}(x-1)\sqrt{2x-x^2} + C\end{aligned}$$

$$= \frac{1}{2}\sin^{-1}(x-1) - \frac{1}{2}(x+3)\sqrt{2x-x^2} + C$$

기타 무리함수의 적분

지금부터는 다양한 무리함수를 포함하는 경우 적절한 치환을 통하여 유리함수로 혹은 삼각함수적분으로 변형한 후 풀이하는 경우를 다루겠다.

다룰 type은 다음과 같다.

TYPE I.

$\sqrt[n]{ax+b}$ 를 포함하는 경우

TYPE II.

$\sqrt[n]{\dfrac{ax+b}{cx+d}}$ 를 포함하는 경우

TYPE III.

$\sqrt{ax^2+bx+c}$ 를 포함하는 경우

예제 4.6.4

다음 부정적분을 구하라.

(1) $\displaystyle\int \frac{x}{\sqrt{1-x}}dx$ (2) $\displaystyle\int \frac{1}{\sqrt{x}+\sqrt[3]{x}}dx$

풀이 (1) $u=\sqrt{1-x}$ 라 두면 $u^2 = 1-x$ 이며 $dx = -2u\,du$ 이다.

$$\begin{aligned}\int \frac{x}{\sqrt{1-x}}dx &= \int \frac{1-u^2}{u}(-2u)du \\ &= 2\int (u^2-1)du \\ &= 2\left(\frac{1}{3}u^3 - u\right) + C \\ &= 2\left(\frac{1}{3}\sqrt{(1-x)^3} - \sqrt{1-x}\right) + C\end{aligned}$$

(2) $\sqrt{x}$ 와 $\sqrt[3]{x}$ 의 2와 3의 공배수인 6을 취하자(피적분 함수는 무리함수가 나타나지 않음에 유의하자.). $u = \sqrt[6]{x}$ 라 두면, $x = u^6$ 이며 $dx = 6u^5du$이다.

$$\int \frac{1}{\sqrt{x}+\sqrt[3]{x}}dx = \int \frac{6u^5}{u^3+u^2}dt = 6\int \frac{u^3}{u+1}du$$
$$= 6\int (u^2 - u + 1 - \frac{1}{u+1})du$$
$$= 2u^2 - 3u^2 + 6u - 6\ln|u+1| + C$$
$$= 2\sqrt{x} - 3\sqrt[3]{x} + 6\sqrt[6]{x} - 6\ln|\sqrt[6]{x}+1| + C$$

예제 4.6.5

다음 부정적분을 구하라.

(1) $\int \sqrt{\frac{x-1}{2-x}}dx$ (2) $\int \frac{1}{x}\sqrt{\frac{1+x}{1-x}}dx$

풀이 (1) $u = \sqrt{\frac{x-1}{2-x}}$ 로 두면 $x = \frac{2u^2+1}{u^2+1}$이며 $dx = \frac{2u}{(u^2+1)^2}du$이다. 따라서

$$\int \sqrt{\frac{x-1}{2-x}}dx = \int u\frac{2u}{(u^2+1)^2}du$$
$$= 2\int \frac{u^2+1-1}{(u^2+1)^2}du = 2\int \frac{1}{u^2+1}du - 2\int \frac{1}{(u^2+1)^2}du$$
$$= 2\tan^{-1}u - 2\int \frac{1}{(u^2+1)^2}du$$

이다. 두 번째 적분

$$\int \frac{1}{(u^2+1)^2}du = \int \frac{1}{(\sqrt{u^2+1})^4}du$$

는 이미 다룬 $u = \tan\theta$ 로 치환하는 TYPE 적분임을 알자. $u = \tan\theta$ 라 두면 $du = \sec^2\theta d\theta$이다.

$$2\int \frac{1}{(u^2+1)^2}du = 2\int \frac{\sec^2\theta}{\sec^4\theta}d\theta$$
$$= 2\int \cos^2\theta\, d\theta$$
$$= \int (1+\cos 2\theta)d\theta = \theta + \sin\theta\cos\theta$$

$$= \tan^{-1}\theta + \frac{u}{\sqrt{1+u^2}}\frac{1}{\sqrt{1+u^2}}$$

$$= \tan^{-1}u + \frac{u}{1+u^2}.$$

그러므로 $u = \sqrt{\dfrac{x-1}{2-x}}$ 로 변수환원을 하면

$$\int \sqrt{\frac{x-1}{2-x}}\,dx = 2\tan^{-1}u - (\tan^{-1}u + \frac{u}{1+u^2}) + C$$

$$= \tan^{-1}u - \frac{u}{1+u^2} + C$$

$$= \tan^{-1}\sqrt{\frac{x-1}{2-x}} - \sqrt{(x-1)(2-x)} + C$$

(2) $u = \sqrt{\dfrac{1+x}{1-x}}$ 라 두고 x 에 관하여 정돈하면 $x = \dfrac{u^2-1}{1+u^2}$ 이며 양변을 미분하면

$dx = \dfrac{4u}{(1+u^2)^2}du$이다. 따라서

$$\int \frac{1}{x}\sqrt{\frac{1+x}{1-x}}\,dx = \int \frac{u^2+1}{u^2-1}\frac{4u^2}{(1+u^2)^2}du$$

$$= \int \frac{4u^2}{(u^2-1)(u^2+1)}du$$

$$= 2\int (\frac{1}{u^2-1} + \frac{1}{1+u^2})\,du$$

$$= \int \left(\frac{1}{u-1} - \frac{1}{u+1} + \frac{2}{u^2+1}\right)du$$

$$= \ln|u-1| - \ln|u+1| + 2\tan^{-1}u + C$$

$$= \ln\left|\frac{u-1}{u+1}\right| + 2\tan^{-1}u + C$$

$$= \ln\left|\frac{\sqrt{\dfrac{1+x}{1-x}}-1}{\sqrt{\dfrac{1+x}{1-x}}+1}\right| + 2\tan^{-1}\sqrt{\frac{1+x}{1-x}} + C$$

$$= \ln\left|\frac{\sqrt{1+x}-\sqrt{1-x}}{\sqrt{1+x}-\sqrt{1-x}}\right| + 2\tan^{-1}\sqrt{\frac{1+x}{1-x}} + C$$

예제 4.6.6

다음 부정적분을 구하라.

(1) $\displaystyle\int \frac{1}{\sqrt{x^2-2x+3}}dx$ (2) $\displaystyle\int \frac{1}{x\sqrt{-x^2+3x-2}}dx$

풀이 $\sqrt{x^2-2x+3}=u-x$ 로 두고 x 에 관하여 풀면

$$x=\frac{u^2-3}{2(u-1)} \text{이며 } dx=\frac{u^2-2u+3}{2(u-1)^2}du$$

가 된다. 그리고

$$\sqrt{x^2-2x+3}=u-x=\frac{u^2-2u+3}{2(u-1)}$$

이다. 그러므로

$$\begin{aligned}\int \frac{1}{\sqrt{x^2-2x+3}}dx &= \int \frac{2(u-1)}{u^2-2u+3}\frac{u^2-2u+3}{2(u-1)^2}du \\ &= \int \frac{1}{u-1}du = \ln|u-1|+C \\ &= \ln\left|x-1+\sqrt{x^2-2x+3}\right|+C\end{aligned}$$

(2) $\sqrt{-x^2+3x-2}=\sqrt{(x-1)(2-x)}=(2-x)\sqrt{\dfrac{x-1}{2-x}}$ 로 변형이 된다.

$u=\sqrt{\dfrac{x-1}{2-x}}$ 로 두고 x 에 관하여 정리하고 미분하면

$$x=\frac{2u^2+1}{1+u^2},\quad dx=\frac{2u}{(1+u)^2}du$$

이다. 또

$$\sqrt{-x^2+3x-2}=\frac{u}{1+u^2}$$

이므로

$$\begin{aligned}\int \frac{1}{x\sqrt{-x^2+3x-2}}dx &= \int \frac{1}{\dfrac{2u^2+1}{1+u^2}\dfrac{u}{1+u^2}}\frac{2u}{(1+u)^2}du \\ &= \int \frac{2}{2u^2+1}du \\ &= \sqrt{2}\tan^{-1}\sqrt{2}u+C \\ &= \sqrt{2}\tan^{-1}\sqrt{\frac{2x-2}{2-x}}+C\end{aligned}$$

4.6 연습문제

1. 다음 부정적분을 구하라.

(1) $\displaystyle\int \frac{3}{10+x^2}dx$ (2) $\displaystyle\int \frac{x^2}{1+x^6}dx$

(3) $\displaystyle\int \frac{1}{\sqrt{3-2x-x^2}}dx$ (4) $\displaystyle\int \frac{x}{\sqrt{1-x^4}}dx$

(5) $\displaystyle\int \frac{1}{\sqrt{4-x^2}}dx$ (6) $\displaystyle\int \frac{1+x}{1+x^2}dx$

(7) $\displaystyle\int \sqrt{16-x^2}\,dx$ (8) $\displaystyle\int \sqrt{4-x^2}\,dx$

(9) $\displaystyle\int \frac{x}{\sqrt{4-x^2}}dx$ (10) $\displaystyle\int \frac{1}{\sqrt{(9+x^2)^3}}dx$

(11) $\displaystyle\int \frac{1}{x^2+\sqrt{x}}dx$($\sqrt{x}=t$로 치환) (12) $\displaystyle\int \frac{x}{\sqrt{3-x}}dx$($\sqrt{3-x}=t$로 치환)

(13) $\displaystyle\int x\sqrt{\frac{2-x}{x+2}}\,dx$($\sqrt{\frac{2-x}{x+2}}=t$로 치환)

(14) $\displaystyle\int \frac{\sqrt{x}}{\sqrt{x}+\sqrt[3]{x}}dx$($\sqrt[6]{x}=t$로 치환)

해답

1\. (1) $\frac{3}{4}\tan^{-1}\frac{x}{4}+C$ (2) $\frac{1}{3}\tan^{-1}x^3+C$ (3) $\sin^{-1}(\frac{x+1}{2})+C$

(4) $\frac{1}{2}\sin^{-1}x^2+C$ (5) $\sin^{-1}\frac{x}{2}+C$ (6) $\tan^{-1}x+\frac{1}{2}\ln|1+x^2|+C$

(7) $\frac{1}{2}x\sqrt{16-x62}+8\sin^{-1}\frac{x}{4}+C$

(8) $\frac{1}{2}(x-2)\sqrt{x(4-x)}-2\sin^{-1}(1-\frac{x}{2})+C$ (9) $-\sqrt{4-x^2}+C$

(10) $\frac{1}{9}\frac{x}{\sqrt{9+x^2}}+C$ (11) $\frac{1}{3}\ln(\frac{1+x+2\sqrt{x}}{1+x-2\sqrt{x}})+\frac{2}{\sqrt{3}}\tan^{-1}\frac{2\sqrt{x}-1}{\sqrt{3}}+C$

(12) $-\frac{2}{3}\sqrt{3-x}(x+6)+C$ (13) $\frac{1}{2}(x^2-2x-8)\sqrt{\frac{2-x}{x+2}}+\tan^{-1}\sqrt{\frac{2-x}{x+2}}+C$

(14) $x-\frac{6}{5}x^{5/6}+\frac{3}{2}x^{2/3}-2\sqrt{x}+3\sqrt[3]{x}-6\sqrt[6]{+6\ln(1+\sqrt[6]{x})}+C$

CHAPTER

5 정적분

5.1 정적분의 정의와 기본성질

계산하고자 하는 면적이나 체적을 비교적 계산이 용이한 작은 부분으로 분할하여 이들 분할을 다시금 합한 다음 분할 횟수를 무한히 늘려 극한의 개념으로 원하는 양을 계산하는 방법을 구분구적분이라 한다. 이러한 구분구적분을 출발점으로 하여 정적분이 정의된다. 먼저 구분구적분을 예를 들어 설명하고자 한다.

예제 5.1.1

구간 $[0,1]$과 $x-$축 그리고 $f(x)=x^2$으로 둘러싸인 부분의 면적을 구하라.

풀이 구간 $[0,1]$을 n 등분하여 등분점들을 차례로 $x_0,\ x_1,\ x_2,\cdots x_n$이락 하자. $x_0=0$이며 $x_n=1$이다. 그러면 소구간 $[x_{i-1,}x_i]$의 길이는 $\dfrac{1}{n}$ 이 되고 각 등분점들의 좌표는

$$x_i = x_0 + \frac{i}{n},\ (i=0,1,2,\cdots n)$$

이 된다. 이제 각 분할구간 $[x_{i-1,}x_i]$에 높이 x_i^2 인 직사각형을 만들어 직사각형의 넓이의 합을 계산하고 이를 $S(n)$ 이라 하면

$$S(n) = \sum_{i=1}^{n} x_i^2 (x_i - x_{i-1}) = \sum_{i=1}^{n} (\frac{1}{n})^2 \frac{1}{n}$$

이다.

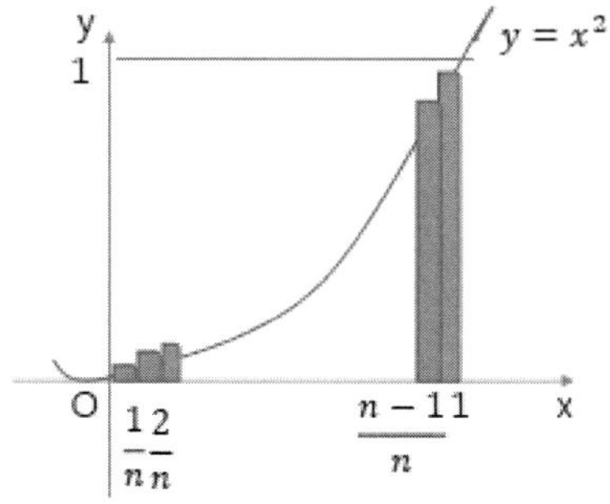

직관적으로 보아 $n \to \infty$ 일 때 $S(n)$ 은 구하는 면적으로 수렴함이 확실하다. 따라서 구하는 면적을 S 라 하면 $S = \lim_{n \to \infty} S(n)$ 임을 알 수 있다.

한편

$$S(n) = \frac{1}{n^3} \sum_{i=1}^{n} i^2 = \frac{1}{n^3} \frac{n(n+1)(2n+1)}{6}$$

이므로 $\lim_{n \to \infty} S(n) = \frac{1}{3}$ 이 되며, 따라서 구하는 면적은 $S = \frac{1}{3}$ 이다.

구분구적분의 개념을 확장하여 정적분을 정의하자.

폐구간 $[a,b]$ 에서 정의 된 함수 $f(x)$ 가 유계라 하자(즉, 정의역의 모든 x 에 대하여, 그리고 적절한 양의 실수 M 에 대하여 $|f(x)| < M$ 를 만족한다).

구간 $[a, b]$ 안의 임의의 $n-1$ 개의 점 $x_1, x_2, \cdots x_{n-1}$을 택하여

$$a = x_0 < x_1 < x_2 < \cdots < x_{n-1} < x_n = b$$

라 하면, 이들 $n+1$ 개의 점은 구간 $[a, b]$ 를 n 개의 소구간

$$[x_0, x_1],\ [x_1, x_2], \cdots, [x_{i-1}, x_n]$$

으로 나눈다. 이때 n 개의 소구간의 집합

$$P = \{[\mathrm{x}_0, \mathrm{x}_1],\ [\mathrm{x}_1, \mathrm{x}_2], \cdots, [\mathrm{x}_{i-1}, \mathrm{x}_n]\}$$

을 구간 $[a,b]$의 분할이라 부르고 이들 각 소구간의 길이를

$$\triangle x_k = x_k - x_{k-1} \ (k = 1,2,3,\cdots n \ )$$

으로 표현한다. 또 n 개의 $\triangle x_k$ 의 값 중에서 최댓값을 분할 P 의 크기라 하며 $|P|$ 로 쓴다. 이제 각 소구간 $[x_i, x_{i-1}]$안의 임의의 점 ζ_k 에 대하여

$$S_n = \sum_{k=1}^{n} f(\zeta_k)\triangle x_k$$

를 생각하자. 이 S_n 을 함수 $f(x)$ 의 분할 P 에 대한 리만합(Riemann sum)이라고 부른다.

한편 $f(x) > 0$ 이면 $f(\zeta_k)\triangle x_k$는 직사각형의 넓이가 된다. 그리고 소구간의 수가 많아 질수록 작은 직사각형들의 합은 "곡선과 $x-$ 축, 직선 $x=a$와 $x=b$로 싸인 넓이"로 수렴함을 직관적으로 안다. 여기서 소구간의 수를 많게 한다는 의미는 구간 $[a,b]$의 크기 $|P|$를 충분히 작게 한다는 것과 마찬가지이다.

즉, $n \to \infty$ 는 $|P| \to 0$을 의미한다. 이때 극한

$$I = \lim_{|P| \to 0} \sum_{k=1}^{n} f(\zeta_k)\triangle x_k$$

또는

$$I = \lim_{n \to \infty} S_n = \lim_{n \to \infty} \sum_{k=1}^{n} f(\zeta_k)\triangle x_k$$

가 존재한다면 함수 $f(x)$ 는 폐구간 $[a,b]$에서 적분가능(integrable)하다고 하고 이 극한 값 I를 폐구간 $[a,b]$에서 $f(x)$ 의 정적분(definite integral)이라고 한다.

그리고 이 정적분 I를

$$I = \int_a^b f(x)\,dx$$

로 나타내고, a 를 적분하한, b 를 적분상한이라고 한다. 또 $f(x)$를 피적분함수라 한다.

한편 리만합

$$S_n = \sum_{i=1}^{n} f(\zeta_k)\triangle x_k$$

는 분할 P 의 각 소구간의 임의의 점 ζ_k 의 선택 방법에 따라 달라질 수도 있음이 알려져 있으며, 함수 $f(x)$ 가 연속이며 $|P|\to 0$ 이면 이러한 리만합의 극한은 소 구간 내에서 임의로 택한 ζ_k 의 값에 무관하게 일정함이 알려져 있다. 요약하면 다음의 정리가 된다.

정리 5.1.1 (정적분 존재정리)
함수 $f(x)$ 가 $[a,b]$ 에서 연속이면 $f(x)$ 는 $[a,b]$ 에서 적분가능하다. 즉,

$$I = \int_a^b f(x)\,dx$$

이 존재한다.

예제 5.1.2

정적분의 정의를 이용하여 계산하라.

(1) $\int_a^b c\,dx$ (c 는 상수) (2) $\int_0^b x^2 dx$

풀이 (1) 상수 함수 $f(x)=c$ 는 $[a,b]$ 에서 연속이므로 정적분 가능하다. 따라서 구간 $[a,b]$ 를 n 등분하고 각 소구간 안의 임의의 점을 x_k 라 하면 $f(x_k)=c$ 이다. 또 각 소구간의 길이 $\Delta x_k = \dfrac{b-a}{n}$ 이므로

$$\begin{aligned}\int_a^b c\,dx &= \lim_{|P|\to 0}\sum_{k=1}^{n} f(\zeta_k)\Delta x_k = \lim_{n\to\infty}\sum_{k=1}^{n} c\Delta x_k \\ &= c\lim_{n\to\infty}\sum_{k=1}^{n}\frac{b-a}{n} = c\lim_{n\to\infty}(b-a) \\ &= c(b-a)\end{aligned}$$

(2) 다항함수인 $f(x)=x^2$ 은 $[0,b]$ 에서 연속이므로 정적분가능하다. 구간 $[0,b]$ 를 n 균등 분할하고 각 소구간의 임의의 점을 ζ_k 를 소구간의 오른 쪽 끝점으로 잡자(연속인 경우는 ζ_k 의 선택에 정적분 값이 영향을 받지 않는다). 즉 $\zeta_k = \dfrac{kb}{n}$ 로 선택한다. 한편, 모든 소구간의 길이는 $\Delta_k = \dfrac{b}{n}$ 이다. 따라서

$$\int_0^b x^2 dx = \lim_{|P|\to 0}\sum_{k=1}^{n} f(\zeta_k)\Delta x_k = \lim_{n\to\infty}\sum_{k=1}^{n} x_k^2\Delta x_k$$

$$= \lim_{n\to\infty} \sum_{k=1}^{n} \left(\frac{kb}{n}\right)^2 \frac{b}{n} = \lim_{n\to\infty} \frac{b^3}{n^3} \sum_{k=1}^{n} k^2$$

$$= \lim_{n\to\infty} \frac{b^3}{n^3} \frac{n(n+1)(2n+1)}{6}$$

$$= \frac{b^3}{3}$$

그러므로

$$\int_0^b x^2 dx = \frac{1}{3} b^3$$

이다.

정적분의 정의를 생각하면 함수 $f(x)$ 가 $[a, b]$ 에서 적분가능하고 모든 $x \in [a, b]$ 에 대하여 $f(x) \geq 0$ 이면 정적분

$$\int_a^b f(x)\, dx$$

은 "$f(x)$ 의 그래프와 x -축과 $a \leq x \leq b$ 사이의 면적"을 나타낸다. 이러한 사실을 좀 더 일반적인 함수에 적용하면, 즉 $f(x)$ 가 양과 음의 값을 동시에 갖는다고 하자. 그러면 정적분 $\int_a^b f(x)\, dx$ 는 함수 값이 양인 부분의 면적의 합과 음의 부분의 면적의 합으로 다음과 같이 표현 할 수 있다.

정리 5.1.2 $[a, b]$ 에서 연속인 함수에 대하여

$$\int_a^b f(x)\, dx = (x\text{ -축 위의 부분의 면적}) - (x\text{ -축 아래의 부분의 면적})$$

이다.

예제 5.1.3

정적분을 계산하라.

(1) $\int_0^1 \sqrt{1-x^2}\, dx$ (2) $\int_0^{2\pi} \sin x\, dx$

(3) $\int_{-3}^{5} |x-1| dx$ (4) $\int_{2}^{5} 2x dx$

풀이 (1) 피적분함수 $f(x) = \sqrt{1-x^2}$ 은 지름이 1 인 원의 일부임을 안다. 또 $0 \le x \le 1$과 x -축 위의 면적은 원 넓이의 $\frac{1}{4}$ 이다. 따라서

$$\int_{0}^{1} \sqrt{1-x^2}\, dx = \frac{\pi}{4}$$

이다.

(2) $f(x) = \sin x$는 $x = \pi$를 전·후로 보면 x 가 $0 \le x \le \pi$일 때의 양의 면적과 $\pi \le x \le 2\pi$일 대의 음의 면적이 같다. 따라서

$$\int_{0}^{2\pi} \sin x\, dx = 0$$

이다.

(3) 직관적으로 $-3 \le x \le 1$일 때의 $x-$ 축과 함수 $f(x)$ 로 싸인 면적과 $1 \le x \le 5$일 때 x -축과 함수 $f(x)$ 로 싸인 면적이 같다. 따라서

$$\int_{-3}^{5} |x-1| dx = 2\int_{1}^{5} |x-1|\, dx = 2 \times \frac{1}{2} \times 4 \times 4 = 16$$

이다.

(4) 직관적으로 $2 \le x \le 5$이고 두 변이 4이고 10 인 사다리꼴임을 안다. 따라서

$$\int_{2}^{5} 2x dx == \frac{1}{2}((4+10) \times 3) = 21$$

이다.

다음 정리는 정적분 계산에서 편리한 기본적인 성질들이다. 앞에서 정적분을 정의하면서 상한이 하한보다 큰 경우를 다루었다. 그러나 적분의 상한과 하한의 대소에 관계없이 정의가 됨이 알려져 있다.

정리 5.1.3 (정적분의 기본성질)

$[a,b]$ 상에서 정의된 정적분 가능함수 $f(x)$ 에 대하여

(1) $\int_{a}^{a} f(x)\, dx = 0$이다.

(2) $a<b$ 일 때, $\int_{b}^{a} f(x)\,dx = -\int_{a}^{b} f(x)dx$ 이다.

(3) $a<c<b$ 이면, $\int_{a}^{b} f(x)\,dx = \int_{a}^{c} f(x)\,dx + \int_{c}^{b} f(x)\,dx$ 이다.

예제 5.1.4

$\int_{4}^{9} f(x)\,dx = 3$ 이고 $\int_{4}^{6} f(x)dx = -2$ 일 때, $\int_{6}^{9} f(x)dx$ 의 값은?

풀이 $\int_{4}^{9} f(x)\,dx = \int_{4}^{6} f(x)\,dx + \int_{6}^{9} f(x)\,dx$ 이므로 $\int_{6}^{9} f(x)\,dx = 3+2=5$ 이다.

다음 정리는 도함수 연산처럼 정적분에서도 선형성이 성립함을 의미한다.

정리 5.1.4 (정적분의 선형성)

$f(x)$ 와 $g(x)$ 가 $[a, b]$ 에서 정적분가능하고 k 가 임의의 상수일 때, 함수 $kf(x)$ 와 $f(x)+g(x)$ 도 정적분가능하며 다음이 성립한다.

(1) $\int_{a}^{b} kf(x)\,dx = k\int_{a}^{b} f(x)\,dx$

(2) $\int_{a}^{b} (f(x)+g(x))\,dx = \int_{a}^{b} f(x)\,dx + \int_{a}^{b} g(x)\,dx$

예제 5.1.5

다음 정적분을 계산하라.

(1) $\int_{0}^{6} (3x+4)\,dx$ (2) $\int_{-1}^{1} (2|x|+3\sqrt{1-x^2})dx$

풀이 (1) $\int_{0}^{6} (3x+4)\,dx = 3\int_{0}^{6} x dx + 4\int_{0}^{6} dx = 3(\frac{1}{2})(6)(6) + 4(1)(6) = 78$ 이다.

(2) $\int_{-1}^{1} (2|x|+3\sqrt{1-x^2})dx = 2\int_{-1}^{1} |x|\,dx + 3\int_{-1}^{1} \sqrt{1-x^2}\,dx$

$= 2 \cdot 1 + 3 \cdot \frac{\pi}{2}$

정리 5.1.5

(1) 모든 $x \in [a, b]$, $f(x) \geq 0$이면 $\int_a^b f(x)dx \geq 0$이다.

(2) $f(x)$와 $g(x)$가 $[a,b]$에서 정적분 가능하고 $f(x) \leq g(x)$이면

$$\int_a^b f(x)\,dx \leq \int_a^b g(x)\,dx$$

(3) $f(x)$가 정적분가능하면

$$\left|\int_a^b f(x)\,dx\right| \leq \int_a^b |f(x)|dx \quad \text{이다.}$$

(4) $[a,b]$에서 $f(x)$가 연속이고 M과 m을 $f(x)$의 최댓값 최솟값이라 하면,

$$m(b-a) \leq \int_a^b f(x)x \leq M(b-a)$$

이다.

증명

(1) 임의의 분할과 임의의 ζ_k에 대하여 $\sum_{k=1}^{n} f(\zeta_k)\triangle_k \geq 0$이다. 따라서 $\int_a^b f(x)\,dx \geq 0$ 이다.

(2) $[a, b]$ 위에서 $g(x) - f(x) \geq 0$이므로

$$\int_a^b (g(x) - f(x))dx = \int_a^b g(x)\,dx - \int_a^b f(x) \geq 0$$

따라서

$$\int_a^b f(x)\,dx \leq \int_a^b g(x)\,dx$$

이다.

(3) 일반적으로 $-|f(x)| \leq f(x) \leq |f(x)|$ 이므로 (1)에 의하여

$$-\int_a^b |f(x)|\,dx \leq \int_a^b f(x)\,dx \leq \int_a^b |f(x)|\,dx$$

이다. 따라서

$$\left|\int_a^b f(x)\,dx\right| \leq \int_a^b |f(x)|\,dx$$

이다.

(4) 일반적으로 $m \leq f(x) \leq M$이다. 따라서

$$\int_a^b m\,dx \leq \int_a^b f(x)\,dx \leq \int_a^b M\,dx$$

$$m(b-a) \leq \int_a^b f(x)\,dx \leq M(b-a)$$

이다.

정리 5.1.6 (정적분의 평균값정리)

$f(x)$ 가 $[a, b]$ 에서 연속이면

$$\int_a^b f(x) = f(c)(b-a)$$

를 만족하는 c 가 a 와 b 사이에 반드시 존재한다.

참고 (1) 폐구간 $[a, b]$ 에서 연속함수에 대하여 중간값 정리(Intermediate value thoerem)가 있었고, 개구간 (a, b) 에서 미분 가능할 때 도함수의 중간값정리(Mean value theorem)가 있었다. 비슷한 이름의 정리이니 구별하여 이해해야 하겠다.

(2) 적분의 중간값 정리의 의미는 $f(x)$ 의 $[a, b]$ 에서 정적분 값을 $[a, b]$ 상에 정의된 상수함수의 정적분으로 표현 할 수 있음을 뜻한다. $f(x) \geq 0$ 이라면 $f(x)$ 와 $x = a$ $x = b$, x 축으로 둘러싸인 면적을 밑변이 $b-a$ 이고 높이가 $f(c)$ 되는 직사각형의 면적과 일치하도록 하는 c 가 a 와 b 사이에 존재함을 의미한다.

예제 5.1.6

$[0,\ 1]$ 에서 정의 된 $f(x) = x^2$ 에 대하여 적분의 평균치 정리가 성립하는 c 를 찾으라.

풀이 예제 5.1.1로부터 $\int_0^1 x^2 dx = \frac{1}{3}$ 이다. 따라서

$$\frac{1}{3} = \int_0^1 x^2 dx = (1-0)c^2$$

이를 풀면, $c = \frac{\sqrt{3}}{3}$ 이다.

5.1 연습문제

1. 정적분의 정의(구분구적분)를 이용하여 계산하라.

(1) $f(x)=3x$, $[0,2]$의 그래프와 x 축 사이의 넓이

(2) $f(x)=3-x$와 x 축, y 축으로 둘러 싸인 넓이

2. 다음 정적분을 계산하라.

(1) $\int_{-3}^{3} 4dx$ (2) $\int_{-3}^{3} (3-x)dx$

(3) $\int_{-3}^{3} \sqrt{9-x^2}\,dx$ (4) $\int_{0}^{4\pi} \cos x\,dx$

(5) $\int_{-a}^{a} x^7 dx$ (6) $\int_{-3}^{5} |x-1|\,dx$

(7) $\int_{-4}^{3} |x+2|\,dx$

3. 주어진 구간에서 다음 함수의 적분의 평균값을 구하라.

(1) $f(x)=4x-x^2$, $[0,4]$

(2) $f(x)=\sqrt[3]{x}$, $[1,8]$

(3) $f(x)=x^2(1+x^3)^4$, $[0,2]$

(4) $f(x)=\cos^4 x\sin x$, $[0,\pi]$

해답

1. (1) 6 (2) $\frac{9}{2}$

2. (1) 24 (2) 81 (3) $\frac{9\pi}{2}$ (4) 0 (5) 0 (6) 16 (7) $\frac{29}{2}$

3. (1) $\frac{8}{3}$ (2) $\frac{45}{28}$ (3) $\frac{29524}{15}$ (4) $\frac{2}{5\pi}$

5.2 미분적분학의 기본정리

정적분의 의미를 생각해 보면 정적분이 어떤 영역의 면적을 계산하는데 사용될 수 있음을 안다. 그런데 면적이란 정적분을 활용하여 계산될 수 있는 여러 양 중 하나에 불과하다. 정적분의 개념은 입체의 부피, 질량, 전류의 양, 물체가 받는 힘, 주어진 시간동안 어떤 힘이 이뤄낸 결과 등등 여러 분야에서 정적분은 활용이 된다. 그러나 정의에 입각하여 정적분을 구하는 것은 매우 어려울 수 있다. 또한 적분 가능한 함수인 경우도 정적분의 계산이 불가능한 경우가 많다.

따라서 정적분을 구하기 위한 특별한 방법이 필요하며 이와 같이 정적분을 쉽게 구할 수 있는 방법이 바로 다음에 소개하는 미분적분학의 기본 정리이다.

정리 5.2.1 (미분적분학의 기본 정리) 함수 $f(x)$ 가 $[a,b]$ 에서 연속일 때
(1) (제 1 정리 : 부정적분의 존재성 정리) 임의의 $x\in[a,b]$에 대하여

$$G(x)=\int_a^x f(t)dt$$

로 정의하면, $G(x)$ 는 $[a,b]$ 에서 $f(x)$ 의 부정적분이다. 즉,

$$\frac{d}{dx}G(x)=\frac{d}{dx}\int_a^x f(t)dt=f(x)$$

이다.
(2) (제 2 정리 : 부정적분을 이용한 정적분 계산 정리) $F(x)$ 가 $[a,b]$ 에서 $f(x)$ 의 부정적분이면

$$\int_a^b f(x)\,dx=F(b)-F(a)$$

이다. ($F(b)-F(a)=F(x)|_a^b$ 로 쓴다)

증명 (1) $x\in[a,b]$, $x+h\in[a,b]$에 대하여

$$\begin{aligned}\frac{G(x+h)-G(x)}{h}&=\frac{1}{h}\left(\int_a^{x+h}f(t)\,dt-\int_a^x f(t)dt\right)\\&=\frac{1}{h}\left[\left(\int_a^x f(t)\,dt+\int_x^{x+h}f(t)dt\right)-\int_a^x f(t)dt\right]\end{aligned}$$

$$= \frac{1}{h}\int_x^{x+h} f(t)\,dt$$

구간 $[x, x+h]$에서 f 는 연속이므로 최댓값 M 과 최솟값 m 을 갖는다.

즉 $m \le f(t) \le M$이다. 따라서

$$\int_x^{x+h} m dt \le \int_x^{x+h} f(t)dt \le \int_x^{x+h} M dt$$

$$mh \le \int_x^{x+h} f(t)dt \le Mh$$

$$m \le \frac{1}{h}\int_x^{x+h} f(t)dt \le M$$

한편 정적분의 중간값 정리에 의하여 $\int_x^{x+h} f(t)dt = f(c)h$되는 c 가 $(x, x+h)$안에 존재한다. 그러므로

$$\frac{G(x+h)-G(x)}{h} = \frac{1}{h}\int_x^{x+h} f(t)\,dt = f(c)$$

한편 $h \to 0$ 일 때 $c \to x$ 이다. 따라서

$$\lim_{h\to 0}\frac{G(x+h)-G(x)}{h} = \lim_{h\to 0}\frac{1}{h}\int_x^{x+h} f(t)\,dt = \lim_{c\to x} f(c) = f(x)$$

이다.

(2) 부정적분의 존재성 정리(1)에 의하여 $f(x)$ 가 $[a, b]$ 에서 연속이므로 f 의 부정적분이 적어도 하나는 존재 한다.

$$G(x) = \int_a^x f(t)dt$$

라 하면

$$F(x) = G(x) + C\ (C \text{ 는 상수})$$

라 쓸 수 있다. 한편

$$\begin{aligned} F(b) - F(a) &= [G(b) + C] - [G(a) + C] \\ &= G(b) - G(a) \\ &= \int_a^b f(t)dt - \int_a^a f(t)dt \\ &= \int_a^b f(t)dt \end{aligned}$$

이다.

참고 정리(1)은 모든 연속함수는 부정적분을 가짐을 의미하며, 정리(2)는 피적분 함수의 부정적분을 구할 수 있으면 정적분을 간단하게 함수값의 계산으로 구할 수 있음을 말해준다. 따라서 정적분 계산은 결국 부정적분 계산에 달려 있다. 그래서 적분분야의 공부는 부정적분을 얼마나 잘 구하느냐에 달려 있다고 하겠다.

예제 5.2.1

다음 함수의 도함수를 구하라.

(1) $f(x)=\int_0^x \frac{1}{1+t^5}dt$ (2) $f(x)=\int_{-1}^x e^{-t^3}dt$

풀이 정리(1)에 의하여

$$f'(x)=\frac{d}{dx}\int_0^x \frac{1}{1+t^5}dt=\frac{1}{1+x^5}$$

이다.

(2) 정리(1)에 의하여

$$f'(x)=\frac{d}{dx}\int_{-1}^x e^{-t^3}dt=e^{-x^3}$$

이다. ■

예제 5.2.2

다음 함수의 도함수를 구하라.

(1) $f(x)=\int_1^{x^3} \sin t\,dt$ (2) $f(x)=\int_{x^2}^1 \cos(\theta^2-\pi)\,d\theta$

(3) $f(x)=\int_x^{x^2} \cos t\,dt$ (4) $f(x)=\int_{1-3x}^2 \frac{t^3}{1+t^2}dt$

풀이 (1) $f(x)$ 는 $f(u)=\int_1^u \sin t\,dt,\ u=x^3$ 의 합성함수로 볼 수 있다. 따라서 정리(1)과 합성함수미분에 의하여

$$\frac{dy}{dx}=\frac{dy}{du}\frac{du}{dx}=\frac{d}{du}\left(\int_1^u \sin t dt\right)\frac{du}{dx}$$

$$=\sin u\cdot(3x^2)$$

$$= 3x^2 \sin(x^3)$$

(2) $f(x) = \int_{x^2}^{1} \cos(\theta^2 - \pi)\,d\theta = -\int_{1}^{x^2} \cos(\theta^2 - \pi)\,d\theta$ 이며 $u = x^2$ 이라 하면 $f(x)$ 는 $f(u)$ 와 $u = x^2$ 의 합성함수가 된다. 따라서 합성함수미분법을 따라

$$\frac{dy}{dx} = \frac{dy}{du}\frac{du}{dx} = \frac{d}{du}(-\int_{1}^{u}(\cos(\theta^2 - \pi)d\theta)\frac{du}{dx}$$

$$= -\cos(u^2 - \pi) \cdot (2x)$$

$$= -2x\cos(x^4 - \pi)$$

(3) $f(x) = \int_{x}^{x^2} \cos t\,dt = \int_{x}^{1} \cos t\,dt + \int_{1}^{x^2} \cos t\,dt$

$$= -\int_{1}^{x} \cos t\,dt + \int_{1}^{x^2} \cos t\,dt$$

이다. 한편 $u = x^2$ 이라 두면

$$\frac{d}{dx}(\int_{1}^{x^2} \cos t\,dt) = \frac{d}{du}(\int_{1}^{u} \cos t\,dt)\frac{du}{dx} = 2x\cos(x^2)$$

따라서

$$f'(x) = \frac{d}{dx}(-\int_{1}^{x} \cos t\,dt) + \frac{d}{dx}(\int_{1}^{x^2} \cos t\,dt)$$

$$= -\cos x + 2x\cos(x^2)$$

(4) $f(x) = \int_{1-3x}^{2} \frac{t^3}{1+t^2}dt = -\int_{2}^{1-3x} \frac{t^3}{1+t^2}dt$ 이다. $u = 1 - 3x$ 라 두면

$$f'(x) = -\frac{df}{du}\frac{du}{dx} = -\frac{u^3}{1+u^2} \cdot (-3)$$

$$= 3\frac{(1-3x)^3}{1+(1-3x)^2}$$

예제 5.2.3

$\lim_{x\to 0}\frac{1}{x^{11}}\int_{o}^{x} \frac{t^{10}}{t^{20}+1}dt$ 을 계산하라.

풀이 $\lim_{x\to 0}\frac{1}{x^{11}}\int_0^x \frac{t^{10}}{t^{20}+1}dt = \lim_{x\to 0}\frac{\int_0^x \frac{t^{10}}{t^{20}+1}dt}{x^{11}}$ ($\frac{0}{0}$ 꼴의 부정형)

$$= \lim_{x\to 0}\frac{\frac{x^{10}}{x^{20}+1}}{11x^{10}} = \lim_{x\to 0}\frac{x^{10}}{11x^{10}(x^{20}+1)}$$

$$= \lim_{x\to 0}\frac{1}{11(x^{20}+1)} = \frac{1}{11}$$

다음은 기본 제 2정리를 써서 정적분을 쉽게 구하는 계산을 살펴 보겠다.

예제 5.2.4

다음 정적분을 계산하라.

(1) $\int_0^3 x^2 dx$ (2) $\int_0^{\frac{3\pi}{2}} \cos x\, dx$

(3) $\int_1^{e^3} \frac{1}{x}dx$ (4) $\int_{-1}^1 (2-x^2)dx$

풀이 정리(2)를 이용하여 구한다.

(1) $\int_0^3 x^2 dx = [\frac{1}{3}x^3]_0^3 = \frac{3^3-0}{3} = 9$

(2) $\int_0^{\frac{3\pi}{2}} \cos x\, dx = [\sin x]_0^{\frac{3\pi}{2}} = \sin(\frac{3\pi}{2}) - \sin 0 = (-1) - 0 = -1$

(3) $\int_1^{e^3} \frac{1}{x}dx = [\ln x]_1^{e^3} = \ln e^3 - \ln 1 = 3\ln e - \ln 1 = 3 - 0 = 3$

(4) $\int_{-1}^1 (2-x^2)dx = [2x - \frac{1}{3}x^3]_{-1}^1 = 2\cdot 1 - \frac{1}{3}\cdot(1)^3 - 2(-1) + \frac{1}{3}(-1)^3 = \frac{10}{3}$

정적분 계산에서 피적분함수의 특별한 기하학적 성질을 알면 계산이 줄어 들 때도 있다. 함수 f 가 정의역의 0 을 포함하는 모든 x에 대하여 $f(x) = f(-x)$를 만족하면 우함수라 하고 $f(x) = -f(-x)$를 만족하면 기함수라 한다. $f(x) = x^2$과 $g(x) = \cos x$는 우함수이고 $h(x)=x^3$과 $k(x)=\sin x$는 기함수의 예이다.

정리 5.2.2 함수 $f(x)$가 $[a,b]$에서 연속일 때

(1) $f(x)$가 우함수이면 $\int_{-a}^{a} f(x)\,dx = 2\int_{0}^{a} f(x)\,dx$ 이고

(2) $f(x)$가 기함수이면 $\int_{-a}^{a} f(x)\,dx = 0$ 이다.

예제 5.2.5

다음 정적분을 계산하라.

(1) $\int_{-1}^{1} (x^4+2x^2)\,dx$ (2) $\int_{-10}^{10} (2x^5-3x^2+x)\,dx$

(3) $\int_{-1}^{1} (x^3+2x^2+5x+2)\,dx$ (4) $\int_{-\pi}^{\pi} \cos x \sin x\,dx$

풀이 피적분함수가 우함수인지 기함수인지를 살펴서 계산한다.

(1) $\int_{-1}^{1} (x^4+2x^2)\,dx = 2\int_{0}^{1} (x^4+2x^2)dx = 2(\frac{1}{5}x^5+\frac{2}{3}x^3)|_0^1 = \frac{26}{15}$

(2) $\int_{-10}^{10} (2x^5-3x^2+x)\,dx = \int_{-10}^{10} (-3x^2)dx = -6\int_{0}^{10} x^2dx$

$$= -6\frac{x^3}{3}|_0^{10} = -2000$$

(3) $\int_{-1}^{1} (x^3+2x^2+5x+2)\,dx = \int_{-1}^{1} (2x^2+2)dx = (\frac{2}{3}x^3+2x)|_{-1}^{1} = \frac{16}{3}$

(4) $\sin x \cos x = -\sin(-x)\cos(-x) = -\sin x \cos x$

이므로 기함수이다.

따라서 $\int_{-\pi}^{\pi} \cos x \sin x\,dx = 0$ 이다.

5.2 연습문제

1. 다음의 정적분을 계산하라.

(1) $\int_{-1}^{1}(2x^2 - x^3)\,dx$　　(2) $\int_{-3}^{-1}(\frac{1}{x^2} - \frac{1}{x^3})\,dx$

(3) $\int_{1}^{3}\frac{1}{\sqrt{x}}dx$　　(4) $\int_{\frac{\pi}{2}}^{\frac{3\pi}{4}}\sin x\,dx$

(5) $\int_{0}^{1}(2 + x)\,dx$　　(6) $\int_{0}^{2}(2 - x)^2 dx$

(7) $\int_{0}^{3}(3 - 2x + x^2)dx$　　(8) $\int_{-1}^{2}(1 - t^2)t\,dt$

(9) $\int_{0}^{4}(1 - u)\sqrt{u}\,du$　　(10) $\int_{1}^{8}\sqrt{1 + 3x}\,dx$

(11) $\int_{0}^{3}\frac{1}{\sqrt{x + 1}}dx$　　(12) $\int_{0}^{1}x(1 - \sqrt{x})^2 dx$

(13) $\int_{4}^{8}\frac{x}{\sqrt{x^2 - 15}}dx$　　(14) $\int_{0}^{2\pi}\sin\frac{t}{2}dt$

(15) $\int_{-2}^{2}\frac{1}{x^2 + 1}dx$　　(16) $\int_{-3}^{3}\sin\frac{x}{5}dx$

2. 다음 함수의 도함수를 구하라.

(1) $\int_{1}^{x}\sin t\,dx$　　(2) $\int_{x}^{0}t^2 dt$

(3) $\int_{0}^{\sin x}t^3 dt$　　(4) $\int_{x^2}^{4x}\cos t\,dt$

(5) $\int_{2}^{2x}\frac{t}{1 + t^2}dt$　　(6) $\int_{1}^{x^2}\sin t^2 dt$

(7) $\int_{0}^{x^2}\sec t^2 dt$　　(8) $\int_{0}^{\sqrt{x}}\sqrt{t + 1}\,dt$

(9) $\int_{x}^{x^2}\sin\sqrt{t}\,dt$　　(10) $\int_{x^2}^{x}t^2\sqrt{4 + t^2}\,dt$

(11) $\int_{1}^{x} \sqrt{\frac{t-1}{t+1}}\,dt$ (12) $\int_{0}^{x^2} f(t)\,dt$

3. $\lim_{h\to 0}\frac{1}{h}\int_{3}^{3+h}\frac{5}{x^3+7}dx$를 계산하라.

해답

1. (1) $\frac{4}{3}$	(2) $\frac{10}{9}$	(3) 2	(4) $\frac{\sqrt{2}}{2}$
(5) 6	(6) $\frac{8}{3}$	(7) 9	(8) $-\frac{9}{4}$
(9) $-\frac{116}{15}$	(10) 26	(11) 2	(12) $\frac{1}{30}$
(13) 6	(14) 4	(15) $\frac{\pi}{4}$	(16) 0
2. (1) $\sin x$	(2) $-x^2$	(3) $\sin^3 x\cos x$	(4) $4\cos 4x - 2x\cos x^2$
(5) $\frac{4x}{1+4x^2}$	(6) $2x\sin x^4$	(7) $2x\sec x^4$	(8) $\frac{\sqrt{\sqrt{x}+1}}{2\sqrt{x}}$

(9) $2x\sin x - \sin\sqrt{x}$

(10) $x^2\sqrt{4+x^2} - 2x^5\sqrt{4+x^4}$

(11) $\sqrt{\frac{x-1}{x+1}}$ (12) $2xf(x)$

3. $\frac{5}{34}$

5.3 정적분 계산–치환적분과 부분적분

치환정적분

정리 5.3.1 $g(x)$ 와 $f(x)$ 가 미분 가능할 때

$$\int_a^b g(f(x))f'(x)dx = \int_{f(a)}^{f(b)} g(u)du$$

이다.

증명 $G(u)$ 를 $g(u)$ 의 부정적분이라고 하면

$$\int g(f(x))f'(x)dx = \int \frac{d}{dx}g(f(x))dx = G(f(x)) + C$$

이므로, 미적분의 기본정리(2)에 의하여

$$\int_a^b g(f(x))f'(x)dx = [G(f(x))]_a^b = G(f(b)) - G(f(a))$$

$$= \int_{f(a)}^{f(b)} g(u)du$$

가 된다.

예제 5.3.1

다음 정적분을 계산하라.

(1) $\displaystyle\int_0^1 \frac{x}{1+3x^2}dx$ (2) $\displaystyle\int_1^{e^2} \frac{(\ln x)^2}{x}dx$

풀이 (1) $u = 1 + 3x^2$이라 두면 $du = 6xdx$이며 $xdx = \frac{1}{6}du$이다. 또, $x = 0$ 일 때 $u = 1$, $x = 1$ 일 때 $u = 4$ 이다. 따라서

$$\int_0^1 \frac{x}{1+3x^2}dx = \frac{1}{6}\int_1^4 \frac{1}{u}du = \frac{1}{6}\ln u\Big|_1^4$$

$$= \frac{1}{3}\ln 2$$

(2) $u=\ln x$ 이면 $du=\dfrac{1}{x}dx$, $x=1$ 이면 $u=0$, $x=e^2$ 이면 $u=2$ 이다. 따라서

$$\int_1^{e^2}\frac{(\ln x)^2}{x}dx = \int_0^2 u^2 dx = \frac{1}{3}u^3|_0^2 = \frac{8}{3}$$

예제 5.3.2

다음정적분을 계산하라.

(1) $\int_0^1 \sqrt{1-x^2}\,dx$ (2) $\int_3^4 x\sqrt{x-3}\,dx$

(3) $\int_0^3 \frac{dx}{\sqrt{x+1}}dx$

풀이 (1) $x=\sin\theta$ 로 두면 $dx=\cos\theta\, d\theta$이며 $x=-1$ 이면 $\theta=-\frac{\pi}{2}$, $x=1$ 이면 $\theta=\frac{\pi}{2}$ 이다. 따라서

$$\begin{aligned}\int_{-1}^1 \sqrt{1-x^2}\,dx &= \int_{-\frac{\pi}{2}}^{\frac{\pi}{2}} \sqrt{1-\sin^2\theta}\cos\theta d\theta \\ &= \int_{-\frac{\pi}{2}}^{\frac{\pi}{2}} \cos^2\theta d\theta \\ &= 2\int_0^{\frac{\pi}{2}} \frac{1}{2}(1+\cos 2\theta)d\theta \\ &= (\theta+\frac{1}{2}\sin 2\theta)|_0^{\frac{\pi}{2}} = \frac{\pi}{2}\end{aligned}$$

(2) $t=\sqrt{x-3}$ 이면 $t^2=x-3$, $dx=2tdt$ 이다. $x=3$ 이면 $t=0$, $x=3$ 이면 $t=1$ 이다. 따라서

$$\begin{aligned}\int_3^4 x\sqrt{x-3}\,dx &= \int_0^1 (t^2+3)t(2t)dt \\ &= \int_0^1 (2t^4+6t^2)dt \\ &= [\frac{2}{5}t^5+2t^3]_0^1 = \frac{12}{5}\end{aligned}$$

(3) $t=\sqrt{x+1}$ 이면 $t^2=x+1$, $dx=2tdt$ 이다. 따라서 $x=0$ 일 때 $t=1$ 이고

$x=3$ 이면 $t=2$ 이다. 따라서

$$\int_0^3 \frac{dx}{\sqrt{x+1}}dx = \int_1^2 \frac{1}{t}(2t)\,dt$$
$$= \int_1^2 2\,dt = 2t|_1^2 = 2$$

정리 5.3.2 (부분정적분)

함수 $f(x)$ 와 $g(x)$ 가 $[a,b]$ 에서 미분가능하고 $f(x)$ 와 $g'(x)$ 가 $[a,b]$ 에서 적분가능하면

$$\int_a^b f'(x)g(x)dx = [f(x)g(x)]_a^b - \int_a^b f(x)g'(x)\,dx$$

이다.

예제 5.3.3

(1) $\int_0^\pi x\cos x\,dx$ (2) $\int_1^e x\ln x\,dx$

(3) $\int_0^\pi e^x\cos x\,dx$ (4) $\int_0^1 \sin^{-1}x dx$

풀이 (1) $f'(x)=\cos x$, $g(x)=x$ 라 두면

$$\int_0^\pi x\cos x\,dx = [x\sin x]_0^\pi - \int_0^\pi \sin x\,dx$$
$$= [x\sin x]_0^\pi - [-\cos x]_0^\pi$$
$$= 0-2 = -2$$

(2) $f'(x)=x$, $g(x)=\ln x$ 라 두면

$$\int_1^e x\ln x\,dx = [\frac{1}{2}x^2\ln x]_1^e - \int_1^e \frac{1}{2}x^2 \cdot \frac{1}{x}dx$$
$$= \frac{1}{2}e^2 - 0 - \frac{1}{2}\int_1^e x dx$$
$$= \frac{1}{2}e^2 - \frac{1}{2}[\frac{1}{2}x^2]_1^e$$
$$= \frac{1}{2}(e^2 - \frac{1}{2}e^2 + \frac{1}{2}) = \frac{1}{4}(e^2+1)$$

(3) $f'(x)=e^x$, $g(x)=\cos x$라 두고 부정적분을 먼저 구 한다.

$$\int e^x \cos x\, dx = e^x \cos x - \int (-\sin x) e^x dx$$
$$= e^x \cos x + \int \sin x\, e^x dx$$
$$= e^x \cos x + e^x \sin x - \int e^x \cos x\, dx$$

따라서

$$\int e^x \cos x\, dx = \frac{1}{2}(e^x \sin x + e^x \cos x)$$

그러므로

$$\int_0^{\pi} e^x \cos x\, dx = \frac{1}{2}[e^x \sin x + e^x \cos x]_0^{\pi}$$
$$= \frac{1}{2}[(0 - e^{\pi}) - (0 + e^0)]$$
$$= -\frac{1}{2}(e^{\pi} + 1)$$

(4) 먼저 부정적분을 구한다. 이를 위하여 $f'(x) = 1$, $g(x) = \sin^{-1}x$라 두면 $f(x) = x$, $g'(x) = \dfrac{1}{\sqrt{1-x^2}}$ 이므로

$$\int \sin^{-1}x dx = x\sin^{-1}x - \int \frac{x}{\sqrt{1-x^2}} dx$$

이다. 우변의 적분을 구하기 위하여 $u = \sqrt{1-x^2}$ 으로 두면 $u^2 = 1 - x^2$, $x\, dx = -u\, du$ 이므로

$$\int \frac{x}{\sqrt{1-x^2}} dx = \int \frac{-u}{u} du = -\int 1 du$$
$$= -u + C = -\sqrt{1-x^2} + C$$

따라서 구하고자하는 적분은 다음과 같다.

$$\int_0^1 \sin^{-1}x dx = [x\sin^{-1}x + \sqrt{1-x^2}]_0^1$$
$$= (\sin^{-1}1 + 0) - (0 + 1) = \frac{\pi}{2} - 1$$

참고 본 절의 결론으로 정적분계산은 피적분함수가 부정적분(원시함수)을 갖는다면 미분적분학정리(2)에 의하여 적분의 상한과 하한에서의 부정적분의 함수값 계산으로 가능함을 의미한다. 그리하여 정적분계산은 부정적분을 구하는 것으로 귀착이 된다. 또 대학 2학년 과정에서 배울 공업수학이나 응용수학에서 중요하게 다루는 미분방정식도 크게는 부정적분의 범주에 속함을 강조해 둔다. 이러한 이유에서 삼각함수 정적분이나 유리함수 등 다양한 함수의 정적분 예제로 다루지 않고 본 절을 마무리한다.

5.3 연습문제

1. 다음 정적분을 계산하라.

(1) $\int_0^1 \sqrt{1-x}\,dx$ (2) $\int_1^2 \frac{1}{(x+1)^2}dx$

(3) $\int_0^2 x\sqrt{4-x^2}\,dx$ (4) $\int_1^e \frac{\ln x}{x}dx$

(5) $\int_e^{e^2} \frac{1}{x\ln x}dx$ (6) $\int_0^1 xe^{x^2}dx$

(7) $\int_0^{\frac{\pi}{2}} \sin x\cos^3 x\,dx$ (8) $\int_0^{\frac{\pi}{2}} \frac{\cos x}{1+\sin x}dx$

2. 다음 정적분을 계산하라.

(1) $\int_1^e x\ln x\,dx$ (2) $\int_0^1 xe^x\,dx$

(3) $\int_0^{\frac{\pi}{2}} x\cos x\,dx$ (4) $\int_1^2 x^2\ln x\,dx$

(5) $\int_0^1 x^2e^{-x}dx$ (6) $\int_0^{\frac{\pi}{2}} x^2\cos x\,dx$

해답

1. (1) $\frac{2}{3}$ (2) $\frac{1}{6}$ (3) $\frac{8}{3}$ (4) $\frac{1}{2}$ (5) $\ln 2$
(6) $\frac{1}{2}(e-1)$ (7) $\frac{1}{4}$ (8) $\ln 2$

2. (1) $\frac{1}{4}(e^2+1)$ (2) 1 (3) $\frac{\pi}{2}-1$ (4) $\frac{8}{3}\ln 2-\frac{7}{9}$ (5) $-\frac{5}{e}+2$
(6) $\frac{\pi^2}{4}-2$

5.4 특이(이상)적분

정적분은 폐구간 $[a,b]$에서 연속인 함수에 대하여 정의가 된다. 폐구간에서 연속함수의 성질에 의하여 함수는 최댓값과 최솟값을 갖는다. 즉 임의의 점 $x \in [a,b]$에 대하여 적당한 M에 있어서 $|f(x)| \le M$이 성립한다. 이를 유계라고 부른다. 따라서 정적분은 폐구간 $[a,b]$에서 유계인 함수에 대하여 언제나 정의가 된다.

그러나 물리학을 중심으로 하는 공학이나 경제학, 확률론 혹은 통계학에서는 적분구간이 폐구간 $[a,b]$가 아닌 (a,b), $(a,b]$, $[a,b)$, $(-\infty,b)$거나 (a,∞), $(-\infty,\infty)$인 경우를 접할 수 있다. 또는 함수가 유계가 아닌 경우도 접할 수 있다.

이와 같이 적분구간이 폐구간이 아니거나 함수가 유계가 아닌 경우의 적분을 정의할 필요가 있는데 이러한 경우에 정의 된 적분을 이상적분 혹은 특이 적분(improper integral)이라 정의 한다.

CASE Ⅰ 무한 구간에서의 특이적분

(1) 함수 f가 $[a,\infty)$에서 연속일 때, $a<b<\infty$인 b에 대하여 f는 $[a,b]$에서 적분가능하다. 이때

$$\int_a^{\infty} f(x)\,dx = \lim_{b\to\infty}\int_a^b f(x)\,dx$$

로 정의한다.

(2) 함수 f가 $(-\infty,b]$에서 연속일 때, $-\infty<a<b$인 a에 대하여 f는 $[a,b]$에서 적분가능하다. 이때

$$\int_{-\infty}^{b} f(x)\,dx = \lim_{a\to-\infty}\int_a^b f(x)\,dx$$

로 정의한다.

(3) 함수 f가 $(-\infty,\infty)$에서 연속일 때, $-\infty<a<b<\infty$인 a와 b에 대하여 f는 $[a,b]$에서 적분가능하다. 이때 임의의 실수 c에 대하여

$$\int_{-\infty}^{\infty} f(x)\,dx = \int_{-\infty}^{c} f(x)dx + \int_{c}^{\infty} f(x)\,dx$$

$$= \lim_{a\to-\infty}\int_{a}^{c} f(x)\,dx + \lim_{b\to\infty}\int_{c}^{b} f(x)\,dx$$

예제 5.4.1

다음의 이상적분을 계산하라.

(1) $\displaystyle\int_{1}^{\infty}\frac{1}{x^2}dx$ (2) $\displaystyle\int_{1}^{\infty}\frac{1}{1+\ln x}dx$

(2) $\displaystyle\int_{-\infty}^{\infty}\frac{1}{1+x^2}dx$ (4) $\displaystyle\int_{0}^{\infty}e^{-x}dx$

풀이 (1) 적분의 상한이 ∞ 이므로 이상적분이다.

$$\int_{1}^{\infty}\frac{1}{x^2}dx = \lim_{b\to\infty}\int_{1}^{b}\frac{1}{x^2}dx = \lim_{b\to 0}\left[-\frac{1}{x}\right]_{1}^{b}$$

$$= \lim_{b\to 0}\left\{-\frac{1}{b}-\left(\frac{1}{1}\right)\right\} = 1$$

(2) 적분의 상한이 ∞ 이므로 이상적분이다. 다음이 성립함에 유의하자.

$x \geq 1$ 이면 $\ln x < x$ 이다($x=1$ 일 때, $0=\ln 1<1$ 이며 $(x-\ln x)' = 1-\dfrac{1}{x} > 0$이므로 $x-\ln x$ 는 증가함수이다.). 따라서

$1+\ln x < 1+x$

$$\frac{1}{1+\ln x} > \frac{1}{1+x}$$

$$\int_{1}^{\infty}\frac{1}{1+\ln x}dx > \int_{1}^{\infty}\frac{1}{1+x}dx$$

$$\int_{1}^{\infty}\frac{1}{1+x}dx = \lim_{b\to\infty}\int_{1}^{b}\frac{1}{1+x}dx$$

$$= \lim_{b\to\infty}\left[\ln(1+x)\right]_{1}^{b}$$

$$= \lim_{b\to\infty}\{\ln(1+b)-\ln 2\} = \infty$$

그러므로 $\displaystyle\int_{1}^{\infty}\frac{1}{1+\ln x}dx = \infty$이다.

(3) 적분 상한이 ∞ , 하한이 $-\infty$ 이므로 이상적분이다.

$$\int_{-\infty}^{\infty} \frac{1}{1+x^2} dx = \lim_{a \to -\infty, b \to \infty} \int_a^b \frac{1}{1+x^2} dx$$
$$= \lim_{a \to -\infty, b \to \infty} [\tan^{-1} x]_a^b$$
$$= \lim_{a \to -\infty, b \to \infty} [\tan^{-1} b - \tan^{-1} a]$$
$$= \frac{\pi}{2} - (\frac{\pi}{2}) = \pi$$

(4) 적분 상한이 ∞ 이므로 이상적분이다.

$$\int_0^{\infty} e^{-x} dx = \lim_{b \to \infty} \int_0^b e^{-x} dx$$
$$= \lim_{b \to \infty} [-e^{-x}]_0^b$$
$$= \lim_{b \to \infty} (-e^{-b} + 1) = 1$$

예제 5.4.2

다음 이상적분을 계산하라.

(1) $\int_{-\infty}^{0} e^{rx} dx \quad (r > 0)$

(2) $\int_1^{\infty} \frac{1}{x^p} dx$

(3) $\int_1^{\infty} e^{-x} \sin x \, dx$

(4) $\int_{-\infty}^{\infty} \frac{1}{e^x + e^{-x}} dx$

풀이 (1) 하한이 $-\infty$ 이므로 이상적분이다.

$$\int_{-\infty}^{0} e^{rx} dx = \lim_{b \to -\infty} \int_b^0 e^{rx} dx$$
$$= \lim_{b \to -\infty} [\frac{1}{r} e^{rx}]_b^0$$
$$= \frac{1}{r} \lim_{b \to -\infty} (1 - e^b) = \frac{1}{r}(1-0) = \frac{1}{r}$$

(2) 상한이 ∞ 이므로 이상적분이다.

$$\int_1^{\infty} \frac{1}{x^p} dx = \lim_{b \to \infty} \int_1^b \frac{1}{x^p} dx$$

$$= \lim_{b\to\infty}[\frac{1}{1-p}\frac{1}{x^{p-1}}]_1^b$$

만약 $p > 1$ 이면

$$\lim_{b\to\infty}\frac{1}{1-p}\left(\frac{1}{b^{p-1}}-1\right)= \frac{1}{p-1}$$

만약 $p = 1$ 이면

$$\int_1^\infty \frac{1}{x}dx = \lim_{b\to\infty}\int_1^b \frac{1}{x}dx = \lim_{b\to\infty}\ln x|_1^b$$

$$= \lim_{b\to\infty}(\ln b - 0) = \infty$$

만약 $p < 1$ 이면

$$\lim_{b\to\infty}\frac{1}{1-p}\left(\frac{1}{b^{p-1}}-1\right)= \lim_{b\to\infty}\frac{1}{1-p}(b^{1-p}-1) =\infty$$

(3) 상한이 ∞ 이니 이상적분이다.

$$\int_1^\infty e^{-x}\sin x\,dx= \lim_{b\to\infty}\int_0^b e^{-x}\sin x dx$$

부분적분을 통하여

$$\int e^{-x}\sin x\,dx =-\frac{1}{2}e^{-x}(\sin x+\cos x)$$

를 얻는다. 따라서

$$\lim_{b\to\infty}\int_0^\infty e^{-x}\sin x dx = \lim_{b\to\infty}\left(-\frac{1}{2}e^{-x}(\sin x+\cos x)\right)\Big|_0^b$$

$$= \lim_{b\to\infty}\left[(-\frac{1}{2}e^{-b}(\sin b+\cos b)+\frac{1}{2}\right]$$

한편 $\lim_{b\to\infty}e^{-b} = 0$이며 $\sin b$ 와 $\cos b$ 는 -1 과 1 사이의 값이다. 따라서

$$\lim_{b\to\infty}e^{-b}(\sin b+\cos b)= 0$$

이다. 그러므로

$$\int_1^\infty e^{-x}\sin x dx = \frac{1}{2}$$

(4) 상한이∞ 이고 하한이 $-\infty$ 이므로 이상적분이다. $\frac{1}{e^x+e^{-x}}=\frac{e^x}{e^{2x}+1}$이므로

$$\int_{-\infty}^\infty \frac{1}{e^x+e^{-x}}dx = \int_{-\infty}^\infty \frac{e^x}{e^{2x}+1}dx$$

$$= \int_0^{\infty} \frac{e^x}{e^{2x}+1} dx + \int_{-\infty}^{0} \frac{e^x}{e^{2x}+1} dx$$

$$= (I) + (II)$$

$$(I) = \int_0^{\infty} \frac{e^x}{e^{2x}+1} dx = \lim_{b \to \infty} \int_0^b \frac{e^x}{e^{2x}+1} dx$$

$u = e^x$ 라 두면, $du = e^x dx$, $x = 0$ 일 때 $u = 1$, $x = b$ 일 때 $u = e^b$. 따라서

$$\begin{aligned}(I) &= \lim_{b \to \infty} \int_1^{e^b} \frac{1}{u^2+1} du \\ &= \lim_{b \to \infty} [\tan^{-1} u]_1^{e^b} = \lim_{b \to \infty} (\tan^{-1} e^b - \tan^{-1} 1) \\ &= \frac{\pi}{2} - \frac{\pi}{4} = \frac{\pi}{4}\end{aligned}$$

같은 방법으로,

$$(II) = \int_{-\infty}^{0} \frac{e^x}{e^{2x}+1} dx = \lim_{a \to -\infty} \int_a^0 \frac{e^x}{e^{2x}+1} dx$$

$u = e^x$ 라 두면, $du = e^x dx$, $x = 0$ 일 때 $u = 1$, $x = a$ 일 때 $u = e^a$
따라서

$$\begin{aligned}(II) &= \lim_{a \to -\infty} \int_{e^a}^{1} \frac{1}{u^2+1} du \\ &= \lim_{a \to -\infty} [\tan^{-1} u]_{e^a}^{1} = \lim_{a \to -\infty} (\tan^{-1} 1 - \tan^{-1} e^a) \\ &= \frac{\pi}{4} - 0 = \frac{\pi}{4}\end{aligned}$$

따라서

$$\int_{-\infty}^{\infty} \frac{1}{e^x + e^{-x}} dx = (I) + (II) = \frac{\pi}{4} + \frac{\pi}{4} = \frac{\pi}{2}$$

예제 5.4.3

이상적분 $\int_0^{\infty} \cos x \, dx$ 을 계산하라.

풀이 적분의 상한이 ∞ 이므로 이상적분이다. 정의에 의하여

$$\int_0^{\infty} \cos x \, dx = \lim_{b \to \infty} \int_0^b \cos x \, dx$$

$$= \lim_{b\to\infty}[\sin x]_0^b$$

$$= \lim_{b\to\infty}(\sin b - \sin 0) = \lim_{b\to\infty}\sin b$$

이므로 발산한다.

CASE II. $[a,b)$ 혹은 $(a,b]$ 형태의 적분구간

유한구간의 끝점을 제외한 구간에서 정의되는 함수의 적분을 의미한다.

(1) $f(x)$ 가 $a<c<b$ 인 $[a,c]$ 에서 연속이며 $\lim_{x\to b^-} f(x) = \pm\infty$ 일 때

$$\int_a^b f(x)\,dx = \lim_{c\to b^-}\int_a^c f(x)\,dx$$

로 정의한다.

(2) $f(x)$ 가 $a<c<b$ 인 $[c,b]$ 에서 연속이며 $\lim_{x\to a^+} f(x) = \pm\infty$ 일 때

$$\int_a^b f(x)\,dx = \lim_{c\to a^+}\int_c^b f(x)\,dx$$

로 정의한다.

예제 5.4.4

다음 이상적분을 계산하라.

(1) $\displaystyle\int_0^1 \frac{1}{\sqrt{x}}\,dx$ (2) $\displaystyle\int_0^2 \frac{1}{2-x}\,dx$

(3) $\displaystyle\int_0^1 \frac{1}{x^p}\,dx \quad (p>0)$ (4) $\displaystyle\int_0^3 \frac{1}{\sqrt{9-x^2}}\,dx$

(5) $\displaystyle\int_0^1 \frac{x}{\sqrt{1-x^2}}\,dx$

풀이 (1) $f(x) = \dfrac{1}{\sqrt{x}}$ 는 $x=0$ 에서 정의되지 않음으로 불연속점이다. 또

$$\lim_{x\to 0^+}\frac{1}{\sqrt{x}}=\infty$$

이다. 주어진 적분은 정의에 의하여 이상적분이다. 따라서

$$\begin{aligned}\int_0^1 \frac{1}{\sqrt{x}}dx &= \lim_{c\to 0^+}\int_c^1 \frac{1}{\sqrt{x}}dx \\ &= \lim_{c\to 0^+}[2\sqrt{x}\,]_c^1 \\ &= \lim_{c\to 0^+}(2-2\sqrt{c}\,)=2\end{aligned}$$

(2) $f(x)=\dfrac{1}{2-x}$ 는 $x=2$ 에서 불연속이며 $\lim\limits_{c\to 2}\dfrac{1}{2-x}=\infty$ 이다.

$$\begin{aligned}\int_0^2 \frac{1}{2-x}dx &= \lim_{c\to 2^-}\int_0^c \frac{1}{2-x}dx \\ &= \lim_{c\to 2^-}[-\ln(2-x)]_0^c \\ &= \lim_{c\to 2^-}(-(\ln(2-c)-\ln 2))=\infty\end{aligned}$$

(3) $f(x)=\dfrac{1}{x^p}$ 는 $p>0$ 이므로 $x=0$ 에서 불연속이고 $\lim\limits_{x\to 0}\dfrac{1}{x^p}=\infty$ 이다.

$p=1$ 이면

$$\begin{aligned}\int_0^1 \frac{1}{x}dx &= \lim_{c\to 0^+}\int_c^1 \frac{1}{x}dx \\ &= \lim_{c\to 0^+}[\ln x]_c^1=\lim_{c\to 0^+}(-\ln c) \\ &= \infty\end{aligned}$$

$p\neq 1$ 이면

$$\begin{aligned}\int_0^1 \frac{1}{x^p}dx &= \lim_{c\to 0^+}\int_c^1 \frac{1}{x^p}dx \\ &= \lim_{c\to 0^+}\left[\frac{1}{-p+1}x^{-p+1}\right]_c^1 \\ &= \frac{1}{-p+1}\lim_{c\to 0^+}(1-\frac{1}{c^{p-1}}) \\ &= \begin{cases}\dfrac{1}{1-p}, & p<1 \\ \infty, & p>1\end{cases}\end{aligned}$$

(4) $f(x)=\dfrac{1}{\sqrt{9-x^2}}$은 적분의 상한인 $x=3$ 에서 불연속이다. 그리고

$$\lim_{x\to 3}\frac{1}{\sqrt{9-x^2}}=\infty$$

이다.

$$\begin{aligned}\int_0^3\frac{1}{\sqrt{9-x^2}}dx&=\lim_{c\to 3^-}\int_0^c\frac{1}{\sqrt{9-x^2}}dx\\&=\lim_{c\to 3^-}\left[\sin^{-1}(\frac{x}{3})\right]_0^c\\&=\lim_{c\to 3^-}(\sin^{-1}(\frac{c}{3})-\sin^{-1}(0))(\text{여기서 }\sin^{-1}0=0)\\&=\sin^{-1}1=\frac{\pi}{2}\end{aligned}$$

(5) $f(x)=\dfrac{x}{\sqrt{1-x^2}}$은 $x=1$ 에서 불연속이며

$$\lim_{x\to 1^-}\frac{x}{\sqrt{1-x^2}}=\infty$$

이다.

$$\int_0^1\frac{x}{\sqrt{1-x^2}}dx=\lim_{c\to 1^-}\int_0^c\frac{x}{\sqrt{1-x^2}}dx$$

($u=1-x^2$으로 두면 $du=-2x\,dx$이다. 치환적분을 수행하면)

$$\begin{aligned}&=\lim_{c\to 1^-}-\frac{1}{2}\int_0(1-x^2)^{-\frac{1}{2}}(-2x)\,dx\\&=\lim_{c\to 1^-}\ \left[-(1-x^2)^{1/2}\right]_0^c\\&=\lim_{c\to 1^-}\left[-(\sqrt{1-c^2}-1)\right]=1\end{aligned}$$

예제 5.4.5

다음 이상적분을 계산하라.

(1) $\displaystyle\int_0^1\ln x\,dx$ (2) $\displaystyle\int_0^1 x\ln x\,dx$

(3) $\int_0^{\frac{\pi}{2}} \frac{\cos x}{\sqrt{1-\sin x}}dx$

풀이 (1) $f(x)=\ln x$는 $x=0$에서 불연속이며 $\lim_{x\to 0^+}\ln x = -\infty$이다.

$$\begin{aligned}\int_0^1 \ln x\,dx &= \lim_{c\to 0^+}\int_c^1 \ln x\,dx \\ &= \lim_{c\to 0^+}\int_c^1 1\cdot \ln x\,dx \\ &= \lim_{c\to 0^+}\left\{[x\ln x]_c^1 - \int_c^1 x\cdot\frac{1}{x}dx\right\} \\ &= \lim_{c\to 0^+}\{-c\ln c - [x]_c^1\} \\ &= \lim_{c\to 0^+}\{-c\ln c - 1 + c\} = \lim_{c\to 0^+}\{c(1-\ln c)-1\} = -1\end{aligned}$$

여기서, 로피탈 룰을 적용하여

$$\lim_{c\to 0^+} c\ln c = \lim_{c\to 0^+}\frac{\ln c}{\frac{1}{c}} = \lim_{c\to 0^+}\frac{1/c}{-1/c^2} = \lim_{c\to 0^+}(-c) = 0$$

이다.

(2) $f(x)=x\ln x$는 $x=0$에서 불연속이다. 한편

$$\begin{aligned}\int x\ln x\,dx &= \int \left(\frac{x^2}{2}\right)'\ln x\,dx \\ &= \frac{x^2}{2}\ln x - \frac{1}{2}\int x^2\cdot\frac{1}{x}dx \\ &= \frac{x^2}{2}\ln x - \frac{x^2}{4} + C\end{aligned}$$

이를 이용하면,

$$\begin{aligned}\int_0^1 x\ln x\,dx &= \lim_{c\to 0^+}\int_c^1 x\ln x\,dx \\ &= \lim_{c\to 0^+}\left[\frac{x^2}{2}\ln x - \frac{x^2}{4}\right]_c^1 \\ &= \lim_{c\to 0^+}\left(-\frac{1}{4} - \frac{1}{2}c^2\ln c + \frac{1}{4}c^2\right)\end{aligned}$$

여기서, 로피탈 룰을 사용하여

$$\lim_{c\to 0^+} c^2 \ln c = \lim_{c\to 0^+} \frac{\ln c}{1/c^2} = \lim_{c\to 0^+} \frac{1/c}{-1/c^3}$$

$$= \lim_{c\to 0^+} (-\frac{c^2}{2}) = 0$$

이다. 따라서

$$\int_0^1 x \ln x = -\frac{1}{4}$$

(3) $f(x) = \dfrac{\cos x}{\sqrt{1-\sin x}}$는 $x = \dfrac{\pi}{2}$ 에서 불연속이다. 그리고 $\lim_{x\to \frac{\pi}{2}} \dfrac{\cos x}{\sqrt{1-\sin x}} = \infty$

이다.

$$\int_0^{\frac{\pi}{2}} \frac{\cos x}{\sqrt{1-\sin x}} dx = \lim_{c\to \frac{\pi}{2}^-} \int_0^c \frac{\cos x}{\sqrt{1-\sin x}} dx$$

$$= \lim_{c\to \frac{\pi}{2}^-} -\int_0^c \frac{(-\cos x)}{\sqrt{1+\sin x}} dx$$

여기서 $u = \sin x$, $du = -\cos x\, dx$ 로 치환적분을 한다.

$$= \lim_{c\to \frac{\pi}{2}^-} \left[-2(1-\sin x)^{1/2}\right]_0^{\frac{\pi}{2}}$$

$$= \lim_{c\to \frac{\pi}{2}^-} (-2[(1-\sin c)^{\frac{1}{2}} - 1]) = 2$$

CASE III. (a, b) 혹은 $[a, c) \cup (c, b]$ 형태의 적분구간

(1) $\lim_{x\to a^-} f(x) = \pm\infty$이고 $\lim_{x\to b^-} f(x) = \pm\infty$일 때

$$\int_a^b f(x) = \lim_{c\to a^+,\, d\to b^-} \int_c^d f(x)\, dx$$

로 정의한다.

(2) $a < c < b$를 만족하는 c 에서 함수가 유계가 아닐 때

$$\int_a^b f(x)\,dx = \lim_{h \to c^-}\int_a^h f(x)\,dx + \lim_{d \to c^+}\int_d^b f(x)\,dx$$

로 정의한다.

참고 정적분으로 주어진 $\int_a^b f(x)\,dx$ 에서 언제나 폐구간 $[a, b]$ 에서 피적분 함수 $f(x)$ 가 연속인지를 확인하여야 한다. 예를 들어, 통상적으로

$$\int_0^3 \frac{1}{x-2}dx = [\ln|x-2|]_0^3 = \ln|1| - \ln|2| = \ln 2$$

로 계산하면 맞지 않음에 유의해야겠다.

예제 5.4.6

다음 이상적분을 계산하라.

(1) $\int_{-2}^2 \frac{1}{x^2}dx$ (2) $\int_0^4 \frac{1}{\sqrt[3]{x-1}}dx$

풀이 (1) 피적분함수는 적분 구간인 $[-2, 2]$ 의 안에 있는 $x=0$ 에서 유계가 아니므로(즉, $\lim_{x \to 0^\pm}\frac{1}{x^2} = \infty$) 이상적분이다.

$$\begin{aligned}\int_{-2}^2 \frac{1}{x^2}dx &= \int_{-2}^0 \frac{1}{x^2}dx + \int_0^2 \frac{1}{x^2}dx \\ &= \lim_{a \to 0^-}\int_{-2}^a \frac{1}{x^2}dx + \lim_{b \to 0^+}\int_b^2 \frac{1}{x^2}dx \\ &= \lim_{a \to 0^-}\left[-\frac{1}{x}\right]_{-2}^a + \lim_{b \to 0^+}\left[-\frac{1}{x}\right]_b^2 \\ &= \lim_{a \to 0^-}\left(-\frac{1}{a} - \frac{1}{2}\right) + \lim_{b \to 0^+}\left(-\frac{1}{2} + \frac{1}{b}\right) = \infty\end{aligned}$$

(2) 피적분함수는 적분구간인 $[0, 4]$ 의 안에 있는 점 $x=1$ 에서 유계가 아니다. 즉 $\lim_{x \to 1^\pm}\frac{1}{\sqrt[3]{x-1}} = \pm\infty$ 이다. 따라서 이상적분이다.

$$\int_0^4 \frac{1}{\sqrt[3]{x-1}}dx = \int_0^1 \frac{1}{\sqrt[3]{x-1}}dx + \int_1^4 \frac{1}{\sqrt[3]{x-1}}dx$$

$$= \lim_{a \to 1^-} \int_0^a \frac{1}{\sqrt[3]{x-1}} dx + \lim_{b \to 1^+} \int_b^4 \frac{1}{\sqrt[3]{x-1}} dx$$

$$= \lim_{a \to 1^-} \left[\frac{3}{2}(x-1)^{\frac{2}{3}} \right]_0^a + \lim_{b \to 1^+} \left[\frac{3}{2}(x-1)^{\frac{2}{3}} \right]_b^4$$

$$= \lim_{a \to 1^-} \left[\frac{3}{2}(a-1)^{\frac{2}{3}} - \frac{3}{2}(-1)^{\frac{2}{3}} \right] + \lim_{b \to 1^+} \left[\frac{3}{2}(3)^{\frac{2}{3}} - \frac{3}{2}(b-1)^{\frac{2}{3}} \right]$$

$$= -\frac{3}{2}(-1)^{\frac{2}{3}} + \frac{3}{2}(3)^{\frac{2}{3}} = -\frac{3}{2} + \frac{3}{2}\sqrt[3]{9} = \frac{3}{2}(\sqrt[3]{9} - 1)$$

5.4 연습문제

1. 다음 이상적분을 계산하라.

(1) $\int_{1}^{\infty} \frac{1}{x^2} dx$ (2) $\int_{-\infty}^{0} \frac{1}{(4-x)^2} dx$

(3) $\int_{0}^{\infty} e^{-x} dx$ (4) $\int_{-\infty}^{6} \frac{1}{(4-x)^2} dx$

(5) $\int_{2}^{\infty} \frac{1}{x(\ln x)^2} dx$ (6) $\int_{1}^{\infty} \frac{e^{-\sqrt{x}}}{\sqrt{x}} dx$

(7) $\int_{-\infty}^{\infty} xe^{-x^2} dx$ (8) $\int_{-\infty}^{\infty} \frac{1}{1+4x^2} dx$

(9) $\int_{-\infty}^{0} x e^{x} dx$ (10) $\int_{0}^{\infty} x^3 e^{-x} dx$

2. 다음 이상적분을 계산하라.

(1) $\int_{0}^{1} \frac{1}{\sqrt{x}} dx$ (2) $\int_{0}^{4} \frac{1}{4-x} dx$

(3) $\int_{0}^{4} \frac{1}{\sqrt{4-x}} dx$ (4) $\int_{0}^{4} \frac{1}{(4-x)^{3/2}} dx$

(5) $\int_{-2}^{2} \frac{1}{\sqrt{4-x^2}} dx$ (6) $\int_{-1}^{8} \frac{1}{x^3} dx$

(7) $\int_{0}^{4} \frac{1}{(x-2)^{2/3}} dx$ (8) $\int_{-1}^{1} \frac{1}{x^4} dx$

(9) $\int_{0}^{1} \ln x \, dx$ (10) $\int_{0}^{1} x \ln x \, dx$

해답

1. (1) 1 (2) $\frac{1}{4}$ (3) 1 (4) ∞ (5) $\frac{1}{\ln 2}$
(6) $\frac{2}{e}$ (7) 0 (8) $\frac{\pi}{2}$ (9) -1 (10) 6

2. (1) 2 (2) ∞ (3) 4 (4) ∞ (5) π
(6) $\frac{9}{2}$ (7) $6\sqrt[3]{2}$ (8) ∞ (9) -1 (10) $-\frac{1}{2}$

CHAPTER

6 정적분의 응용

6.1 평면도형의 넓이

우리는 이미 구분구적분을 활용한 정적분의 정의를 하면서 함수 $f(x)$ 가 폐구간 $[a,b]$ 에서 $f(x) \geq 0$ 을 만족할 때 $x=a$ 와 $x=b$ 그리고 곡선$f(x)$ 과 x 축으로 둘러싸인 도형의 면적은

$$\int_{a}^{b} f(x)\,dx$$

로 주어짐을 알았다.

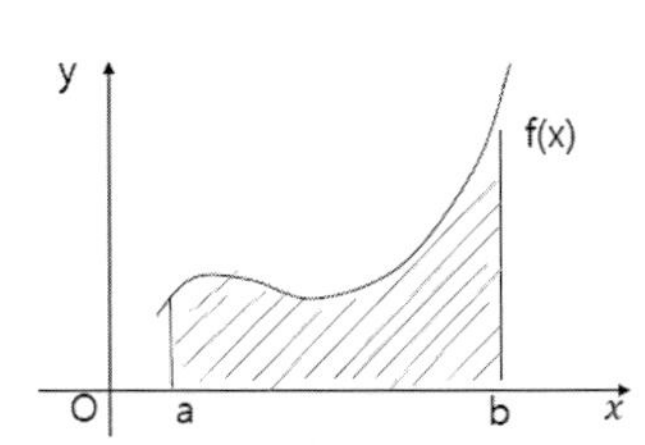

또 $f(x) \leq 0$ 이면 $x=a$, $x=b$, 곡선 $f(x)$ 와 x 축으로 둘러싸인 도형의 면적은 $-f(x) \geq 0$ 이므로 이 면적은 $x=a$, $x=b$, 곡선 $-f(x)$ 와 x 축으로 싸인 부분의 면

적과 일치한다.

따라서 이 면적은

$$\int_a^b (-f(x))dx$$

이다. 일반적으로 폐구간 $[a,b]$ 에서 연속인 함수 $f(x)$ 와 $x=a$, $x=b$, 그리고 x 축으로 싸인 부분의 면적은

$$\int_a^b |f(x)|dx$$

로 주어진다.

예제 6.1.1

주어진 함수와 x 축으로 둘러싸인 부분의 면적을 구하라.

(1) $f(x)=x^3$, $[-1,1]$

(2) $f(x)=\sin x$, $[-\frac{\pi}{4},\pi]$

(3) $f(x)=x(x-1)(x+2)$

풀이 (1) 주어진 적분구간에서 $x \geq 0$ 이면 $f(x)=x^3 \geq 0$이고, $x \leq 0$ 에서는 $f(x)=x^3 \leq 0$ 이다. 따라서 구하는 넓이는

$$\int_{-1}^1 |f(x)|dx = -\int_{-1}^0 x^3 dx + \int_0^1 x^3 dx$$
$$= -\left[\frac{1}{4}x^4\right]_{-1}^0 + \left[\frac{1}{4}x^4\right]_0^1 = \frac{1}{4}+\frac{1}{4}=\frac{1}{2}$$

(2) 피적분함수 $f(x)=\sin x$는 $[-\frac{\pi}{4},0]$에서는 $f(x)=\sin x \leq 0$이며, $[0,\pi]$ 에서는 $f(x)=\sin x \geq 0$이다. 따라서 구하는 넓이는

$$\int_{\frac{\pi}{4}}^{\pi} |\sin x|\,dx = -\int_{\frac{\pi}{4}}^0 \sin x dx + \int_0^{\pi} \sin x\,dx$$
$$= [\cos x]_{\frac{\pi}{4}}^0 + [-\cos x]_0^{\pi}$$

$$= 1 - \frac{\sqrt{2}}{2} + [-(-1)-(-1)] = 3 - \frac{\sqrt{2}}{2}$$

(3) 피적분함수 $f(x) = x(x-1)(x-2) = 0$으로부터 $x = 0, 1, 2$를 얻는다. $[-2, 0]$에서 $f(x) \geq 0$ 이고 $[0, 1]$ 에서 $f(x) \leq 0$ 이므로 구하는 넓이는

$$\int_{-2}^{1} |x(x-1)(x-2)|\, dx = \int_{-2}^{0} x(x-1)(x-2)dx - \int_{0}^{1} x(x-1)(x-2)dx$$

$$= \int_{-2}^{0} (x^3 + x^2 - 2x)\, dx - \int_{0}^{1} (x^3 + x^2 - 2x)\, dx$$

$$= \left[\frac{1}{4}x^4 + \frac{1}{3}x^3 - x^2\right]_{-2}^{0} - \left[\frac{1}{4}x^4 + \frac{1}{3}x^3 - x^2\right]_{0}^{1}$$

$$= -\frac{1}{4}(-2)^4 + \frac{1}{3}(-2)^3 - (-2)^2 - (\frac{1}{4} + \frac{1}{3} - 1)$$

$$= \frac{37}{12}$$

두 곡선 사이의 면적

폐구간 $[a, b]$ 에서 정의된 연속인 두 함수 $f(x)$ 와 $g(x)$ 가 $f(x) \geq g(x)$를 만족할 때 두 곡선 $f(x)$ 와 $g(x)$, 그리고 $x = a$, $x = b$로 둘러싸인 부분의 넓이는 곡선 $f(x)$ 와 $x = a$, $x = b$ 로 둘러싸인 부분의 넓이에서 곡선 $g(x)$ 와 $x = a$, $x = b$ 로 둘러 싸인 부분의 넓이를 빼므로 가능하다.

즉

$$A = \int_{a}^{b} f(x)\, dx - \int_{a}^{b} g(x)\, dx$$

로 얻어진다.

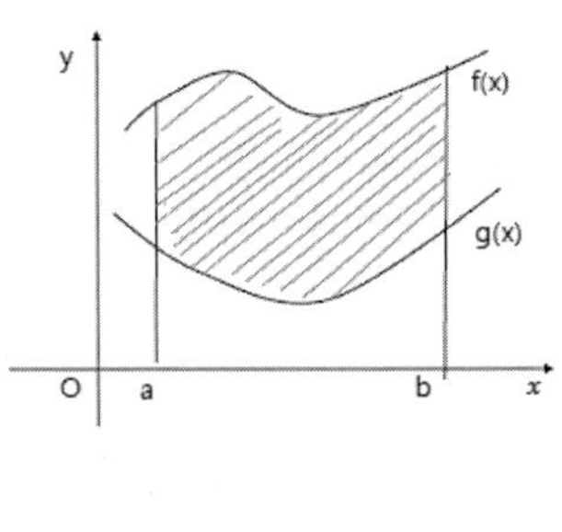

참고 두 함수 중 하나 혹은 둘 다가 $[a, b]$에서 음수값을 갖는 부분이 있다 하더라도 문제가 되지 않는다. 왜냐하면 두 함수를 y 축으로 동일하게 평행이동하면 된다.

예제 6.1.2

두 곡선 $y=x^2$와 $y=\sqrt{x}$로 둘러싸인 부분의 넓이를 구하라.

풀이 구하는 넓이의 적분 구간을 구해야 한다. 이를 위하여 $x^2=\sqrt{x}$를 풀면

$$x^4-x=x(x-1)(x^2+x+1)=0\text{에서 } x=0,1$$

이다. 구하는 도형은 x가 0과 1 사이에서 나타나고 $y=\sqrt{x}$가 $y=x^2$보다 위에 있으므로 구하는 넓이는 다음과 같다.

$$A=\int_0^1[\sqrt{x}-x^2]\,dx=\left[\frac{2}{3}x^{\frac{3}{2}}-\frac{1}{3}x^3\right]_0^1$$

$$=\frac{2}{3}-\frac{1}{3}-0=\frac{1}{3}$$

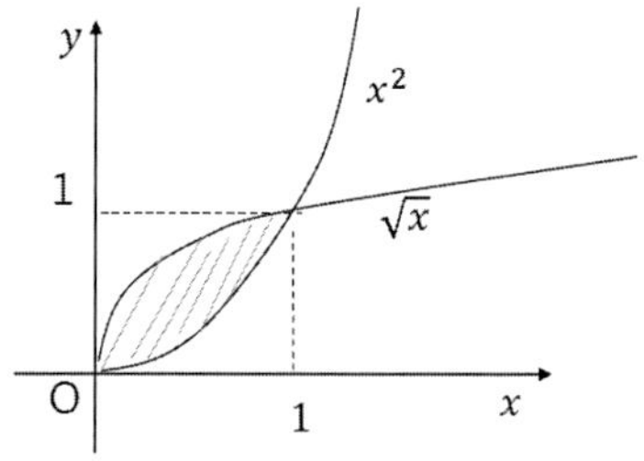

예제 6.1.3

두 곡선 $y=2\sqrt{x}$, $y=x-3$과 x-축으로 둘러싸인 부분의 넓이를 구하라.

풀이 먼저 주어진 두 곡선으로 이루어진 구하는 도형은 다음과 같다.

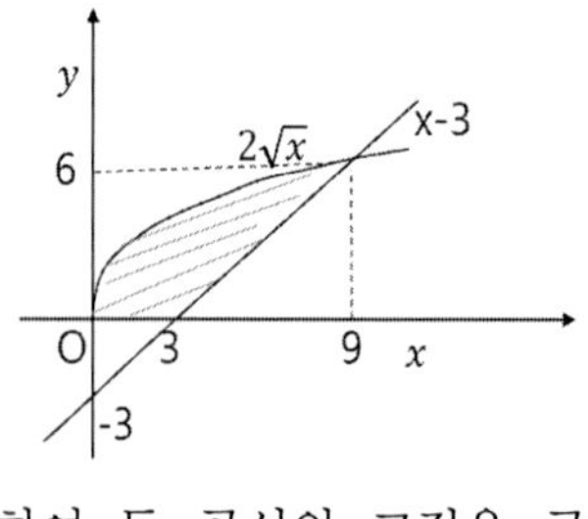

적분의 구간을 얻기 위하여 두 곡선의 교점을 구하면 $2\sqrt{x}=x-3$으로 부터

$x^2-10x+9=0$이다. $(x-9)(x-1)=0$에서 $x=9$ 이다. ($x=1$ 은 무연근이다) 따라서 구하는 영역은 x 가 [0.3] 을 움직이는 부분과 [3,9] 을 움직이는 두 부분으로 나누어진다. 구하는 넓이는 다음과 같다.

$$A=\int_0^3(2\sqrt{x}-0)dx+\int_3^9(2\sqrt{x}-(x-3))dx$$
$$=\left[\frac{4}{3}x^{3/2}\right]_0^3+\left[\frac{4}{3}x^{3/2}-\frac{1}{2}x^2+3x\right]_3^9$$
$$=\left[\frac{4}{3}3^{3/2}-0\right]+\left[\frac{4}{3}9^{3/2}-\frac{1}{2}9^2+3\cdot 9\right]-\left[\frac{4}{3}3^{3/2}-\frac{9}{2}+3\cdot 3\right]$$
$$=\frac{4}{3}\cdot 3\sqrt{3}+\frac{4}{3}\cdot 27-\frac{81}{2}+27-\frac{4}{3}\cdot 3\sqrt{3}+\frac{9}{2}-9$$
$$=18$$

■

예제 6.1.4

두 곡선 $y=6x-x^2$과 $y=x^2-2x$로 둘러싸인 부분의 면적을 구하라.

풀이 두 곡선을 연립하여 푼다. $6x-x^2=x^2-2x$에서 $2x(x-4)=0$이다. 풀면 $x=0$ 과 $x=4$ 이다. 즉 두 곡선은 $(0,0)$ 과 $(4,8)$ 에서 공통교점을 갖는다. 따라서 구하는 부분의 넓이는

$$A=\int_0^4\left[(6x-x^2)-(x^2-2x)\right]dx$$
$$=\int_0^4\left[8x-2x^2\right]dx$$
$$=\left[4x^2-\frac{2}{3}x^3\right]_0^4=(64-\frac{128}{3})-0=\frac{64}{3}$$

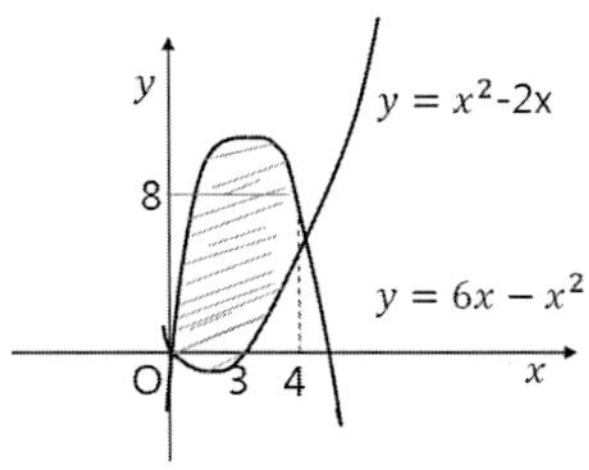

■

예제 6.1.5

두 곡선 $y = \sin x$ 와 $y = \cos x$ 가 $x = 0$ 과 $x = \pi$ 로 둘러싸인 부분의 넓이를 구하라.

풀이 적분구간 0 과 π 사이에서 두 곡선의 교점을 구하면 $\sin x = \cos x$ 에서 $x = \frac{\pi}{4}$ 를 얻는다. 그리고 $[0, \frac{\pi}{4}]$ 에서 $\cos x \geq \sin x$ 이고 $[\frac{\pi}{4}, \pi]$ 에서 $\cos x \leq \sin x$ 임을 안다. 따라서, 구하는 넓이는

$$A = \int_0^{\frac{\pi}{4}} (\cos x - \sin x)dx + \int_{\frac{\pi}{4}}^{\pi} (\sin x - \cos x)dx$$

$$= [\sin x - (-\cos x)]_0^{\pi/4} + [(-\cos x) - \sin x]_{\pi/4}^{\pi}$$

$$= (\sqrt{2} - 1) + (\sqrt{2} + 1) = 2\sqrt{2}$$

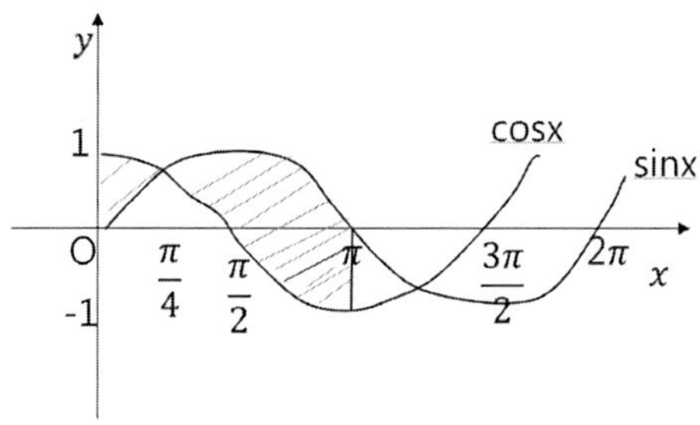

예제 6.1.6

두 곡선 $y = 1$ 과 $y = \ln x$, 그리고 x 축과 y 축으로 둘러싸인 부분의 면적을 구하라.

풀이 두 곡선의 교점의 좌표는 $\ln x = 1 = \ln e$ 로 부터 $x = e$ 이다. 따라서 구하는 부분의 넓이는

$$A = \int_0^1 [1 - 0]dx + \int_1^e [1 - \ln x]dx$$

$$= [x]_0^1 + [x - (x \ln x - x)]_1^e$$

$$= 1 + [(2e - e\ln e) - (2 - \ln 1)] = 1 + [e - 2] = e - 1$$

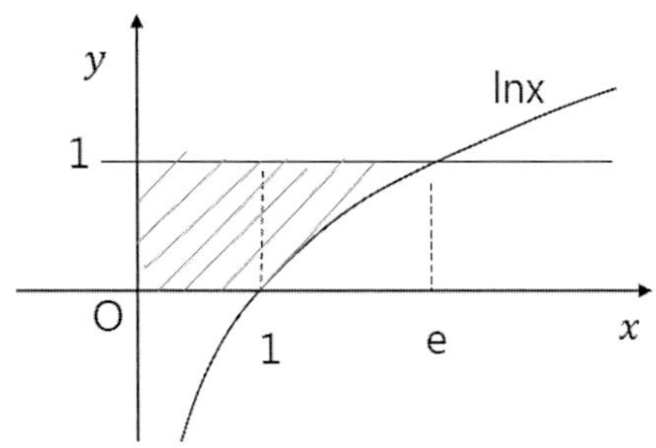

$y-$ 축으로의 적분

적분하는 영역의 모양에 따라 곡선 $y=f(x)$를 $x=f^{-1}(y)$로 바꾸어 적분하면 곡선으로 둘러 사인 부분의 넓이를 보다 쉽게 구할 수 있는 경우가 있다.

도형의 경계가 $x=g(y)$이며 y 는 $[c,d]$ 안에서 움직이고 $g(y)\geq 0$ 이면 y 축과 곡선 $x=g(y)$, $y=c$, $y=d$ 로 둘러싸인 부분의 넓이는

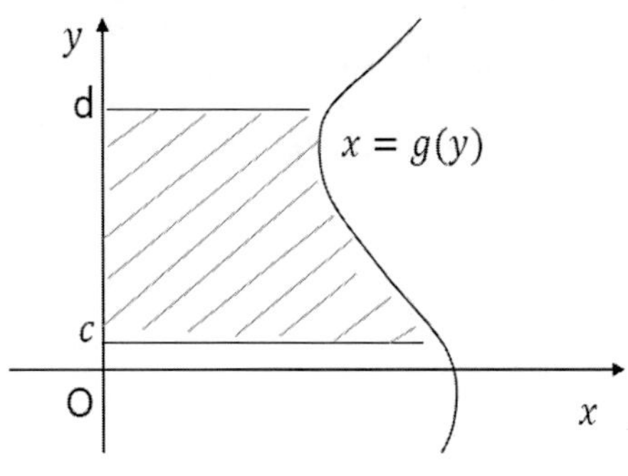

$$A=\int_c^d g(y)\,dy$$

로 구할 수 있다.

또 폐구간 $[c,d]$ 에서 $f(y)\geq g(y)$이면 두 곡선과 y 축 $y=c$, $y=d$ 로 둘러싸인 부분의 넓이는

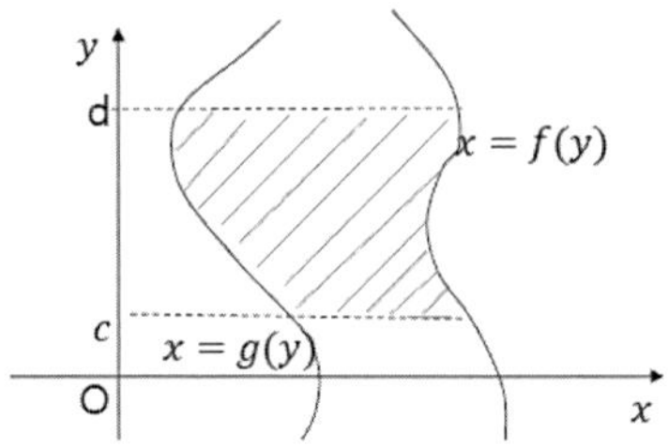

$$A = \int_c^d [f(y) - g(y)]\,dy$$

로 구할 수 있다.

예제 6.1.7

두 곡선 $x=8+2y-y^2$과 y 축 그리고 $y=-2$과 $y=3$ 으로 둘러싸인 부분의 넓이를 구하라.

풀이 주어진 곡선은 $x=-(y^2-2x+1)+9=-(y-1)^2+9=(4-y)(2+y)$ 이므로 y 축 절편은 $y=-2$ 와 $y=4$ 이며 $y=1$ 을 대칭축으로 갖고 꼭지점을 $(9,1)$ 로 갖는 포물선이다. 따라서 구하는 넓이는

$$\begin{aligned} A &= \int_{-2}^{3} (8+2y-y^2)dy \\ &= \left[8y + y^2 - \frac{1}{3}y^3\right]_{-2}^{3} \\ &= (8 \cdot 3 + 3^2 - \frac{1}{3}3^3) - (8 \cdot (-2) + (-2)^2 - \frac{1}{3}(-2)^3) \\ &= (24+9-9) - (-16+4+\frac{8}{3}) = \frac{100}{3} \end{aligned}$$

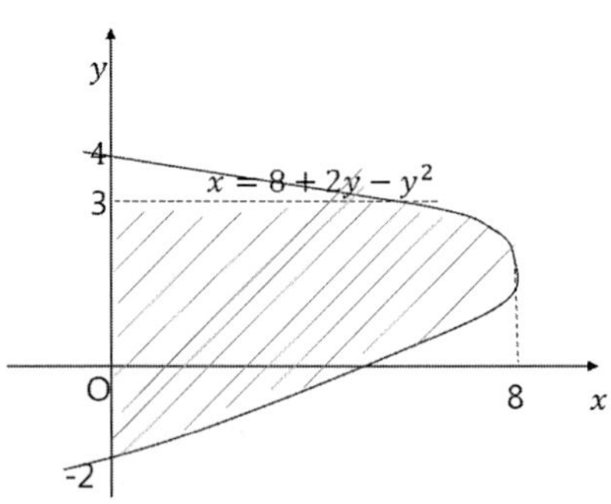

예제 6.1.8

두 곡선 $y^2 = 4x$ 와 $y = 2x - 4$ 로 둘러싸인 부분의 넓이를 구하라.

풀이 두 곡선을 연립하여 풀면

$$(2x-4)^2 = 4x \Rightarrow 4x^2 - 16x + 16 = 4x$$

$$\Rightarrow x^2 - 5x + 4 = (x-1)(x-4) = 0$$

따라서 두 곡선은 $(1, -2)$ 와 $(4, 4)$ 에서 교점을 갖는다. 그리고 어느 곡선도 전 구간에서 다른 곡선의 위에 있지 않다.

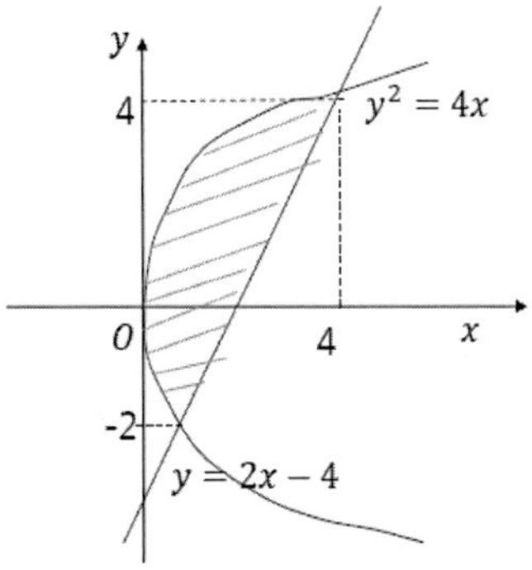

따라서 독립변수를 y 로 보고 다시 정돈하면 $x = \dfrac{1}{4}y^2$ 과 $x = \dfrac{1}{2}(y+4)$를 얻는다. 그리고 직선이 구하는 도형의 오른 쪽에 항상 있으므로 구하는 면적은 y 축을 따라 적분함으로 얻어진다. 즉

$$A = \int_{-2}^{4} \left(\frac{1}{2}(y+4) - \frac{1}{4}y^2\right) dy$$

$$= \frac{1}{4}\int_{-2}^{4} (2y + 8 - y^2)dy$$

$$= \frac{1}{4}\left[y^2 + 8y - \frac{1}{3}y^3\right]_{-2}^{4}$$

$$= \frac{1}{4}\left(\left(16 + 32 - \frac{64}{3}\right) - \left(4 - 16 + \frac{8}{3}\right)\right) = 9$$

예제 6.1.9

$x+y^2=4$와 $x+y=2$로 둘러싸인 부분의 면적을 구하라.

풀이 두 곡선의 교점의 좌표를 구하면

$-y^2+4=-y+2,\ y^2-y-2=(y+1)(y-1)=0$에서 $y=-1, 2$ 이다. 따라서 두 곡선은 교점 $(3,-1), (0,2)$ 를 갖는다.

y를 독립변수로 보고 정돈하면 $x=-y^2+4,\ x=-y+2$를 얻는다. 그리고 곡선 $x=-y^2+4$가 구하는 도형의 오른쪽에 있으므로 구하는 면적은 다음과 같다.

$$\begin{aligned} A &= \int_{-1}^{2}[(-y^2+4)-(-y+2)]dy \\ &= \int_{-1}^{2}[-y^2+y+2]dy \\ &= \left[-\frac{1}{3}y^3+\frac{1}{2}y^2+2y\right]_{-1}^{2} \\ &= (-\frac{2^3}{3}+\frac{2^2}{2}+2\cdot 2)-(-\frac{(-1)^3}{3}+\frac{(-1)^2}{2}+2(-1)) \\ &= (-\frac{8}{3}+6)-(\frac{1}{3}-\frac{3}{2})=\frac{9}{2} \end{aligned}$$

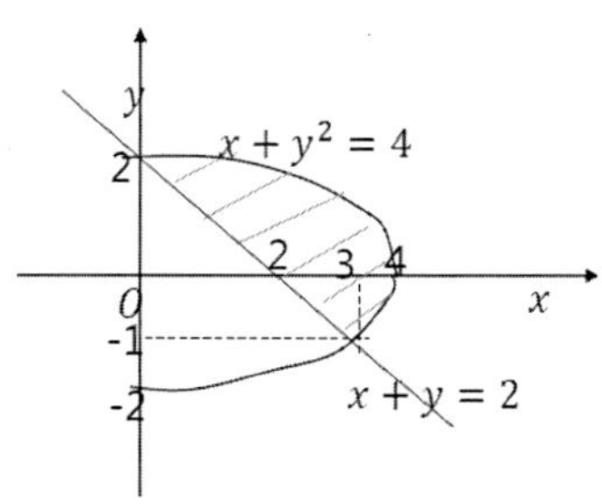

6.1 연습문제

1. 주어진 곡선으로 둘러싸인 부분의 넓이를 구하라.

(1) $y=4x^2$, x 축

(2) $y=x^2-7x+6$, $x=2, x=6, x$ 축

(3) $y=x^2$, $y=0$, $x=2$ $x=5$

(4) $y=x^3$, $y=0$, $x=1$ $x=3$

(5) $y=4x-x^2$, $y=0$, $x=1$, $x=3$

(6) $x=1+y^2$, $x=10$

(7) $x=y^2+4y$, $x=0$

(8) $y=9-x^2$, $y=x+3$

(9) $y=2-x^2$, $y=-x$

(10) $y=x^2-4$, $y=8-2x^2$

(11) $y=x^4-4x^2$, $y=4x^2$

(12) $y=e^x$, $y=e^{-x}$, $x=0$, $x=2$

(13) $xy=12$, $y=0$, $x=1$, $x=e^2$

(14) $y=\dfrac{1}{1+x^2}$, $y=0$, $x=-1$, $x=1$

(15) $y=\tan x$, $x=0$, $x=\dfrac{\pi}{4}$

(16) $y=25-x^2$, $256x=3y^2$, $16y=9x^2$

해답

1. (1) $\dfrac{32}{3}$ (2) $\dfrac{56}{3}$ (3) 39 (4) 20 (5) $\dfrac{22}{3}$ (6) 36 (7) 8 (8) $\dfrac{32}{3}$

(9) $\dfrac{9}{2}$ (10) 32 (11) $\dfrac{512}{15}\sqrt{2}$ (12) $\dfrac{e^2+1}{e^2-2}$ (13) 24 (14) $\dfrac{\pi}{2}$

(15) $\dfrac{1}{2}\ln 2$ (16) $\dfrac{98}{3}$

6.2 정적분과 부피

일반적으로 물체의 부피를 구하는 일들이 실 생활에서 많이 있다. 그러나 주어진 입체가 직사각기둥이나 원기둥과 같은 경우는 익히 구하는 공식이

$$(\text{밑넓이}) \times (\text{높이})$$

로 잘 알려져 있다. 그러나 어떤 곡선의 회전체로 얻어지는 도자기 모양이나 꽃병모양의 부피는 정적분을 활용하여 구할 수 있다.

폐구간 $[a,b]$ 에서 연속인 $f(x) \geq 0$ 인 함수 $f(x)$ 에 대하여 이 곡선을 x 축을 축으로 하여 회전하였을 때 생기는 회전체의 부피를 정적분을 정의하였던 구분구적분을 활용하여 구해보자.

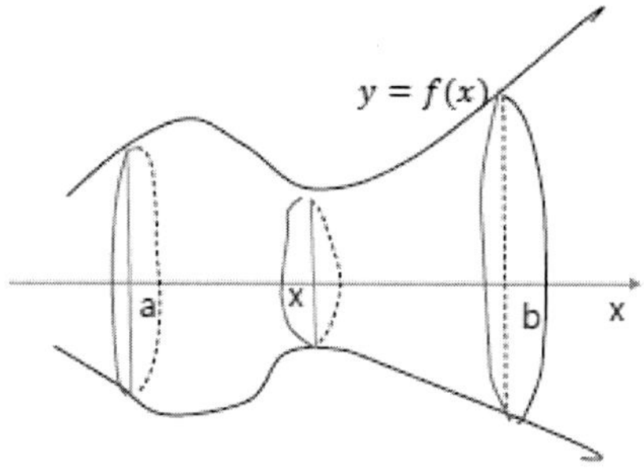

폐구간 $[a, b]$ 를 n 개의 작은 소구간으로 나눈다.

$$a = x_0 < x_1 < x_2 < \cdots < x_n = b$$

소 구간의 길이를

$$\Delta x_i = x_i - x_{i-1}$$

로 두자. 그리고 각 소구간의 분할점 x_i 에서의 x 축과 수직인 단면의 면적을 $S(x_i)$ 라 하면 이를 밑넓이로 하고 높이를 Δx_i 로 하는 원기둥의 부피는

$$\Delta V_i = S(x_i)\Delta x_i$$

이다. 한편 $S(x_i) = \pi(f(x_i))^2$이므로

$$\Delta V_i = \pi(f(x_i))^2 \Delta x_i$$

이다. 여기서 n 개의 작은 원기둥의 부피를 모두 합하면

$$\sum_{i=1}^{n} \Delta V_i = \sum_{i=1}^{n} S(x_i) \Delta x_i = \sum_{i=1}^{n} \pi(f(x_i))^2 \Delta x_i$$

이다. 따라서 x 가 a 와 b 사이를 움직일 때 함수 $f(x)$ 가 그리는 곡선을 x 축을 축으로 하여 회전하여 얻어지는 회전체의 부피는 정적분의 정의에 의하여

$$V = \lim_{n\to\infty} \sum_{i=1}^{n} \Delta V_i = \lim_{n\to\infty} \sum_{i=1}^{n} S(x_i) \Delta x_i = \lim_{n\to\infty} \sum_{i=1}^{n} \pi(f(x_i))^2 \Delta x_i$$

$$= \int_a^b \pi(f(x))^2\, dx$$

가 된다.

참고 $f(x)$ 가 $[a,b]$ 에서 $f(x) < 0$ 이면 x 축을 축으로 회전하는 경우는 단면의 면적이 $\pi(f(x))^2$ 이므로 $f(x) > 0$ 인 경우와 동일함을 알 수 있다.

보다 일반적으로 구간 $[a,b]$ 에서 임의의 점 x 에서 x 축에 수직인 단면의 면적이 $S(x)$ 로 나타나는 입체가 있다면 구간 $[a,b]$ 에 놓여있는 입체의 부피는 다음과 같은 적분으로 주어진다.

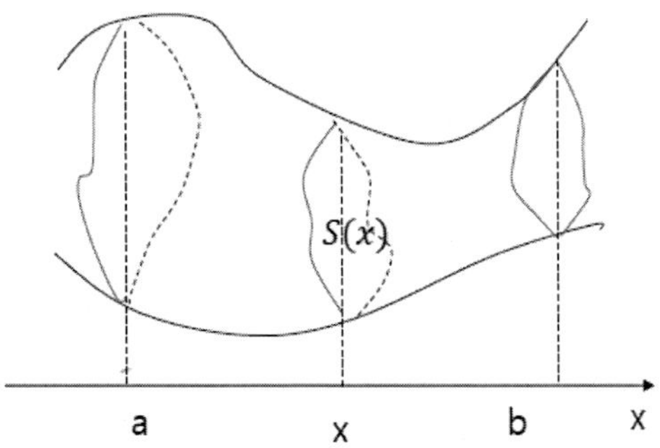

$$\int_a^b S(x)\, dx$$

위에서 회전체의 부피를 구한 방법을 원판공식(disk formula)라 부른다.

예제 6.2.1

x 축을 축으로 회전하였을 때 생기는 회전체의 부피를 구하라.

(1) $f(x) = 4$, $[0, 5]$　　(2) $f(x) = 2x$, $[0, 4]$

(3) $f(x) = \sqrt{9-x^2}$, $[-3, 3]$

풀이 모두 $\int_a^b \pi (f(x))^2 dx = \pi \int_a^b y^2 dx$를 이용하는 문제이다.

(1) $V = \int_0^5 \pi y^2 dx = \pi \int_0^5 16 dx$

$= \pi [16x]_0^5 = \pi (80 - 0) = 80\pi$

(2) $V = \int_0^4 \pi y^2 dx = \pi \int_0^4 4x^2 dx$

$= \pi \left[\frac{4}{3} x^3 \right]_0^4 = \pi (\frac{4}{3} \cdot 64 - 0) = \frac{256}{3} \pi$

(3) $V = \int_{-3}^3 \pi y^2 dx = \pi \int_{-3}^3 (9 - x^2) dx = \pi \int_{-3}^3 9 dx - \pi \int_{-3}^3 x^2 dx$

$= \pi [9x]_{-3}^3 + \pi \left[\frac{x^3}{3} \right]_{-3}^3$

$= \pi (9 \cdot 3 - 9(-3) - \pi (\frac{3^3}{3} - \frac{(-3)^3}{3}) = 36\pi$

예제 6.2.2

포물선 $y^2 = 6x$ 와 x 축, $x = 4$ 로 둘러싸인 부분을 $x-$ 축을 회전축으로 회전했을 때의 부피를 구하라.

풀이 부피 공식에서 $f(x) = \sqrt{6x}$ 이고 적분 구간은 $x = 0$ 에서 $x = 4$ 까지 이므로 구하는 회전체의 부피는

$$V = \int_0^4 \pi y^2 dx = \int_0^4 \pi 6x dx$$

$$= \pi \left[3x^2 \right]_0^4 = 48\pi$$

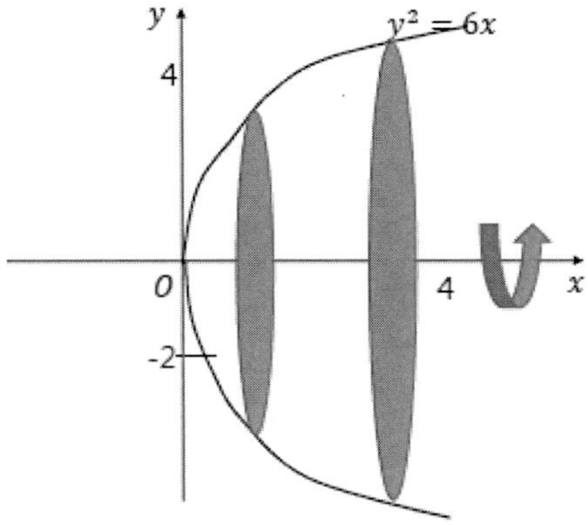

예제 6.2.3

포물선 $y = 2x^2$ 이고 y 축 그리고 $y = 9$ 로 둘러 싸인 부분을 y 축을 회전축으로 회전했을 때의 부피를 구하라

풀이 적분을 y 에 대하여 하며 적분구간은 $y = 0$ 부터 $y = 9$ 까지 이다. 따라서 구하는 입체의 부피는

$$V = \int_0^9 \pi x^2 \, dy = \pi \int_0^9 \frac{y}{2} dy = \pi \left[\frac{y^2}{4} \right]_0^9$$

$$= \pi \left(\frac{81}{4} - 0 \right) = \frac{81}{4} \pi$$

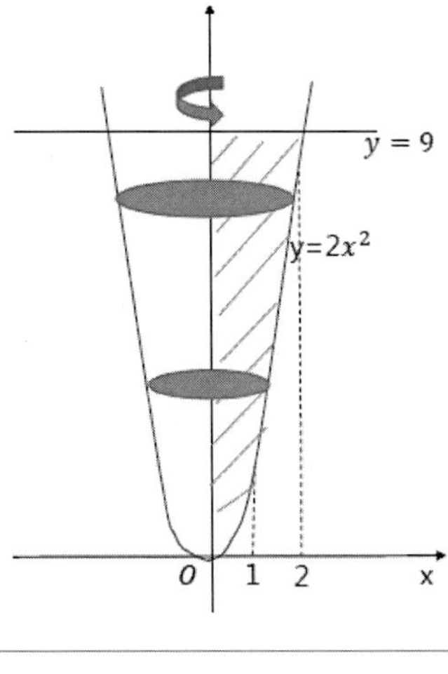

예제 6.2.4

타원 $\dfrac{x^2}{a^2}+\dfrac{y^2}{b^2}=1$을 x 축을 축으로 회전할 때 생기는 회전체의 부피를 구하라. (단 $a>0,\ \ b>0$)

풀이 일반성을 잃지 않고 $a>b$ 라 하자(이때 x 축은 타원의 장축이라 하고 y 축은 단축이라 부른다. $a=b$ 이면 원이다). 구하는 회전체는 $y=b\sqrt{1-\dfrac{x^2}{a^2}}$ 을 x 축을 축으로 회전하여 생긴 입체의 부피이다. 또 $x\in[-a,a]$일 때 x 축에 수직인 단면의 넓이는 $\pi b^2\left(1-\dfrac{x^2}{a^2}\right)$이므로 구하는 부피는

$$
\begin{aligned}
V&=\int_{-a}^{a}\pi b^2\left(1-\frac{x^2}{a^2}\right)dx\\
&=2\pi b^2\int_{-a}^{a}\left(1-\frac{x^2}{a^2}\right)dx\\
&=2\pi b^2\left[x-\frac{1}{3a^2}x^3\right]_0^a\\
&=\frac{4}{3}\pi ab^2
\end{aligned}
$$

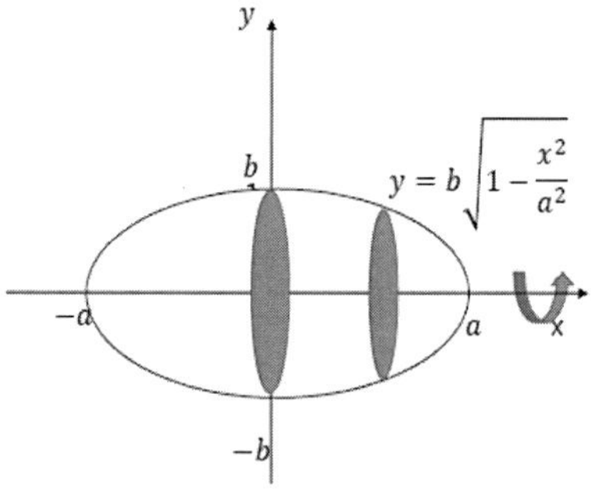

회전체의 부피를 구하는 워셔(Washer)방법

폐구간 $[a,b]$ 에서 $0\le g(x)\le f(x)$를 만족할 때, 두 곡선 $f(x)$ 와 $g(x)$ 그리고 $x=a$ 와 $x=b$ 로 둘러싸인 영역을 x 축을 회전축으로 회전하였을 때의 부피를 구하고자 한다. 원하는 부피는 두 부피의 차로 구해지는데 두 부피는 다음과 같다. 곡선 $f(x)$ 와

$x=a$, $x=b$, x 축으로 둘러싸인 부분을 x 축을 축으로 회전하여 얻어진 부피인

$$V_1 = \int_a^b \pi((f(x))^2 dx$$

에서 곡선 $g(x)$ 와 $x=a$, $x=b$ 그리고 x 축으로 둘러싸인 부분을 x 축을 축으로 회전하여 얻어진 부피

$$V_2 = \int_a^b \pi(g(x))^2 dx$$

를 뺌으로 얻어진다. 그러므로 구하는 부피는

$$V = V_1 - V_2 = \int_a^b \pi((f(x))^2 - (g(x))^2)\,dx$$

예제 6.2.5

$y=x^2$ 과 $y=x$ 로 둘러싸인 영역을 x 축을 중심으로 회전할 때 생기는 입체의 부피를 구하라.

풀이 두 곡선은 $(0,0)$ 과 $(1,1)$ 에서 만난다. 그리고 구하는 부피는 $y=x$ 를 회전하여 생기는 부피에서 $y=x^2$ 를 회전하여 생기는 부피를 빼면 되므로

$$\begin{aligned} V &= \int_0^1 \pi(x)^2 dx - \int_0^1 \pi(x^2)^2 dx \\ &= \pi\int_0^1 (x^2 - x^4)dx \\ &= \pi\left[\frac{x^3}{3} - \frac{x^5}{5}\right]_0^1 = \frac{2\pi}{15} \end{aligned}$$

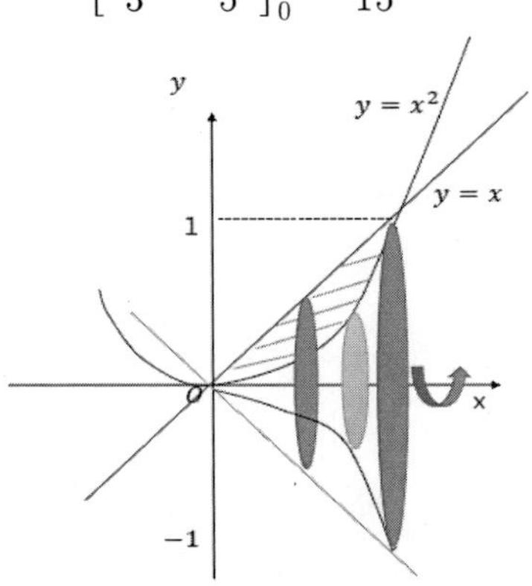

예제 6.2.6

$y=x^2$ 과 $y=x$ 로 둘러싸인 영역을 $y=2$ 를 중심으로 회전할 때 생기는 입체의 부피를 구하라.

풀이 구하는 부피는 $y=x^2$ 을 회전한 부피에서 $y=x$ 를 회전한 부피를 빼면 된다. 그리고 구하는 회전체의 x 축에 수직인 단면의 넓이는

$$A(x)=\pi(2-x^2)^2-\pi(2-x)^2$$

이다. 따라서 구하는 부피는

$$\begin{aligned} V&=\int_0^1 A(x)\,dx=\pi\int_0^1\left[(2-x^2)^2-(2-x)^2\right]dx \\ &=\pi\int_0^1 (x^4-5x^2+4x)dx \\ &=\pi\left[\frac{x^5}{5}-5\frac{x^3}{3}+4\frac{x^2}{2}\right]_0^1=\frac{8\pi}{15} \end{aligned}$$

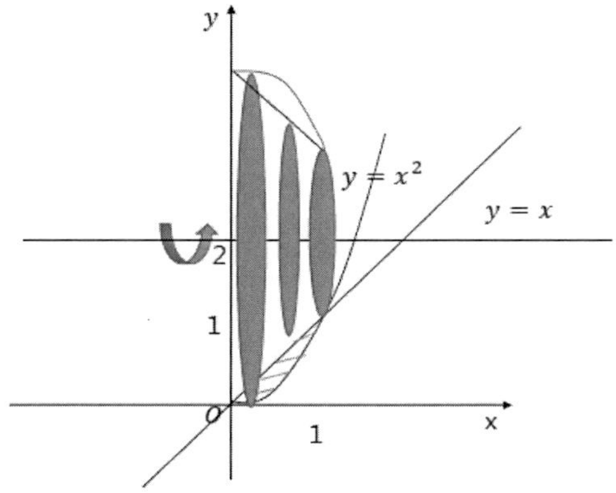

예제 6.2.7

$y=x^2$ 과 $y=x$ 로 둘러싸인 영역을 $x=-1$ 를 중심으로 회전할 때 생기는 입체의 부피를 구하라.

풀이 구하는 부피는 $y=x^2$ 을 $x=-1$ 을 축으로 회전한 부피에서 $y=x$ 를 $x=-1$ 회전한 부피를 빼면 된다. 그리고 구하는 회전체의 y 축에 수직인 단면의 넓이는

$$A(y)=\pi(1+\sqrt{y})^2-\pi(1+y)^2$$

이다. 그러므로 구하는 부피는 다음과 같다.

$$V = \int_0^1 A(y)\,dy = \pi \int_0^1 \left[(1+\sqrt{y})^2 - (1+y)^2\right] dy$$

$$= \pi \int_0^1 (2\sqrt{y} - y - y^2)\,dy$$

$$= \pi \left[\frac{4y^{3/2}}{3} - \frac{y^2}{2} - \frac{y^3}{3}\right]_0^1 = \frac{\pi}{2}$$

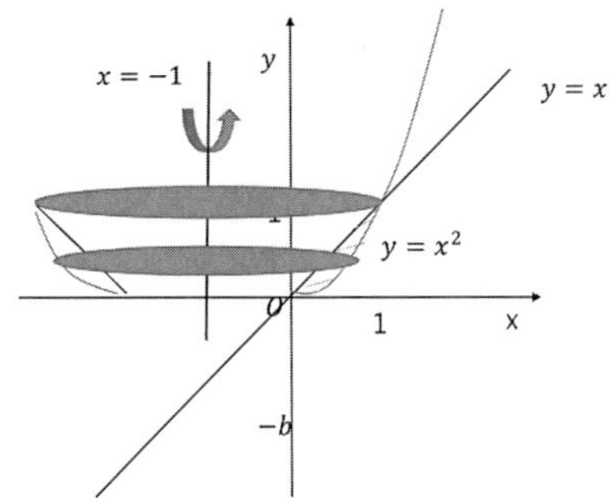

회전체의 부피를 구하는 원통(Cylindrical)방법

『곡선 $f(x)$ 와 x 축, 그리고 $x=a$, $x=b$ $(0<a<b)$ 로 주어지는 영역』을 y 축을 회전축으로 하여 생기는 입체의 부피를 구하는 방법을 생각하자. $[a,b]$ 를 n 개의 등간격 Δx 로 나눈다. R_i 를 i 번째 소구간과 곡선 $f(x)$ 로 만들어 지는 영역이라 하자. 그리고

$$x_i^* = \frac{1}{2}(x_{i-1} + x_i)$$

라 하자. 그러면 영역 R_i 를 y 축으로 회전하여 얻어지는 부피는 밑넓이가 Δx 이고 높이가 $y_i^* = f(x_i^*)$ 인 사각형을 y 축으로 회전하여 얻어지는 입체(Cylindrical Shell)의 부피와 근사적으로 같다고 볼 수 있다. 그리고 이렇게 얻어진 Cylindrical shell은 밑변을 $[0, x_i]$ 로 높이를 $f(x_i^*)$ 로 갖는 영역을 y 축으로 회전하여 얻은 부피에서 밑변을 $[0, x_{i-1}]$ 로 높이를 $f(x_i^*)$ 로 갖는 영역을 y 축으로 회전하여 얻은 부피를 뺌으로 얻어진다. 즉

$$\pi x_i^2 f(x_i{*}) - \pi x_{i-1}^2 f(x_i^*) = \pi f(x_i^*)(x_i^2 - x_{i-1}^2)$$

$$= \pi f(x_i^*)(x_i - x_{i-1})(x_i + x_{i-1})$$

$$= \pi f(x_i^*)(2x_i^*)(\triangle x) = 2\pi x_i^* f(x_i^*) \triangle x$$

따라서 전체 부피는 근사적으로

$$2\pi \sum_{i=1}^{n} x_i^* f(x_i^*) \triangle x$$

이며, 극한을 취하면

$$V = \lim_{n \to \infty} 2\pi \sum_{i=1}^{n} x_i^* f(x_i^*) \triangle x = 2\pi \int_a^b x f(x)\, dx$$

를 얻는다.

같은 방법으로 x 의 역할과 y 의 역할을 바꾸면, 즉 y 축과 $y = c$, $y = d$ 그리고 $x = f(y)$ 로 둘러싸인 영역을 x 축을 회전축으로 돌려 나오는 부피는

$$V = 2\pi \int_c^d y f(y)\, dy$$

로 주어진다.

예제 6.2.8

$y = 2x^2 - x^3$과 $y = 0$ 로 둘러싸인 영역을 y 축을 축으로하여 회전시킬 때 생기는 입체의 부피를 구하라.

풀이 구하는 원통은 반지름이 x 이고 높이가 $f(x) = 2x^2 - x^3$이므로 원통의 겉넓이는 $2\pi x(2x^2 - x^3)$이다. 따라서 구하는 입체의 부피는

$$V = \int_0^2 (2\pi x)(2x^2 - x^3) dx$$

$$= 2\pi \int_0^2 (2x^3 - x^4)\, dx$$

$$= 2\pi \left[\frac{1}{2}x^4 - \frac{x^5}{5} \right]_0^2$$

$$= 2\pi (8 - \frac{32}{5}) = \frac{16}{5}\pi$$

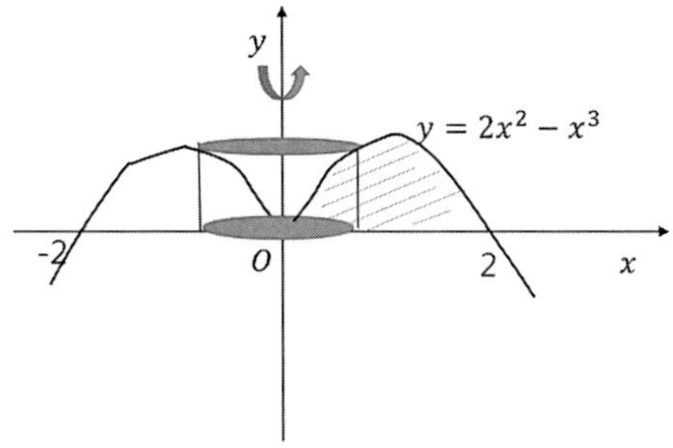

예제 6.2.9

$y = x^2$ 과 $y = x$ 로 둘러싸인 영역을 y 축을 중심으로 회전할 때 생기는 입체의 부피를 구하라.

풀이 구하는 원통의 반지름은 x 이고 원주의 길이는 $2\pi x$, 높이는 $x - x^2$ 이다. 그러므로 구하는 부피는

$$\begin{aligned} V &= \int_0^1 (2\pi x)(x - x^2)dx \\ &= 2\pi \int_0^1 (x^2 - x^3)dx \\ &= 2\pi \left[\frac{x^3}{3} - \frac{x^4}{4} \right]_0^1 = \frac{\pi}{6} \end{aligned}$$

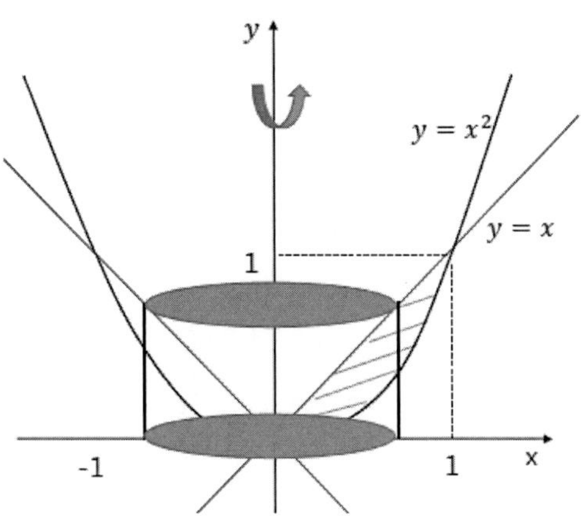

예제 6.2.10

함수 $y=\sqrt{x}$ 와 $x=1$, x 축으로 싸인 부분을 x 축으로 회전할 때의 부피를 구하라.

풀이 x 축을 축으로 회전함으로 원통의 반지름은 y 가 되고 원주의 길이는 $2\pi y$ 이며 원통의 높이는 $1-y^2$ 이다. 따라서 원통의 각 넓이는 $2\pi y(1-y^2)$이며 구하는 부피는

$$\begin{aligned} V &= \int_0^1 (2\pi y)(1-y^2)dy \\ &= 2\pi \int_0^1 (y-y^3)dy \\ &= 2\pi \left[\frac{y^2}{2} - \frac{y^4}{4} \right]_0^1 = \frac{\pi}{2} \end{aligned}$$

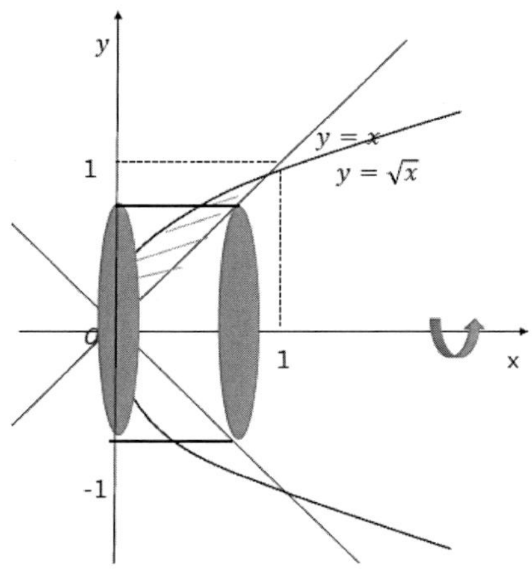

예제 6.2.11

$y=x-x^2$과 $y=0$ 로 둘러싸인 영역을 직선 $x=2$ 를 중심으로 회전 할 때 생기는 입체의 부피를 구하라.

풀이 $x=2$ 를 중심으로 회전시켜서 생기는 원기둥의 반지름은 $x-2$ 이며 원주는 $2\pi(2-x)$이고 이때 원주의 높이는 $x-x^2$ 이다. 따라서 구하는 입체의 부피는

$$\begin{aligned} V &= \int_0^1 2\pi(2-x)(x-x^2)dx \\ &= 2\pi \int_0^1 (x^3-3x^2+2x)dx \end{aligned}$$

$$= 2\pi [\frac{x^4}{4} - x^3 + x^2]_0^1 = \frac{\pi}{2}$$

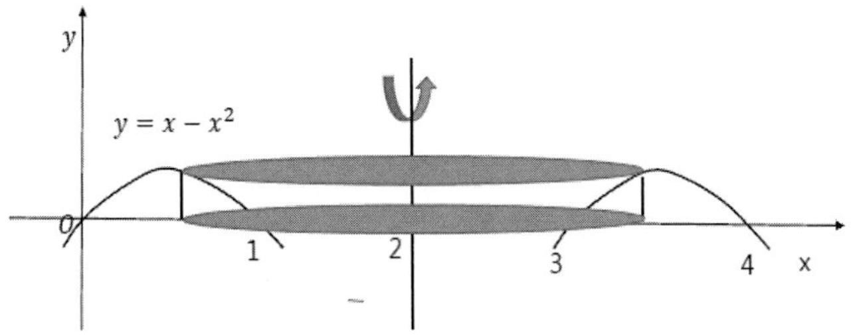

예제 6.2.12

곡선 $y = x^3$과 $x = 0$, $x = 3$, 그리고 x 축으로 둘러싸인 부분을 y 축으로 회전하여 얻어지는 부피를 구하라.

풀이 Cylindrical Shell 방법을 이용하여

$$V = 2\pi \int_0^3 x f(x) dx = 2\pi \int_0^3 x(x^3) dx = 2\pi \left[\frac{1}{5} x^5 \right]_0^3 = 2\pi \frac{3^5}{5} = \frac{486}{5}\pi$$

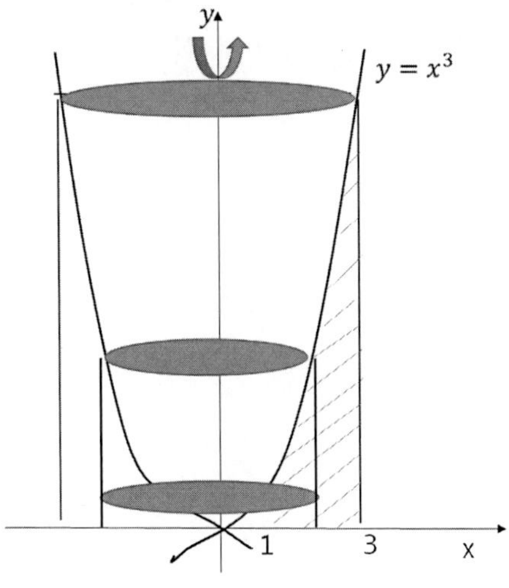

6.2 연습문제

1. 다음 곡선으로 둘러싸인 영역을 주어진 축과 직선을 중심으로 회전시킬 때 생기는 입체의 부피를 구하라.

   (1) $y = 2 - x/2,\ y = 0,\ x = 1,\ x = 2,\ x$ 축

   (2) $y = 1/x\ \ x = 1,\ x = 2,\ y = 0,\ x$ 축

   (3) $x = 2\sqrt{y},\ x = 0,\ y = 9,\ y$ 축

   (4) $y = x^3,\ y = x\ \ x \geq 0,\ \ x$ 축

   (5) $y^2 = x,\ x = 2y,\ y$ 축

   (6) $y = x^2,\ x = y^2,\ \ y = 1$

   (7) $y = 1 + \sec x,\ y = 3,\ y = 1$

   (8) $x = y^2,\ x = 1,\ x = 1$

   (9) $y = x^2, x = y^2,\ x = -1$

2. 다음 곡선으로 둘러싸인 영역을 주어진 회전축을 중심으로 회전시킬 때 생기는 입체의 부피를 구하라.

   (1) $y = 2x^2 - x^3,\ y = 0$, 회전축은 y 축

   (2) $y = x,\ y = x^2$, 회전축은 y 축

   (3) $y = \sqrt{x},\ [0, 1],\ x$ 축, 회전축은 x 축

   (4) $y = x - x^2,\ y = 0$, 회전축은 $x = 2$

해답

1. (1) $19\pi/12$ (2) $\pi/2$ (3) 162π (4) $4\pi/21$
   (5) $64\pi/15$ (6) $11\pi/30$ (7) $2\pi(\frac{4}{3}\pi - \sqrt{3})$ (8) $16\pi/15$
   (9) $29\pi/30$
2. (1) $15\pi/6$ (2) $\pi/6$ (3) $\pi/2$ (4) $\pi/2$

6.3 곡선의 길이 : 위치와 경과거리

곡선의 길이

폐구간 $[a,b]$ 에서 연속인 곡선의 길이를 구분구적분을 이용하여 구하고자 한다. 폐구간 $[a,b]$ 를 다음과 같이 n 개의 작은 동일간격 소구간으로 나누고

$$\triangle x_i = x_i - x_{i-1}$$

로 둔다.

$$a = x_0 < x_1 < x_2 < \cdots < x_n = b$$

그리고 그래프상의 각 점

$$(a, f(a)),\ \ (x_1, f(x_1)), (x_2, f(x_2)), \cdots, (b, f(b))$$

를 차례대로 직선으로 연결한다. 그러면 구간 $[a,b]$ 상의 그래프의 길이를 L 이라 하면, L 은 $(x_i, f(x_i))$ 와 $f(x_{i-1}, f(x_{i-1}))$를 연결한 직선들의 길이의 합계의 극한으로 표현된다. 즉

$$\begin{aligned} L &= \lim_{n\to\infty}\sum_{i=1}^{n}\sqrt{(x_i - x_{i-1})^2 + (f(x_i) - f(x_{i-1})^2} \\ &= \lim_{n\to\infty}\sum_{i=1}^{n}\sqrt{1+\left(\frac{f(x_i)-f(x_{i-1}}{x_i - x_{i-1}}\right)^2}\,\triangle x_i \end{aligned}$$

여기서, 도함수의 평균값정리를 이용하면, 적당한 값 $\xi_i \in [x_{i,}\, x_{i-1}]$에 대하여

$$\frac{f(x_i)-f(x_{i-1})}{x_i - x_{i-1}} = f'(\xi_i)$$

를 만족한다.

따라서

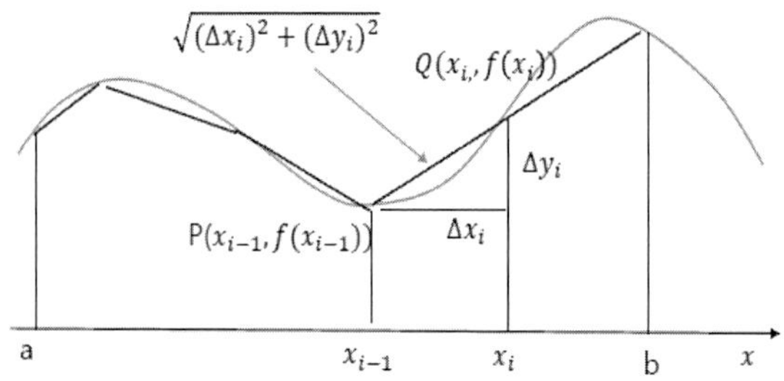

$$L = \ = \lim_{n\to\infty}\sum_{i=1}^{n}\sqrt{1+(f'(\xi_i))^2}\,\triangle x_{i,} \quad \xi_i \in [x_i, x_{i-1}]$$

이 된다. 한편 $l(x) = \sqrt{1+f'(x)^2}$로 두면

$$L = \lim_{n\to 0}\sum_{i=1}^{n} l(\xi_i)\triangle x_i$$

$$= \int_a^b l(x)\,dx = \int_a^b \sqrt{1+(f'(x))^2}\,dx$$

(단, 여기서 $l(x)$ 가 $[a, b]$ 에서 적분이 가능한 경우이다)

같은 방법으로 폐구간 $[c, d]$ 에서 연속인 도함수를 갖는 함수 $x = g(y)$ 의 곡선의 길이는

$$L = \int_c^d \sqrt{1+(g'(y))^2}\,dy$$

로 주어진다.

예제 6.3.1

$[0, 4]$ 에서 $f(x) = 2x$ 의 곡선의 길이를 구하라.

풀이 $f'(x) = 2$ 이며

$$L = \int_0^4 \sqrt{1+2^2}\,dx = \int_0^4 \sqrt{5}\,dx = 4\sqrt{5}$$

이다.

예제 6.3.2

함수 $y=x^2$ 의 $x=0$ 부터 $x=1$ 까지의 곡선의 길이를 구하라.

풀이 $y'=2x$ 이므로 곡선의 길이는

$$L=\int_0^1 \sqrt{1+(2x)^2}\,dx = 2\int_0^1 \sqrt{x^2+\frac{1}{4}}\,dx$$

이다. 계산을 위하여 tan 삼각치환을 한다. 즉 $x=\frac{1}{2}\tan\theta$ 로 두면, $dx=\frac{1}{2}\sec^2\theta\, d\theta$이다. 따라서

$$\begin{aligned} L &= 2\int_0^{\tan^{-1}2} \sqrt{\frac{1}{4}\tan^2\theta+\frac{1}{4}}\,\frac{1}{2}\sec^2\theta d\theta \\ &= \frac{1}{2}\int_0^{\tan^{-1}2} \sec^3\theta d\theta \\ &= \frac{1}{4}[\ln|\sec\theta+\tan\theta|+\sec\theta\tan\theta]|_{02}^{\tan^{-1}2} \\ &= \frac{1}{4}(\ln(\sqrt{5}+2)+2\sqrt{5}) \end{aligned}$$

■

예제 6.3.3

함수 $y^2=4x$ 가 $x=0$ 에서 $x=2$ 까지 변할 때 곡선의 길이를 구하라.

풀이 $g(y)=\frac{y^2}{4}$ 로 두면 $g'(y)=\frac{y}{2}$ 이다. 따라서

$$\begin{aligned} L &= \int_0^2 \sqrt{1+[g'(y)]^2}\,dy = \int_0^2 \sqrt{1+\frac{y^2}{4}}\,dy \\ &= \frac{1}{2}\int_0^2 \sqrt{4+y^2}\,dy \end{aligned}$$

$y=2\tan\theta$ 로 두면 $dy=2\sec^2\theta\, d\theta$ 이며, $\theta=0$ 에서 $\theta=\frac{\pi}{4}$ 까지 움직인다. 그러므로 곡선의 길이는

$$\begin{aligned} L &= \frac{1}{2}\int_0^{\frac{\pi}{4}} 2\sec\theta\sec^2\theta d\theta = 2\int_0^{\frac{\pi}{4}} \sec^3\theta\, d\theta \\ &= 2\left(\frac{1}{2}\ln(\sec\theta+\tan\theta|+\frac{1}{2}sec\theta\tan\theta\right)|_0^{\frac{\pi}{4}} \\ &= \sqrt{2}+\ln(1+\sqrt{2}) \end{aligned}$$

■

예제 6.3.4

곡선 $y=x^2-\frac{1}{8}\ln x$의 $x=1$ 에서 $x=3$ 까지 움직일 때 곡선의 길이를 구하라.

풀이 $f(x)=x^2-\frac{1}{8}\ln x$라 두면 $f'(x)=2x-\frac{1}{8x}$이며

$$1+(f'(x))^2 = 1+(2x-\frac{1}{8x})^2 = 4x^2+\frac{1}{2}+\frac{1}{64x^2}$$
$$=(2x+\frac{1}{8x})^2$$

따라서

$$\sqrt{1+(f'(x))^2}=2x+\frac{1}{8x}$$

이다. 그러므로 구하는 곡선의 길이는

$$L=\int_1^3 \sqrt{1+(f'(x))^2}\,dx$$
$$=\int_1^3 (2x+\frac{1}{8x})dx=[(x^2+\frac{1}{8}\ln x)]_1^3$$
$$=3^3+\frac{1}{8}\ln 3-1$$

평면 위를 움직이는 점 $P(x,y)$의 시각 t 에서의 매개변수 위치함수는 $x=x(t)$, $y=y(t)$로 주어진다. 이때 점 $P(x,y)$가 시각 $t=a$ 에서 $t=b$ 까지 실제로 움직인 거리의 총합 L 을 구하자.

시각 t 의 증분 $\triangle t$ 에 대한 x, y 의 증분을 $\triangle x$, $\triangle y$, L 의 증분을 $\triangle L$ 이라 하면 $\triangle t$ 가 충분히 작으면 피다고라스 정리에 의하여

$$\triangle L \fallingdotseq \sqrt{(\triangle x)^2+(\triangle y)^2}$$

이 된다. 따라서

$$\lim_{\triangle t\to 0}\frac{\triangle L}{\triangle t}=\lim_{\triangle t\to 0}\frac{\sqrt{(\triangle x)^2+(\triangle y)^2}}{\triangle t}$$
$$=\lim_{\triangle t\to 0}\sqrt{\left(\frac{\triangle x}{\triangle t}\right)^2+\left(\frac{\triangle y}{\triangle t}\right)^2}$$

$$\frac{dL}{dt}=\sqrt{\left(\frac{dx}{dt}\right)^2+\left(\frac{dy}{dt}\right)^2}$$

결론적으로, 좌표평면 위를 움직이는 점 $P(x,y)$의 시각 $t=a$에서 위치가 $P(x(t),y(t))$로 나타난다고 할 때 $t=a$에서 $t=b$까지 점 $P(x,y)$의 경과한 거리는

$$L=\int_a^b\sqrt{\left(\frac{dx}{dt}\right)^2+\left(\frac{dy}{dt}\right)^2}\,dt$$

$$=\int_a^b\sqrt{x'(t)^2+y'(t)^2}\,dt$$

가 된다.

예제 6.3.5

평면 위를 움직이는 점 $P(x,y)$ 는 시각 t 에서 $x(t)=2t^2$, $y=t^2+1$로 나타난다. $t=0$에서 $t=2$까지 움직인다고 할 때 점 $P(x,y)$의 총 경과 거리를 구하라.

풀이 $\frac{dx}{dt}=4t$, $\frac{dy}{dy}=2t$ 이다. 따라서 $t=0$ 에서 $t=2$ 까지 경과한 거리는

$$L=\int_0^2\sqrt{\left(\frac{dx}{dt}\right)^2+\left(\frac{dy}{dy}\right)^2}\,dt=\int_0^2\sqrt{(4t)^2+(2t)^2}\,dt$$

$$=\int_0^2\sqrt{20}\,t\,dt=\sqrt{20}\left[\frac{t^2}{2}\right]_0^2=4\sqrt{5}$$

■

예제 6.3.6

다음 곡선의 길이를 구하라.

$$x=4\sin t,\ y=4\cos t\ \ (0\le t\le 4\pi)$$

풀이 $x'(t)=4\cos t$, $y'(t)=-4\sin t$이므로 구하는 곡선의 길이는

$$L=\int_0^{4\pi}\sqrt{\left(\frac{dx}{dt}\right)^2+\left(\frac{dy}{dt}\right)^2}\,dt$$

$$=\int_0^{4\pi}\sqrt{(4\cos t)^2+(-4\sin t)^2}\,dt$$

$$= \int_0^{4\pi} 4\,dt = 4[t]_0^{4\pi} = 16\pi$$

위치와 경과거리

수직선 위를 움직이는 점 P 의 시각 t 에서의 속도를 $v(t)$ 라 하고 시각 t 에서의 위치를 $x = f(t)$ 라 하자. 그러면

$$v(t) = f'(t) = \frac{dx}{dt}$$

$$x = \int v(t)\,dt = \int f'(t)\,dt = f(t) + C$$

이제 점 P 가 시각 t_0 에서 위치가 x_0 였다면

$$x_0 = f(t_0) + C$$

에서

$$C = x_0 - f(t_0)$$

따라서

$$x = f(t) + x_0 - f(t_0) = x_0 + (f(t) - f(t_0))$$

여기서 $f(t) - f(t_0) = [f'(t)]_0^t = \int_{t_0}^t v(t)dt$ 이므로 시각 t 에서 점 P 의 위치는

$$x(t) = x_0 + \int_{t_0}^t v(t)\,dt$$

로 주어진다. 그리고 $t = a$ 에서 $t = b$ 까지의 점 P 의 위치변화는

$$f(b) - f(a) = \int_a^b v(t)\,dt$$

가 된다. 또 $t = a$ 에서 $t = b$ 까지 점P 가 실제로 움직인 총 경과거리를 L 이라 하면, 구간 $a \le t \le b$ 에서 $v(t) > 0$ 이면 $f'(t) > 0$ 이 되어 $f(t)$ 가 증가함수이므로

$$L = f(b) - f(a) = \int_a^b v(t)\,dt$$

로 나타나고, 구간 $a \le t \le b$ 에서 $v(t) < 0$ 이면 $f'(t) < 0$ 이 되어 $f(t)$ 가 감소함수이므로

$$L = f(a) - f(b) = \int_b^a v(t)\,dt = -\int_a^b v(t)\,dt$$

로 나타난다.

이 두 경우로 부터 $t = a$ 에서 $t = b$ 까지 점 P 가 실제로 움직인 경과 거리는

$$L = \int_a^b |v(t)|dt$$

로 주어진다.

예제 6.3.7

원점을 출발하여 t 초 후에는 속도 $v(t) = t - t^2$ 으로 수직선 위를 움직이는 입자가 있다.

(1) 입자가 다시 원점에 돌아오는 시간은?

(2) 출발 3초 후의 입자의 위치는?

(3) 출발 후 3초까지 움직인 실제 경과 거리는?

풀이 입자 P 의 좌표를 x 라 하면 초기 위치가 원점이므로

$$x(t) = \int_0^t v(t)\,dt = \int_0^t (t - t^2)dt$$
$$= \left[\frac{t^2}{2} - \frac{t^3}{3}\right]_0^t = \frac{t^2}{2} - \frac{t^3}{3}$$

이다.

(1) $x = 0$ 이므로 $\frac{t^2}{2} - \frac{t^3}{3} = 0$ 에서 $t = 0$, $t = \frac{3}{2}$ 이다. 따라서 $t = \frac{3}{2}$ 에 원점에 처음으로 돌아온다.

(2) $\int_0^3 (t - t^2)dt = \left[\frac{t^2}{2} - \frac{t^3}{3}\right]_0^3 = -\frac{9}{2}$이다. 즉 $t = 3$ 일 때 수직선상의 $-\frac{9}{2}$ 에 위치

한다.

$$(3)\ L = \int_0^3 |t - t^2|\,dt = \int_0^1 (t - t^2)dt + \int_1^2 (t^2 - t)\,dt$$

$$= \left[\frac{t^2}{2} - \frac{t^3}{3}\right]_0^1 + \left[\frac{t^3}{3} - \frac{t^2}{2}\right]_1^2 = \frac{29}{6}$$

이다.

예제 6.3.8

한 입자가 시각 t 에서 $v(t) = t^2 - t - 6$인 속도로 직선상을 움직인다. 이때

(1) 구간 $1 \le t \le 4$ 에서 입자의 변위를 구하라.

(2) 구간 $1 \le t \le 4$ 에서 실제로 움직인 거리를 구하라.

풀이 (1) $f(4) - f(1) = \int_1^4 v(t)\,dt = \int_1^4 (t^2 - t - 6)dt$

$$= \left[\frac{t^3}{3} - \frac{t^2}{2} - 6t\right]_1^4 = -\frac{9}{2}$$

이는 입자가 왼쪽으로 -4.5 에 위치함을 의미한다.

$$(2)\ L = \int_1^4 |t^2 - t - 6|\,dt$$

$$= \int_1^3 (-t^2 + t + 6)dt + \int_3^4 (t^2 - t - 6)dt = 9\frac{5}{6}$$

6.3 연습문제

1. 주어진 곡선의 길이를 구하라.

(1) $y^3 = 8x^2 \quad x = 1$ 에서 8 까지

(2) $6xy = x^4 + 3,\ x = 1$ 에서 2 까지

(3) $27y^2 = 4(x-2)^3,\ (2,0)$ 에서 $(11, 6\sqrt{3})$까지

(4) $y = \frac{1}{2}x^2 - \frac{1}{4}\ln x,\ x = 1$ 에서 $x = e$ 까지

(5) $y = \ln\cos x,\ x = \frac{\pi}{6}$ 에서 $x = \frac{\pi}{4}$ 까지

(6) $x^{2/3} + y^{2/3} = 4,\ x = 1$ 에서 $x = 8$ 까지

해답

1. (1) $(104\sqrt{13} - 125)/27$

(2) $\frac{17}{12}$

(3) 14

(4) $\frac{1}{2}e^2 - \frac{1}{4}$

(5) $\ln(\frac{1+\sqrt{2}}{\sqrt{3}})$

(6) 9

6.4 정적분과 회전체의 표면적

구분구적분을 활용하는 마지막 응용으로 회전체의 겉넓이를 계산하여 보자. 폐구간 $[a, b]$에서 미분 가능한 함수 $y = f(x)$를 x 축을 회전축으로 회전하였을 때에 생기는 회전체의 표면적을 S 라 하자. 곡선의 길이를 구할 때처럼, 폐구간 $[a, b]$를 다음과 같이 n 개의 작은 동일간격 구간으로 나누고

$$a = x_0 < x_1 < x_2 < \cdots < x_n = b$$

$$\triangle x_i = x_i - x_{i-1}$$

로 둔다. 그리고 그래프상의 각 점

$$(a, f(a)),\ \ (x_1, f(x_1)), (x_2, f(x_2)), \cdots, (b, f(b))$$

를 차례대로 직선으로 연결한다. 그리고 $(x_i, f(x_i))$와 $f(x_{i-1}, f(x_{i-1}))$를 연결한 직선을 회전하여 생기는 원뿔대를 생각하여 이들 각각의 $i = 1, 2, \cdots n$일 때의 원뿔대의 겉넓이를 모두 합한 값을 $n \to \infty$ 로 하면 원하는 겉넓이 S 가 얻어진다. 이를 위하여 소구간 $[x_{i,}\ x_{i-1}]$에서 생기는 원뿔대의 겉넓이를 $q(i)$ 라 하면

$$q(i) = 2\pi \frac{f(x_i) + f(x_{i-1})}{2} \sqrt{(x_i - x_{i-1})^2 + (f(x_i) - f(x_{i-1}))^2}$$

이므로 회전체의 겉넓이는

$$\begin{aligned} S &= \lim_{n \to \infty} \sum_{i=1}^{n} q(i) \\ &= \lim_{n \to \infty} \sum_{i=1}^{n} \pi (f(x_i) + f(x_{i-1})) \sqrt{1 + \left(\frac{f(x_i) - f(x_{i-1})}{x_i - x_{i-1}} \right)^2} \triangle x_i \end{aligned}$$

여기서, 도함수의 평균값정리를 이용하면, 적당한 값 $\xi_i \in [x_{i,}\ x_{i-1}]$에 대하여

$$\frac{f(x_i) - f(x_{i-1})}{x_i - x_{i-1}} = f'(\xi_i)$$

를 만족한다. 그리고 $n \to \infty$ 인 경우 $f(x_i)$ 와 $f(x_{i-1})$ 은 각 각$f(\xi_i)$ 로 수렴한다. 따라서 $h(x) = f(x)\sqrt{1+(f'(x))^2}$ 으로 두면

$$
\begin{aligned}
S &= \lim_{n\to\infty}\sum_{i=1}^{n} 2\pi h(\xi_i)\triangle x_i \\
&= \int_a^b 2\pi h(x)\,dx \\
&= 2\pi\int_a^b f(x)\sqrt{1+(f'(x))^2}\,dx
\end{aligned}
$$

이다.

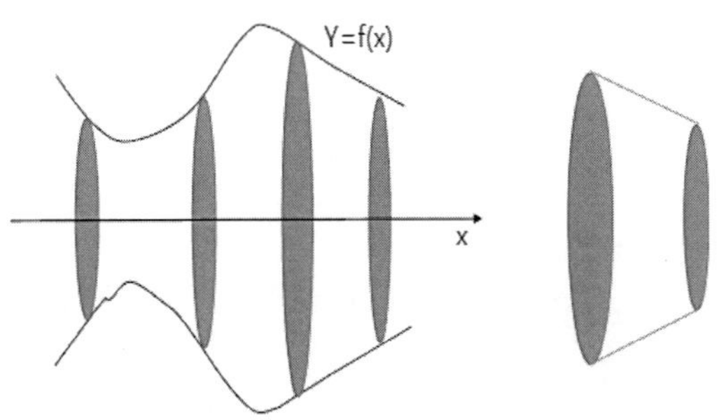

또한 폐구간 $[c, d]$ 에서 미분가능한 함수 $x = g(y)$ 와 $y = c$, $y = d$ 그리고 y 축을 회전하여 얻어지는 회전체의 겉넓이는 같은 방법으로

$$
S = 2\pi\int_c^d g(y)\sqrt{1+(g'(y))^2}\,dy
$$

임을 안다.

특히 폐구간 $[a, b]$ 에서 $f(x) > 0$ 이면 $f(x)$ 를 회전한 회전체의 겉넓이나 $|f(x)|$ 를 회전한 겉넓이는 같으므로 폐구간 $[a, b]$ 에서 음을 갖는 부분이 있다고 하더라도 $f(x)$ 에 의한 회전체의 겉넓이는

$$
S = 2\pi\int_a^b |f(x)|\sqrt{1+(f'(x))^2}\,dx
$$

이 된다.

예제 6.4.1

직선 $x+y=4$를 x 축과 y 축으로 싸인 부분의 영역을 y 축을 축으로 회전하여 생기는 원뿔의 표면적을 구하라.

풀이 y 축으로 회전이므로 y 변수를 따라 적분한다. 즉 y 를 독립변수로 보고 푼다.

$x=4-y$이며 도함수는 $\dfrac{dx}{dy}=-1$이다. 따라서 구하는 표면적은

$$\begin{aligned} S &= 2\pi\int_0^4 x\sqrt{1+\left(\frac{dx}{dy}\right)^2}\,dy \\ &= 2\pi\int_0^4 (4-y)\sqrt{1+(-1)^2}\,dy \\ &= 2\sqrt{2}\,\pi\int_0^4 (4-y)dy \\ &= 2\sqrt{2}\,\pi\left[4y-\frac{1}{2}y^2\right]_0^4 \\ &= 2\sqrt{2}\,\pi[16-8]=16\sqrt{2}\,\pi \end{aligned}$$

예제 6.4.2

$[-1,1]$에서 $f(x)=\sqrt{1-x^2}$일 때, x 축으로 회전하여 얻어지는 회전체의 겉넓이를 구하라(반지름이 1인 구의 표면적이다.).

풀이 $f'(x)=\dfrac{-x}{\sqrt{1-x^2}}$이므로 구하는 구의 겉넓이는

$$\begin{aligned} S &= 2\pi\int_{-1}^1 f(x)\sqrt{1+f'(x)^2}\,dx \\ &= 2\pi\int_{-1}^1 \sqrt{1-x^2}\sqrt{1+\left(\frac{-x}{\sqrt{1-x^2}}\right)^2}\,dx \\ &= 2\pi\int_{-1}^1 \sqrt{1-x^2}\sqrt{1+\frac{x^2}{1-x^2}}\,dx \\ &= 2\pi\int_{-1}^1 \sqrt{1-x^2}\,\frac{1}{\sqrt{1-x^2}}\,dx \\ &= 2\pi\int_{-1}^1 dx = 2\pi[x]_{-1}^1=4\pi \end{aligned}$$

예제 6.4.3

x 가 $[0,\pi]$ 위에서 움직일 때 곡선 $y=\sin x$ 를 x 축을 회전축으로 하여 회전하여 얻어지는 입체의 겉넓이를 구하라.

풀이 주어진 곡선 $f(x)=\sin x$ 의 도함수는 $f'(x)=\cos x$ 이다. 따라서 구하는 회전체의 겉넓이는

$$S=2\pi\int_0^{\pi} f(x)\sqrt{1+(f'(x))^2}\,dx$$
$$=2\pi\int_0^{\pi}\sin x\sqrt{1+\cos^2 x}\,dx$$

$u=\cos x$ 로 두면 $du=-\sin x\,dx$ 이며 $x=0$ 이면 $u=1$, $x=\pi$ 이면 $u=-1$ 이다. 따라서 우리의 적분은 다음과 같다.

$$S=-2\pi\int_1^{-1}\sqrt{1+u^2}\,du$$
$$=2\pi\int_{-1}^{1}\sqrt{1+u^2}\,du$$
$$=4\pi\int_0^{1}\sqrt{1+u^2}\,du$$

한편 $u=\tan\theta$ 로 두면 $du=\sec^2\theta\,d\theta$ 이며, $u=0$ 이면 $\theta=0$, $u=1$ 이면 $\theta=\frac{\pi}{4}$ 이다. 따라서

$$S=4\pi\int_0^{1}\sqrt{1+u^2}\,du=4\pi\int_0^{\frac{\pi}{4}}\sec\theta\sec^2\theta\,d\theta$$
$$=4\pi\left(\frac{1}{2}\ln|\sec\theta+\tan\theta|+\frac{1}{2}\sec\theta\tan\theta\right)\Big|_0^{\frac{\pi}{4}}$$
$$=2\pi(\sqrt{2}+\ln(1+\sqrt{2}))$$

예제 6.4.4

곡선 $y=x^2$ 과 y 축, $y=4$로 둘러싸인 영역을 y 축을 중심으로 회전할 때 생기는 회전체의 겉넓이를 구하라.

풀이 $y=x^2$ 으로부터 $x=\sqrt{y}$ 이고 $x'=\frac{1}{2\sqrt{y}}$ 이다. 그러므로 구하는 겉넓이는

$$S = 2\pi \int_0^4 x\sqrt{1+(x')}\, dy = 2\pi \int_0^4 \sqrt{y}\sqrt{1+\left(\frac{1}{2\sqrt{y}}\right)^2}\, dy$$

$$= 2\pi \int_0^4 \sqrt{y}\sqrt{1+\frac{1}{4y}}\, dy$$

$$= \pi \int_0^4 \sqrt{4y+1}\, dy \quad (u = 4y+1)$$

$$= \frac{\pi}{4}\int_1^{17} \sqrt{u}\, du$$

$$= \frac{\pi}{6}(17\sqrt{17}-1)$$

6.4 연습문제

1. 다음 곡선을 x 축을 축으로 회전 할 때 생기는 곡면의 넓이를 계산하라.

   (1) $y = x^3,\ 0 \le x \le 2$

   (2) $y = \sqrt{1+4x},\ 1 \le x \le 5$

   (3) $y = \sin \pi x,\ 0 \le x \le 1$

   (4) $x = \frac{1}{3}(y^2+2)^{3/2},\ 1 \le y \le 2$

2. 다음 곡선을 x 축을 축으로 회전 할 때 생기는 곡면의 넓이를 계산하라.

   (1) $y = \sqrt[3]{x},\ \ 1 \le y \le 2$

   (2) $x = \sqrt{a^2 - y^2},\ \ 0 \le y \le \frac{a}{2}$

해답

1. (1) $\frac{1}{27}\pi(145\sqrt{145}-1)$ (2) $\frac{98}{3}\pi$

   (3) $2\sqrt{1+\pi^2}+(2/\pi)\ln(\pi+\sqrt{1+\pi^2})$ (4) $\frac{21}{2}\pi$

2. (1) $\frac{1}{27}\pi(145\sqrt{145}-10\sqrt{10})$ (2) πa^2

CHAPTER

7 급수와 함수의 Taylor전개

7.1 급수

함수로서 정의역이 자연수 집합 N 인 함수를 수열이라 한다. 기호로는 $\{a(n)\} = \{a_n\}$ 으로 쓴다. 또 수열 $\{a_n\}$ 이 주어질 때 그 합

$$\sum_{n=1}^{\infty} a_n = a_1 + a_2 + a_3 + \cdots a_n + \cdots$$

를 무한급수라 한다. 간단히 급수라 부른다. a_n 을 급수의 n 번째 항이라 부르며

$$S_1 = a_1$$
$$S_2 = a_1 + a_2$$
$$\vdots$$
$$S_n = a_1 + a_2 + \cdots + a_n = \sum_{i=1}^{n} a_i$$

로 정의되는 수열을 부분합 수열이라 부른다. S_n 을 수열 $\{a_n\}$ 의 n 번째 부분합이라 부른다. 여기서 부분합 수열 $\{S_n\}$ 이 수렴할 수도 있고 수렴하지 않을 수도 있다. 만일

L 에 수렴하면

$$\sum_{n=1}^{\infty} a_n = a_1 + a_2 + \cdots + a_n + \cdots = L$$

로 쓰고 L 을 급수의 합이라 부른다. 부분합수열이 수렴하지 않으면 발산한다고 부른다.

예제 7.1.1

a 가 실수이고 r 이 실수일 때 $\sum_{n=1}^{\infty} ar^{n-1}$ 을 초항이 a 이고 비율이 r 인 기하급수라 부른다. 이때 부분합 S_n 을 구하고 수렴하는 r 의 범위를 구하라.

풀이 $S_n = a + ar + ar^2 + \cdots + ar^{n-1}$

$$rS_n = a + ar^2 + ar^3 + \cdots + ar^n$$

로부터

$$S_n - rS_n = a - ar^n,$$
$$(1-r)S_n = a(1-r^n)$$

이다. 따라서 부분합은

$$S_n = \frac{a(1-r^n)}{1-r}$$

한편

$$\lim_{n\to\infty} S_n = \frac{a(1-r^n)}{1-r} = \begin{cases} \dfrac{1}{1-r}, & |r| < 1 \\ \infty, & |r| > 1 \end{cases}$$

이다.

예제 7.1.2

$\sum_{n=1}^{\infty}\left(\frac{1}{2}\right)^{n-1} = 1 + \frac{1}{2} + \frac{1}{4} + \frac{1}{8} + \cdots$ 의 합은 $\dfrac{1}{1-\frac{1}{2}} = 2$ 이다.

급수의 발산을 판정하는 가장 쉬운법을 수열의 수렴과 관련하여 알아보자.

정리 7.1.1 (발산정리)

급수 $\sum_{n=0}^{\infty} a_n$ 가 수렴하면 $\lim_{n\to\infty} a_n = 0$ 이다. 즉, $\lim_{n\to\infty} a_n \neq 0$ 거나 $\lim_{n\to\infty} a_n$ 이 존재하지 않으면, $\sum_{n=0}^{\infty} a_n$ 는 발산한다.

증명 $\sum_{n=0}^{\infty} a_n = L$이라 하자. 그러면 $\lim_{n\to\infty} S_n = \lim_{n\to\infty} \sum_{i=1}^{n} a_i = L$이다. 한편 $\lim_{n\to\infty} S_{n-1} = L$ 이며 $a_n = S_n - S_{n-1}$이다. 따라서

$$\lim_{n\to\infty} a_n = \lim_{n\to\infty}(S_n - S_{n-1}) = \lim_{n\to\infty} S_n - \lim_{n\to\infty} S_{n-1} = L - L = 0$$

이다. 정리의 후반부 명제는 증명한 명제의 대우이다. 따라서 후반부 명제는 참이다.

예제 7.1.3

$\frac{1}{2}+\frac{2}{3}+\frac{3}{7}+\frac{4}{9}+\cdots$는 발산함을 보여라.

풀이 주어진 급수의 일반항은 $a_n = \frac{n}{2n+1}$ 이며

$$\lim_{n\to\infty} a_n = \lim_{n\to\infty} \frac{n}{2n+1} = \frac{1}{2} \neq 0$$

따라서 발산정리 7.1.1 에 의하여 급수는 발산한다.

참고 다음의 예제는 발산정리의 역명제는 참이 아님을 보여준다.

예제 7.1.4

$\sum_{n=1}^{\infty} \frac{1}{n} = 1 + \frac{1}{2} + \frac{1}{3} + \frac{1}{4} + \cdots$는 발산함을 보여라.

풀이 다음과 같이 부분합을 구성하자.

$$S_2 = 1 + \frac{1}{2}$$

$$S_4 = 1 + \frac{1}{2} + \frac{1}{3} + \frac{1}{4} > 1 + \frac{1}{2} + \frac{1}{4} + \frac{1}{4} = 1 + \frac{1}{2} + \frac{1}{2} = 1 + \frac{2}{2}$$

$$S_8 = S_4 + \frac{1}{5} + \frac{1}{6} + \frac{1}{7} + \frac{1}{8} > S_4 + \frac{1}{8} + \frac{1}{8} + \frac{1}{8} + \frac{1}{8}$$

$$= S_4 + \frac{4}{8} = S_4 + \frac{1}{2} > 1 + \frac{3}{2}$$

$$S_{16} = S_8 + \frac{1}{9} + \frac{1}{10} + \frac{1}{11} + \frac{1}{12} + \frac{1}{13} + \frac{1}{14} + \frac{1}{15} + \frac{1}{16}$$

$$> S_8 + \frac{1}{16} + \frac{1}{16} + \frac{1}{16} + \frac{1}{16} + \frac{1}{16} + \frac{1}{16} + \frac{1}{16} + \frac{1}{16}$$

$$= S_8 + \frac{1}{2} > 1 + \frac{4}{2}$$

이같은 방법으로 $S_{32} > 1 + \frac{5}{2}$, $S_{64} > 1 + \frac{6}{2}$을 얻으며 일반적으로 $S_{2^k} > 1 + \frac{k}{2}$가 성립한다. 이는 $\lim_{n\to\infty} S_n = \infty$ 임을 의미한다. 그러나 $\lim_{n\to\infty} a_n = \lim_{n\to\infty} \frac{1}{n} = 0$이다.

참고 1 급수의 수렴과 발산은 급수의 첫 항부터 시작하여 유한개의 항을 더하거나 빼도 영향을 받지 않는다. 예로서, 처음부터 k 항까지를 제거하였다하고 처음부터 k 항까지의 합을 C 라 하면 제거하고 남은 수열의 부분합 T_n 은 $T_n = S_{n+k} - C$ 이다. 그런데

$$\lim_{n\to\infty} (S_{n+k} - C)$$

이 존재할 필요충분조건은 $\lim_{n\to\infty} S_{n+k}$ 가 수렴함이며, $\lim_{n\to\infty} S_{n+k}$ 가 수렴할 필요충분조건은 $\lim_{n\to\infty} S_n$ 이 수렴함이다. 따라서 처음 유한개의 항을 제거하거나 더해도 급수의 수렴성에는 영향을 주지 않는다.

참고 2 수열은 $\{a_n | n = 1, 2, 3, \cdots\}$으로 표현되지만 얻어지는 부분합수열을 $S_0 = a_0$ 로 보아 $\{S_n | n = 0, 1, 2, 3 \cdots\}$로 나타내기도 하며, $n = 0$ 부터 시작하는 표현 $\sum_{n=0}^{\infty} a_n$ 로도 쓴다.

다음은 이상적분(특이적분)을 활용하여 급수의 수렴성을 판정하는 방법이다.

정리 7.1.2 (적분판정법)

$\sum_{n=1}^{\infty} s_n$ 이 양항 급수 (모든 n −항이 $s_n \geq 0$ 인 경우)라 하자. 함수 $f(x)$ 는 $[1, \infty)$ 에서 정의되고 모든 n 에 대하여 $f(n) = s_n$ 을 만족한다고 할 때, $\sum_{n=1}^{\infty} s_n$ 이 수렴하면 $\int_1^{\infty} f(x)\,dx$ 이 수렴하고, $\int_1^{\infty} f(x)\,dx$ 이 수렴하면 $\sum_{n=1}^{\infty} s_n$ 이 수렴한다. 즉, $\int_1^{\infty} f(x)\,dx$ 의 수렴과 $\sum_{n=1}^{\infty} s_n$ 의 수렴은 서로 동치이다.

예제 7.1.5

급수 $\sum_{n=1}^{\infty} \frac{1}{\sqrt{2n-1}} = 1 + \frac{1}{\sqrt{3}} + \frac{1}{\sqrt{5}} + \frac{1}{\sqrt{7}} +$ 의 수렴성을 조사하라.

풀이 $s_n = \frac{1}{\sqrt{2n-1}}$, $f(x) = \frac{1}{\sqrt{2x-1}}$ 라 두면 $f(x)$ 는 $[1, \infty)$ 에서 연속이며 감소함수이다. 그리고

$$\begin{aligned}\int_1^{\infty} \frac{1}{\sqrt{2x-1}}dx &= \lim_{b\to\infty}\int_1^b \frac{1}{\sqrt{2x-1}}dx \\ &= \lim_{b\to\infty}\frac{1}{2}\int_1^b \frac{2}{\sqrt{2x-1}}dx \\ &= \lim_{b\to\infty}\frac{1}{2}(2)\left[\sqrt{2x-1}\,\right]_1^b \\ &= \lim_{b\to\infty}(\sqrt{2b-1}-1) = \infty\end{aligned}$$

따라서 적분판정에 의하여 급수는 발산한다.

예제 7.1.6

($p-$ 급수) 실수 p 에 대하여 $\sum_{n=1}^{\infty} \frac{1}{n^p}$ 를 $p-$ 급수라 부른다.

(1) $p > 1$ 이면 $\sum_{n=1}^{\infty} \frac{1}{n^p}$ 이 수렴하고

(2) $p \le 1$ 이면 $\displaystyle\sum_{n=1}^{\infty} \frac{1}{n^p}$ 는 발산한다.

풀이 p 의 값에 따라 살펴보도록 한다.

먼저 $p=1$ 일 때, $f(x) = \dfrac{1}{x}$ 라 두면 $f(n) = \dfrac{1}{n}$ 이며 $f(x) = \dfrac{1}{x}$ 는 $[1, \infty)$ 에서 연속이다. 그리고

$$\begin{aligned}\int_1^{\infty} \frac{1}{x} dx &= \lim_{b\to\infty} \int_1^b \frac{1}{x} dx \\ &= \lim_{b\to\infty} [\ln x]_1^b = \lim_{b\to\infty} \ln b = \infty\end{aligned}$$

따라서 적분판정에 의하여 $\displaystyle\sum_{n=1}^{\infty} \frac{1}{n}$ 은 발산한다.

$p \ne 1$ 인 경우

$$\begin{aligned}\int_1^{\infty} \frac{1}{x^p} dx &= \lim_{b\to\infty} \int_1^b \frac{1}{x^p} dx \\ &= \lim_{b\to\infty} \left[\frac{x^{1-p}}{1-p} \right]_1^b \\ &= \lim_{b\to\infty} \left(\frac{b^{1-p}}{1-p} - \frac{1}{1-p} \right)\end{aligned}$$

(1) $p > 1$ 이면 $p-1 > 0$ 이며 $\displaystyle\lim_{b\to\infty} b^{1-p} = \lim_{b\to\infty} \frac{1}{b^{p-1}} = 0$. 따라서

$$\lim_{b\to\infty} \left(\frac{b^{1-p}}{1-p} - \frac{1}{1-p} \right) = \frac{1}{p-1}$$

이다. 그러므로 적분 판정을 따라서 $\displaystyle\sum_{n=1}^{\infty} \frac{1}{n^p}$ 는 수렴한다.

(2) $p < 1$ 이면 $1-p > 0$ 이며 $\displaystyle\lim_{b\to\infty} b^{1-p} = \infty$. 따라서

$$\lim_{b\to\infty} \left(\frac{b^{1-p}}{1-p} - \frac{1}{1-p} \right) = \infty$$

이다. 따라서 적분판정에 의하여 $\displaystyle\sum_{n=1}^{\infty} \frac{1}{n^p}$ 는 발산한다. ■

급수의 수렴 판정법으로 유용한 비교 판정법을 소개한다.

정리 7.1.3 두 양항급수 $\sum_{n=1}^{\infty} a_n$ 과 $\sum_{n=1}^{\infty} b_n$ 이 주어졌을 때, 적당한 하나의 자연수 m 이상의 임의의 n 에 대하여 $a_n \le b_n$ 을 만족하면

(1) $\sum_{n=1}^{\infty} b_n$ 이 수렴하면 $\sum_{n=0}^{\infty} a_n$ 이 수렴하고

(2) $\sum_{n=1}^{\infty} a_n$ 이 발산하면 $\sum_{n=1}^{\infty} b_n$ 이 발산한다.

증명 일반성을 잃지 않고 $m=1$ 이라 생각해도 된다. 왜냐하면 급수의 처음부터 적당한 유한항까지를 제외한다고 하더라도 급수의 수렴성에는 영향을 주지 않기 때문이다. (1)을 증명하기 위하여 $\sum_{n=1}^{\infty} b_n$ 이 수렴한다 하자.

$$B_n = b_1 + b_2 + \cdots + b_n$$

을 $\sum_{n=1}^{\infty} b_n$ 의 n 번째 부분합이라 하고

$$A_n = a_1 + a_2 + \cdots + a_n$$

을 $\sum_{n=1}^{\infty} a_n$ 의 n 번째 부분합이라 하자. 그러면 $a_n \le b_n$ 이므로 $A_n \le B_n$ 이다. 그런데 $\sum_{n=1}^{\infty} b_n$ 이 수렴하므로 수열 $\{B_n\}$ 은 위로유계이며 또한 $\{A_n\}$ 도 위로 유계이다. 양항 증가수열이 위로 유계이면 수렴하므로 부분합 수열 $\{A_n\}$ 도 수렴한다. 따라서 급수 $\sum_{n=1}^{\infty} a_n$ 이 수렴한다.

(2) 논리적으로 (1)의 대우이므로 참이다. 따라서 $\sum_{n=1}^{\infty} a_n$ 이 발산하면 $\sum_{n=1}^{\infty} b_n$ 이 발산한다.

예제 7.1.7

다음 급수의 수렴 / 발산을 조사하라.

(1) $\sum_{n=1}^{\infty} \frac{1}{n^2+5}$ (2) $\sum_{n=1}^{\infty} \frac{1}{3n+5}$

풀이 (1) $a_n = \dfrac{1}{n^2+5}$ 이고 $b_n = \dfrac{1}{n^2}$ 로 두면 $a_n < b_n$ 이며 $\displaystyle\sum_{n=1}^{\infty} \frac{1}{n^2}$ 은 $p-$ 급수의 $p=2$ 이므로 수렴한다. 따라서 비교판정에 의하여 주어진 급수는 수렴한다.

(2) $a_n = \dfrac{1}{4n}$ 이고 $b_n = \dfrac{1}{3n+5}$ 이라 하면 $n \geq 5$ 에 대하여 $3n+5 \leq 4n$ 이므로 $a_n \leq b_n$ 이다. 한편 $p=1$ 일 때의 p 급수이므로 $\displaystyle\sum_{n=1}^{\infty} \frac{1}{n}$ 은 발산하므로 $\displaystyle\sum_{n=1}^{\infty} \frac{1}{4n}$ 도 발산한다. 따라서 비교 판정에 의하여 $\displaystyle\sum_{n=1}^{\infty} \frac{1}{3n+5}$ 이 발산한다.

교대급수

특수한 급수로서 임의의 자연수 n 에 대하여 $a_n > 0$ 이라 할 때

$$a_1 - a_2 + a_3 - a_4 + \cdots + (-1)^{n-1} a_n + \cdots$$

이나

$$-a_1 + a_2 - a_3 + a_4 - \cdots + (-1)^n a_n + \cdots$$

처럼 일반항이 양수와 음수로 교대로 나타나는 급수를 교대급수라 부른다. 참고로 처음 유한번째 항까지 정확하게 교대로 부호가 변하지 않는다 하더라도 이후에 교대로 부호가 교대로 변한다면 교대급수로 보고 수렴선을 조사하면 된다.

정리 7.1.4 (교대급수 수렴정리) 교대급수 $\displaystyle\sum_{n=1}^{\infty} (-1)^{n+1} a_n$에 대하여

(1) $a_n \geq 0$ 이고

(2) $a_n \geq a_{n+1}$ 이고

(3) $\displaystyle\lim_{n\to\infty} a_n = 0$ 이면

주어진 교대급수 $\displaystyle\sum_{n=1}^{\infty} (-1)^{n+1} a_n$는 수렴한다.

증명 모든 자연수에 n 에 대하여 $a_n \geq a_{n+1}$ 이며 $a_n - a_{n+1} > 0$이다. 따라서 두 부분합

(a) $S_{2n} = (a_1 - a_2) + (a_3 - a_4) + (a_5 - a_6) + \cdots (a_{2n-1} - a_{2n})$ 와

(b) $S_{2n} = a_1 - (a_2 - a_3) - (a_4 - a_5) - \cdots - (a_{2n-2} - a_{2n-1}) - a_{2n}$

에서 $a_n > a_{n+1}$ 이므로 $a_n - a_{n+1} > 0$ 이다. 따라서 $\{S_{2n}\}$ 은 양수항 증가 수열이며 a_1 에 의하여 위로 유계가 된다. 따라서 수렴값 $L < a_1$ 을 갖는다. 한편 $S_{2n+1} = S_{2n} + a_{2n+1}$ 이므로

$$\lim_{n\to\infty} S_{2n+1} = \lim_{n\to\infty} S_{2n} + \lim_{n\to\infty} a_{2n+1} = L + 0 = L$$

따라서

$$\lim_{n\to\infty} S_{2n} = L = \lim_{n\to\infty} S_{2n+1}$$

이다. 다음으로 $\lim_{n\to\infty} S_n = L$을 보이자. $\{S_{2n}\}$ 은 증가 수열이고 $\{S_{2n+1}\}$ 은 감소수열이므로 n 이 짝수이면

$$S_n < L < S_{n+1}$$

이며 n 이 홀수이면

$$S_{n+1} < L < S_n$$

이다. 그러므로 임의의 자연수에서

$$|L - S_n| < |S_{n+1} - S_n| = a_{n+1}$$

이다. 따라서 $\lim_{n\to\infty} S_n = L$이다.

정리 7.1.5 (교대급수의 합의 오차)

$L = \sum_{n=1}^{\infty}(-1)^{n+1}a_n$이라 하고 $L_n = \sum_{i=1}^{n}(-1)^n a_n$이라 하자. $R_n = L - L_n$을 오차라 두면 $|R_n| < a_n$ 이다. 즉 오차는 버리는 항의 절대값보다 같거나 작다.

증명

$$R_{2n} = (a_{2n+1} - a_{2n+2}) + (a_{2n+3} - a_{2n+4}) + \cdots > 0$$

$$R_{2n} = a_{2n+1} - (a_{2n+2} - a_{2n+3}) - (a_{2n+4} - a_{2n+5}) - \cdots < 0$$

따라서 $|R_{2n}| < a_{2n+1}$이다.

$$R_{2n+1} = -(a_{2n+2} - a_{2n+3}) - (a_{2n+4} - a_{2n+5}) - \cdots < 0$$

$$R_{2n+1} = -a_{2n+2} + (a_{2n+3} - a_{2n+4}) + (a_{2n+5} - a_{2n+6}) + \cdots > -a_{2n+2}$$

따라서 $|R_{2n+1}| < a_{2n+2}$이다. 그러므로 모든 k 에 대하여 $|R_k| < a_{k+1}$ 이다.

예제 7.1.8

다음의 교대급수는 수렴함을 보여라

(1) $\sum_{n=0}^{\infty}(-1)^n\frac{1}{n+1}=1-\frac{1}{2}+\frac{1}{3}-\frac{1}{4}+\cdots$ (교대조화급수라 부른다.)

(2) $\sum_{n=0}^{\infty}(-1)^n\frac{1}{2^n}=1-\frac{1}{2}+\frac{1}{4}-\frac{1}{8}+\cdots$

(3) $\sum_{n=0}^{\infty}(-1)^n\frac{1}{(n+1)^2+1}=1-\frac{1}{2}+\frac{1}{5}-\frac{1}{10}+\frac{1}{17}-\cdots$

풀이 (1) $a_n=\frac{1}{n+1}$ 이라 두면

$$a_n=\frac{1}{n+1}>\frac{1}{n+2}=a_{n+1}$$

이며

$$\lim_{n\to\infty}\frac{1}{n+1}=0$$

이다. 교대급수정리에 의하여 주어진 급수는 수렴한다.

(2) $a_n=\left(\frac{1}{2}\right)^n$ 이라 하면

$$a_n=\frac{1}{2^n}>\frac{1}{2^{n+1}}=a_{n+1}$$

이며

$$\lim_{n\to\infty}\frac{1}{2^n}=0$$

이다. 따라서 교대급수정리에 의하여 두어진 급수는 수렴한다.

(3) $a_n=\frac{1}{(n+1)^2+1}$이라 하면

$$a_n=\frac{1}{(n+1)^2+1}>\frac{1}{(n+2)^2+1}=a_{n+1}$$

이며

$$\lim_{n\to\infty}\frac{1}{(n+1)^2+1}=0.$$

교대급수정리에 의하여 주어진 급수는 수렴한다.

예제 7.1.9

교대조화급수

$$1-\frac{1}{2}+\frac{1}{3}-\frac{1}{4}+\frac{1}{5}-\cdots$$

는 교대급수정리에 의하여 수렴한다. 이 교대조화급수에 대한 합의 근사값을 구하려 한다 오차를 0.1 이내로 하고자 한다면 몇 째 항까지 더하면 되는가?

풀이 교대급수의 오차에 관한 정리에 의하면 $|R_n|=\dfrac{1}{n+1}<0.1$이면 된다. 즉 $10<n+1$ 이면 된다. 따라서 $n\ge 9$ 이다.

절대수렴과 조건수렴

임의의 급수 $\sum_{n=0}^{\infty}a_n$ 에 대하여 각 항을 절대값을 취하여 얻은 급수 $\sum_{n=0}^{\infty}|a_n|$ 이 수렴할 때 급수 $\sum_{n=0}^{\infty}a_n$ 은 절대(값)수렴한다고 부른다. 또 $\sum_{n=0}^{\infty}a_n$ 는 수렴하나 $\sum_{n=0}^{\infty}|a_n|$ 은 수렴하지 않을 때, $\sum_{n=0}^{\infty}a_n$ 은 조건부 수렴한다고 부른다.

예제 7.1.10

(1) 급수 $\sum_{n=0}^{\infty}(-1)^n\dfrac{1}{n+1}$ 은 주건부 수렴한다.

(2) 급수 $\sum_{n=1}^{\infty}(-1)^n\dfrac{1}{n^2}$ 은 절대수렴한다.

풀이 (1) 주어진 급수는 교대급수이므로 수렴하고 $\sum_{n=0}^{\infty}\dfrac{1}{n+1}$ 는 $p=1$ 인 p 급수이므로 발산한다. 따라서 조건부 수렴한다.

(2) 주어진 급수는 교대급수이므로 수렴하고 $\sum_{n=1}^{\infty}\dfrac{1}{n^2}$ 는 p 급수의 $p=2$ 이므로 수렴한다. 따라서 절대 수렴한다.

조건부 수렴과 절대 수렴의 관계는 다음과 같다.

정리 7.1.6 임의의 급수 $\sum_{n=0}^{\infty} a_n$ 에 대하여, $\sum_{n=0}^{\infty} |a_n|$ 이 수렴하면 $\sum_{n=0}^{\infty} a_n$ 이 수렴한다. 즉 절대수렴하면 수렴한다.

증명

$$0 \le a_n + |a_n| \le 2|a_n|$$

이며 $\sum_{n=0}^{\infty} |a_n|$ 이 수렴하므로 $\sum_{n=0}^{\infty} 2|a_n|$ 도 수렴한다. 따라서 비교판정에 의하여

$$\sum_{n=0}^{\infty} (a_n + |a_n|)$$

도 수렴한다. 따라서

$$\sum_{n=0}^{\infty} a_n = \sum_{n=0}^{\infty} [(a_n + |a_n|) - |a_n|]$$

은 수렴한다.

본 절의 마지막으로 다음 절에서 다루는 멱급수의 수렴성을 조사할 때에 유용하게 사용되는 비에 의한 판정을 소개한다.

정리 7.1.7 (비에 의한 판정법)

급수 $\sum_{n=0}^{\infty} a_n$ 에 대하여 $\rho = \lim_{n\to\infty}\left|\frac{a_{n+1}}{a_n}\right|$ 일 때

(1) $\rho < 1$ 이면 $\sum_{n=0}^{\infty} a_n$ 도 수렴(절대)한다.

(2) $\rho > 1$ 이면 $\sum_{n=0}^{\infty} a_n$ 이 발산한다.

(3) $\rho = 1$ 이면 $\sum_{n=0}^{\infty} a_n$ 의 수렴성에 어떤 일관된 결론을 말할 수 없다.

증명 $\lim_{n\to\infty}\left|\frac{a_{n+1}}{a_n}\right| = \rho < 1$이면 $\rho < t < 1$ 인 t 를 선택할 수 있다. 그리고 극한의 의미에서 충분히 큰 m 이 존재하여 $n \ge m$ 인 모든 자연수 n 에 대하여

$$\left|\frac{a_{n+1}}{a_n}\right| \le t$$

를 만족한다. 따라서

$$|a_{m+1}| \le t|a_m|,\ \ |a_{m+2}| \le t|a_{m+1} \le t^2|a_m|,\ \cdots,\ |a_{m+k}| \le t^k|a_m|$$

한편, $\sum_{k=1}^{\infty} t^k|a_m|$ 은 $t<1$ 인 기하급수이므로 수렴한다. 그러므로 비교판정에 의하여 $\sum_{n=1}^{\infty}|a_k|$ 는 수렴하며, 절대수렴정리에 의하여 $\sum_{n=1}^{\infty} a_k$ 는 수렴한다.

(2) $\lim_{n\to\infty}\left|\frac{a_{n+1}}{a_n}\right| = \rho > 1$이면 $\rho > 1$ 이거나 $\rho = \infty$ 이다. 그래서 $1 < t < \rho$ 인 t 를 선택할 수 있고 충분히 큰 m 이 존재하여 임의의 $n > m$ 에 대하여

$$\left|\frac{a_{n+1}}{a_n}\right| > t$$

를 만족하게 할 수도 있다, 따라서

$$|a_{m+1}| \ge t|a_m|,\ |a_{m+2}| \ge t|a_{m+1} \ge t^2|a_m|, \cdots, |a_{m+k}| \ge t^k|a_m|$$

이다. 그러므로 $\lim_{n\to\infty} a_n = \infty$. 발산정리에 의하여 $\sum_{n=1}^{\infty} a_n$ 은 발산한다.

(3) 서로 상반 되는 두 예를 들어 설명하겠다. 먼저 $\sum_{n=1}^{\infty}\frac{1}{n}$ 을 보면 이 급수는 p 급수로서 $p=1$ 이다. 따라서 발산한다. 그런데

$$\lim_{n\to\infty}\left|\frac{a_{n+1}}{a_n}\right| = \lim_{n\to\infty}\left|\frac{n}{n+1}\right| = 1$$

이다. 또 $\sum_{n=1}^{\infty}\frac{1}{n^2}$ 을 보면, 이 급수는 p 급수로서 $p=2$ 이다. 따라서 수렴한다. 그런데

$$\lim_{n\to\infty}\left|\frac{a_{n+1}}{a_n}\right| = \lim_{n\to\infty}\left|\frac{n^2}{(n+1)^2}\right| = 1$$

이다.

예제 7.1.11

다음 급수의 수렴 발산을 조사하라.

$$\sum_{n=1}^{\infty}\frac{(-1)^n 2^n}{n!} = -2+\frac{4}{2!}-\frac{8}{3!}+\frac{16}{4!}-\cdots$$

풀이 비교판정법을 사용하여

$$\rho = \lim_{n\to\infty}\left|\frac{a_{n+1}}{a_n}\right| = \lim_{n\to\infty}\frac{2^{n+1}}{(n+1)!}\frac{n!}{2^n} = \lim_{n\to\infty}\frac{2}{n+1} = 0 < 1$$

이므로 주어진 급수는 수렴한다

예제 7.1.12

급수 $\sum_{n=1}^{\infty}\frac{\cos n}{n^2}$ 의 수렴성을 조사하라.

풀이 $\left|\frac{\cos n}{n^2}\right| \le \frac{1}{n^2}$ 이다. $\sum_{n=1}^{\infty}\frac{1}{n^2}$ 은 p 급수의 $p=2$ 이므로 수렴한다. 비교판정법에 의하여 $\sum_{n=1}^{\infty}\left|\frac{\cos n}{n^2}\right|$ 은 수렴한다. 그리고 절대수렴정리에 의하여 $\sum_{n=1}^{\infty}\frac{\cos n}{n^2}$ 은 수렴한다.

7.1 연습문제

1. 다음 수열이 수렴하는지 발산하는지 판정하라. 수렴하면 극한을 구하라.

(1) $\frac{2n}{n^2+1}$

(2) $a_n = \frac{(-1)^n}{5^n}$

(3) $a_n = 1-(0.2)^n$

(4) $a_n = \cos\frac{n}{2}$

(5) $a_n = n^2 e^{-n}$

(6) $a_n = \frac{n!}{2^n}$

2. 다음 급수가 수렴하는지 발산하는지 판정하고 수렴하면 그 값을 구하라.

(1) $3-4+\frac{16}{3}-\frac{64}{9}+\cdots$

(2) $\frac{1}{3}+\frac{1}{6}+\frac{1}{9}+\frac{1}{12}+\frac{1}{15}+\cdots$

(3) $\sum_{n=1}^{\infty}\frac{(-3)^{n-1}}{4^n}$

(4) $\sum_{n=1}^{\infty}\frac{1+2^n}{3^n}$

(5) $\sum_{n=0}^{\infty}(\frac{\pi}{3})^n$

(6) $\sum_{n=1}^{\infty}\frac{3}{n(n+3)}$

(7) $\sum_{n=2}^{\infty}\frac{2}{n^2-1}$

(8) $\sum_{n=1}^{\infty}(\frac{1}{e^n}+\frac{1}{n(n+1)})$

3. 다음급수의 수렴 발산을 판정하라.

(1) $\sum_{n=1}^{\infty}\frac{2}{n^{0.8}}$

(2) $\sum_{n=1}^{\infty}\frac{n}{n^2+1}$

(3) $\sum_{n=1}^{\infty}\frac{\sqrt{n}+4}{n^2}$

(4) $\sum_{n=1}^{\infty}\frac{e^{1/n}}{n^2}$

(5) $\sum_{n=1}^{\infty}\frac{n}{2n^2+1}$

(6) $\sum_{n=1}^{\infty}\frac{9^n}{3+10^n}$

(7) $\sum_{n=1}^{\infty}\frac{\ln n}{n}$

(8) $\sum_{n=1}^{\infty}(1+\frac{1}{n})^2 e^{-n}$

(9) $\sum_{n=1}^{\infty}\frac{(-1)^{n-1}}{2n+1}$

(10) $\sum_{n=1}^{\infty}(-1)^n\frac{n}{10^n}$

(11) $\sum_{n=1}^{\infty}(-1)^{n-1}e^{2/n}$ (12) $\sum_{n=1}^{\infty}(-1)^{n}\frac{n^n}{n!}$

4. 다음 급수의 절대수렴, 조건부 수렴을 판별하라.

(1) $\sum_{n=1}^{\infty}\frac{n}{5^n}$ (2) $\sum_{n=1}^{\infty}\frac{(-1)^{n+1}}{\sqrt[4]{n}}$

(3) $\sum_{n=1}^{\infty}\frac{(-1)^{n}e^{1/n}}{n^3}$ (4) $\sum_{n=1}^{\infty}\frac{(-1)^{n}\tan^{-1}n}{n^2}$

(5) $\sum_{n=1}^{\infty}\frac{(-1)^{n}}{\ln n}$ (6) $\sum_{n=1}^{\infty}\frac{n^{100}100^n}{n!}$

해답

1. (1) 수렴, 0 (2) 수렴 0 (3) 수렴 1 (4) 발산
   (5) 수렴 0 (6) 발산
2. (1) 발산 (2) 발산 (3) 1/7 (4) 5/2
   (5) 발산 (6) 11/6 (7) 3/2 (8) $e/(e-1)$
3. (1)-(4) 적분판정. (1) 발산 (2) 발산 (3) 수렴
   (4) 수렴 (5)-(8) 비교판정 (5) 수렴 (6) 수렴
   (7) 발산 (8) 수렴 (9)-(12)교대급수판정 (9) 수렴
   (10) 수렴 (11) 발산 (12) 발산
4. (1)절대수렴 (2) 조건수렴 (3) 절대수렴 (4) 절대수렴
   (5) 조건수렴 (6) 절대수렴

7.2 멱급수

$a_1, a_2, a_3 \cdots$를 수열이라 하고 c를 실수라 하고 x를 변수라 할 때

$$\sum_{n=0}^{\infty} a_n(x-c)^n = a_0 + a_1(x-c) + a_2(x-c)^2 + a_3(x-c)^3 + \cdots a_n(x-c)^n + \cdots$$

을 c를 중심으로 하는 멱급수라 부른다. $c=0$이면

$$\sum_{n=0}^{\infty} a_n x^n = a_0 + a_1 x + a_2 x^2 + a_3 x^3 + \cdots a_n x^n + \cdots$$

이다.

참고 멱급수는 x 대신 실수 값을 대입할 때마다 급수를 얻게 되며 그 때마다 수렴 발산 여부를 따지게 된다. 그래서 멱급수가 주어지면 수렴하는 x의 범위를 찾는 것이 멱급수 부분의 중요한 과제이다.
멱급수의 x에 관한 수렴범위를 찾기 위하여 급수에 관한 비에 의한 판정법이 유용하다.

정리 7.2.1 멱급수 $\sum_{n=0}^{\infty} a_n(x-c)^n$에 대하여 다음 세 가지 중 오직 한 가지만 성립한다.

(1) $\sum_{n=0}^{\infty} a_n(x-c)^n$는 모든 실수 x에 대하여 수렴한다.

(2) $\sum_{n=0}^{\infty} a_n(x-c)^n$는 개구간 c를 중심으로 갖는 $(c-R, c+R)$의 모든 실수 x에 대하여 수렴한다. 그러나 폐구간 $[c-R, c+R]$ 밖에서는 발산한다. 여기서 R은 양의 실수이다.

(3) $\sum_{n=0}^{\infty} a_n(x-c)^n$는 오직 $x=c$에서만 수렴한다. $x \neq c$에서는 발산한다.

위의 정리에서 (1)의 경우 $(-\infty,\ \infty)$ 로, (2)의 경우 $(c-R, c+R)$로 (3) 의 경우 $\{c\}$ 로 쓰고, 급수 $\sum_{n=0}^{\infty} a_n(x-c)^n$의 수렴구간이라 부른다. 또 R 을 수렴반경이라 한다. 그리고 (1)의 경우 수렴반경은 ∞ , (2)의 경우 수렴반경은 R , (3)의 경우 수렴반경을 0 으로 부르기도 한다.

예제 7.2.1

다음 급수는 모든 x 에 대하여 수렴함을 보여라.

$$\sum_{n=0}^{\infty}\frac{x^n}{n!}=1+x+\frac{1}{2!}x^2+\frac{1}{3!}x^3+\frac{1}{4!}x^4+\cdots$$

풀이 x 의 값에 따라서 조사한다. 먼저 $x=0$ 이면 분명히 수렴한다. $x\neq 0$ 이면 비에 의한 판정을 쓰면

$$\rho=\lim_{n\to\infty}\left|\frac{x^{n+1}}{(n+1)!}\frac{n!}{x^n}\right|=\lim_{n\to\infty}\left|\frac{x}{n+1}\right|=0<1$$

이므로 주어진 급수는 수렴하며, 따라서 모든 실수에서 수렴한다. 따라서 수렴 반경은 ∞ 이다.

예제 7.2.2

$x=0$ 에 관한 급수

$$\sum_{n=0}^{\infty}x^n = 1+x+x^2+x^3+\cdots$$

은 비율이 x 인 기하급수이다. 수렴반경을 구하라.

풀이 비에 의한 판정에 의하여

$$\rho=\lim_{n\to\infty}\left|\frac{x^{n+1}}{x^n}\right|=|x|$$

따라서 $|x|<1$ 이면 수렴한다. 따라서 수렴구간은 $(-1,1)$ 이고 반경은 1 이다.

이때 급수의 합은 $\frac{1}{1-x}$ 이다.

예제 7.2.3

$x=0$ 에 관한 급수

$$\sum_{n=0}^{\infty} n!x^n = 1+x+2!x^2+3!x^3+4!x^4+\cdots$$

의 수렴구간을 구하라.

풀이 비에 의한 판정을 쓰면

$$\rho = \lim_{n\to\infty} \left|\frac{(n+1)!x^{n+1}}{n!x^n}\right| = \lim_{n\to\infty}(n+1)|x| = \infty > 1$$

이므로 모든 $x \neq 0$ 에 관하여 발산한다. 즉 $x=0$ 에서만 수렴한다.

예제 7.2.4

$x=0$ 에 관한 다음 급수의 수렴하는 x 의 범위를 찾으라.

$$\sum_{n=0}^{\infty} \frac{x^n}{(n+1)2^n} = 1+\frac{1}{2}\frac{x}{2}+\frac{1}{3}\frac{x^2}{2^2}+\frac{1}{4}\frac{x^3}{2^2}+\cdots$$

풀이 비에 의한 판정을 쓴다.

$$\rho = \lim_{n\to\infty}\left|\frac{x^{n+1}}{(n+2)2^{n+1}}\frac{(n+1)2^n}{x^n}\right|$$
$$= \lim_{n\to\infty}\frac{|x|}{2}\frac{n+1}{n+2} = \frac{|x|}{2}$$

이므로 정리에 의하여 $\frac{|x|}{2} < 1$ 이면, 즉 $-2 < x < 2$ 이면 절대수렴하고 $\frac{|x|}{2} > 1$ 이면 발산이다. 한편 $x=2$ 이면

$$\sum_{n=0}^{\infty}\frac{1}{(n+1)} = 1+\frac{1}{2}+\frac{1}{3}+\frac{1}{4}+\cdots$$

p 급수의 $p=1$ 인 경우이다 발산한다. $x=-2$ 인 경우

$$\sum_{n=0}^{\infty}\frac{(-1)^n}{(n+1)} = 1-\frac{1}{2}+\frac{1}{3}-\frac{1}{4}+\cdots$$

교대급수이며 교대급수 정리에 의하여 수렴한다. 따라서 수렴 구간은 $[-2, 2)$ 이고 수렴반경은 2이다.

예제 7.2.5

$x=0$ 에 관한 급수

$$\sum_{n=1}^{\infty}\frac{x^n}{n^2}=x+\frac{x^2}{4}+\frac{x^3}{9}+\frac{x^4}{16}+\cdots$$

의 수렴 범위를 구하라.

풀이 비에 의한 판정을 쓰면

$$\rho=\lim_{n\to\infty}\left|\frac{x^{n+1}}{(n+1)^2}\frac{n^2}{x^n}\right|$$

$$=\lim_{n\to\infty}\left(\frac{n}{n+1}\right)^2|x|=|x|$$

이다. 수렴구간은 $(-1,1)$ 이다. 한편 $x=1$ 이면

$$\sum_{n=1}^{\infty}\frac{1}{n^2}=1+\frac{1}{2^2}+\frac{1}{3^2}+\frac{1}{4^2}+\cdots$$

이며 이는 $p=2$ 인 p 급수이므로 수렴하고, $x=-1$ 이면

$$\sum_{n=1}^{\infty}\frac{(-1)^n}{n^2}=-1+\frac{1}{2^2}-\frac{1}{3^2}+\frac{1}{4^2}-\cdots$$

이며 이는 교대급수이다. 교대급수 정리에 의하여 수렴한다. 따라서 급수의 수렴 범위는 $[-1,1]$ 이다.

멱급수함수의 미분과 적분

지금까지 멱급수는 수렴구간을 가짐을 알았다. 그리고 멱급수는 수렴구간에서 급수는 합을 가짐을 알았다. 합을 $f(x)=\sum_{n=0}^{\infty}a_n(x-c)^n$으로 두고 이를 멱급수함수라 하며 이 멱급수함수 $f(x)$ 는 구렴구간 내의 임의의 점에서 연속임이 알려져 있다. 다음은 멱급수함수의 미분과 적분에 대하여 알아보겠다.

정리 7.2.2 (멱급수함수의 적분)

$f(x)=\sum_{n=0}^{\infty}a_n(x-c)^n$ 를 수렴반경 R_1 을 갖는 수렴구간에서 정의되었다 하자. 그러면

$$\int f(x)dx = \sum_{n=0}^{\infty} a_n \int (x-c)^n dx$$

$$= \sum_{n=0}^{\infty} a_n \frac{(x-c)^{n+1}}{n+1} + C \quad |x-c| < R_1$$

이며, 수렴구간은 원래 주어진 급수의 수렴구간과 같다. C는 적분상수이다. 또 a와 b가 수렴구간 내의 임의의 두 점이면

$$\int_a^b f(x)dx = \sum_{n=0}^{\infty} a_n \int_a^b (x-c)^n dx$$

$$= \sum_{n=0}^{\infty} \left[a_n \frac{(x-c)^{n+1}}{n+1} \right]_a^b$$

이다. 따라서 $\int_a^b f(x)\,dx$는 항별 적분으로 얻어진다.

정리 7.2.3 (멱급수함수의 미분)

$f(x) = \sum_{n=0}^{\infty} a_n (x-c)^n$ 를 수렴반경 R_1 을 갖는 수렴구간에서 정의되었다 하자. 그러면, $f(x)$는 미분가능하며

$$f'(x) = \sum_{n=0}^{\infty} a_n \{(x-c)^n\}'$$

$$= \sum_{n=0}^{\infty} n a_n (x-c)^{n-1}, \quad |x-c| < R_1$$

이다. 따라서 $f'(x)$는 항별미분가능하며 수렴구간은 원래 주어진 급수의 수렴구간과 같다.

예제 7.2.6

$|x| < 1$이면 $\frac{1}{1-x} = \sum_{n=0}^{\infty} x^n = 1 + x + x^2 + x^3 + \cdots$이 성립한다. 이를 이용하여

(1) $\frac{1}{(x-1)^2}$ 을 구하라.

(2) $\frac{1}{1+x}$ 를 구하라.

(3) $\ln|1+x|$를 구하라.

(4) $\ln x$ 를 구하라.

풀이 (1) 급수함수의 미분에 의하여

$$\frac{1}{(1-x)^2}=\frac{d}{dx}\left(\frac{1}{1-x}\right)=\frac{d}{dx}(1+x+x^2+x^3+x^4+\cdots)$$

$$=1+2x+3x^2+4x^3+5x^4+$$

$$=\sum_{n=1}^{\infty}nx^{n-1}=\sum_{n=0}^{\infty}(n+1)x^n$$

(2) $\frac{1}{1-x}=\sum_{n=0}^{\infty}x^n=1+x+x^2+x^3+\cdots$ 에 x 대신 $-x$ 를 대입하면

$|-x|=|x|<1$이므로

$$\frac{1}{1+x}=\frac{1}{1-(-x)}=\sum_{n=0}^{\infty}(-x)^n=1-x+x^2-x^3+\cdots$$

이다.

(3) (2)에서 $\frac{1}{1+x}=\sum_{n=0}^{\infty}(-x)^n=1-x+x^2-x^3+\cdots$ 에 급수함수의 적분정리를 쓰면

$$\int\frac{1}{1+x}dx=\sum_{n=0}^{\infty}\int(-x)^n\,dx$$

$$=\sum_{n=0}^{\infty}(-)^n\frac{x^{n+1}}{n+1}=\sum_{n=1}^{\infty}(-1)^{n-1}\frac{x^n}{n}+C,\ |x|<1$$

따라서

$$\ln|1+x|=\sum_{n=1}^{\infty}(-1)^{n-1}\frac{x^n}{n}+C,\ \ |x|<1$$

$x=0$ 을 넣으면 $\ln 1=0$ 이므로 $0=C$ 이다. 또한 $|x|<1$ 이면 $-1<x<1$1이며 $0<x+1<2$이다 따라서 $|x+1|=x+1$이다. 그러므로

$$\ln(1+x)=\sum_{n=1}^{\infty}(-1)^{n-1}\frac{x^n}{n},\ |x|<1$$

$$=x-\frac{1}{2}x^2+\frac{1}{3}x^3-\frac{1}{4}x^4+\cdots$$

(4) (3)에서 x 대신 $x-1$ 을 대입하면

$$\ln x=\sum_{n=1}^{\infty}(-1)^{n-1}\frac{(x-1)^n}{n},\ \ |x-1|<1$$

$|x-1|<1$이면 $-1<x-1<1$에서 $0<x<2$ 이므로 위의 급수는 $0<x<2$ 에서만 참이다.

예제 7.2.7

$\tan^{-1}x$ 를 멱급수로 나타내라.

풀이 $\dfrac{d}{dx}\tan^{-1}x = \dfrac{d}{dx}\displaystyle\int_0^x \frac{1}{1+t^2}dt = \frac{1}{1+x^2}$ 이므로 $\tan^{-1}x = \displaystyle\int_0^x \frac{1}{1+t^2}dt$이다.

한편

$$\frac{1}{1-x} = \sum_{n=0}^{\infty} x^n = 1 + x + x^2 + x^3 + \cdots$$

에서 $x = -t^2$ 으로 두면

$$\frac{1}{1+t^2} = \sum_{n=0}^{\infty}(-t^2)^n = 1 - t^2 + t^4 - t^6 + t^8 - \cdots, \quad |t| < 1$$

이므로

$$\begin{aligned}\tan^{-1}x &= \int_0^x (1 - t^2 + t^4 - t^6 + \cdots)\,dt \\ &= x - \frac{x^3}{3} + \frac{x^5}{5} - \frac{x^7}{7} + \cdots, \quad |x| < 1\end{aligned}$$

참고 어떤 함수가 $f'(x) = f(x)$ 이면 $f(x) = f(0)e^x$로 알려져 있다. 이 결과를 이용하여 다음 예제를 풀어보겠다.

예제 7.2.8

급수 $\displaystyle\sum_{n=0}^{\infty}\frac{x^n}{n!} = 1 + x + \frac{x^2}{2!} + \frac{x^3}{3!} + \cdots$ 은 모든 x 에 대하여 수렴을 한다. 이때 급수함수의 합을 구체적으로 구하라.

풀이 주어진 급수를 $f(x)$ 로 두면 급수는 모든 x 에 대하여 수렴함으로 항별미분가능하다.

$$f'(x) = \sum_{n=0}^{\infty}\frac{d}{dx}\left(\frac{x^n}{n!}\right) = 1 + x + \frac{x^2}{2!} + \frac{x^3}{3!} + \cdots$$

한편 $f(0) = 1$ 이므로 $f'(x) = f(x)$이다. 따라서 $f(x) = e^x$ 이다. 즉

$$e^x = \sum_{n=0}^{\infty}\frac{x^n}{n!} = 1 + x + \frac{x^2}{2!} + \frac{x^3}{3!} + \cdots$$

이다.

예제 7.2.9

e^x 의 멱급수 표현을 이용하여 e^{-1} 의 값을 오차가 0.0001 보다 작도록 하는 근사값을 구하라.

풀이 $e^x = 1 + x + \dfrac{x^2}{2!} + \dfrac{x^3}{3!} + \cdots$에서

$$e^{-1} = 1 - 1 + \frac{(-1)^2}{2!} + \frac{(-1)^3}{3!} + \frac{(-1)^4}{4!} + \cdots$$

교대급수 오차정리에 의하여 $\dfrac{1}{n!} < 0.0001$ 되는 최소의 n을 시행착오를 거치며 찾으면 된다. $n > 8$ 임을 알 수 있으며 각각의 $n = 0, 1, 2, 3, 4, 5, 6, 7$에 대하여 계산하여 대입하면

$$1 - 1 + \frac{1}{2} - \frac{1}{6} + \frac{1}{24} - \cdots - \frac{1}{5040} = \frac{103}{280} \fallingdotseq 0.3679$$

를 얻는다.

예제 7.2.10

$e^x = \displaystyle\sum_{n=0}^{\infty} \frac{x^n}{n!} = 1 + x + \frac{x^2}{2!} + \frac{x^3}{3!} + \cdot$를 이용하여 e^{-x^2} 을 멱급수로 나타내라.

풀이 x 대신 $-x^2$ 을 넣으면

$$e^{-x^2} = \sum_{n=0}^{\infty} \frac{(-x^2)^n}{n!} = 1 - x^2 + \frac{x^4}{2!} - \frac{x^6}{3!} + \cdots$$

이다.

참고 $\displaystyle\int_0^1 e^{-x^2} dx$ 의 계산도 급수표현을 이용하여 근사값 계산이 가능하다.

예제 7.2.11

$\int_0^1 e^{-x^2}dx$ 의 값을 오차가 0.005 보다 작도록 하는 근사값을 구하라.

$$\int_0^1 e^{-x^2}dx = \sum_{n=0}^{\infty} \frac{(-)^n}{n!} \left| \frac{x^{2n+1}}{2n+1} \right|_0^1 = \sum_{n=0}^{\infty} \frac{(-1)^n}{n!} \frac{1}{2n+1}$$

이다. 교대급수이므로 시행착오를 거처 교대급수 오차정리에 의하여 $n \geq 4$ 이면 오차가 0.005 보다 작아진다.

$n=0, 1, 2, 3$에 대응하는 값으로 계산하면

$$1 - \frac{1}{3} + \frac{1}{10} - \frac{1}{42} = \frac{26}{35} \fallingdotseq 0.734$$

를 얻는다.

7.2 연습문제

1. 다음 멱급수의 수렴반경과 수렴 구간을 구하라.

(1) $\sum_{n=1}^{\infty}(1-)^n nx^n$

(2) $\sum_{n=1}^{\infty}\frac{x^n}{2n-1}$

(3) $\sum_{n=1}^{\infty}\frac{x^n}{n!}$

(3) $\sum_{n=1}^{\infty}(-1)^n\frac{n^2x^n}{2^n}$

(5) $\sum_{n=1}^{\infty}\frac{(-3)^n}{n\sqrt{n}}$

(6) $\sum_{n=1}^{\infty}(-1)^n\frac{x^n}{4^n \ln n}$

(7) $\sum_{n=1}^{\infty}\frac{(x-2)^n}{n^2+1}$

(8) $\sum_{n=1}^{\infty}\frac{3^n(x+4)^n}{\sqrt{n}}$

(9) $\sum_{n=1}^{\infty}\frac{(x-2)^n}{n^n}$

(10) $\sum_{n=1}^{\infty}n!(2x-1)^n$

2. 다음 함수들을 멱급수로 나타내라.

(1) $\frac{1}{x+2}$ (힌트 $\frac{1}{2(1+x/2)}$)

(2) $\frac{x^3}{x+2}$ (힌트. $x^3\frac{1}{x+2}$)

(3) $\ln(1+x)$ (힌트 $\frac{1}{1+x}=\sum_{n=0}^{\infty}(-1)^n x^n$ 를 적분)

(4) $\tan^{-1}x$ (힌트 $\frac{1}{1+x^2}$ 의 급수를 적분)

(5) $\int\frac{1}{1+x^7}dx$ (힌트 $\frac{1}{1+x^7}=\frac{1}{1-(-x^7)}$의 급수를 이용)

해답

1. (1) 1 , $(-1,1)$ (2) 1 , $[-1,1)$
   (3) ∞ , $(-\infty,\infty)$ (4) 2 , $(-2,2)$
   (5) $1/3$, $(-1/3,1/3)$ (6) 4 , $(-4,4)$
   (7) 1 , $[1,3]$ (8) $1/3$, $[-13/3,-11/3)$
   (9) ∞ , $(-\infty,\infty)$ (10) 0 , $1/2$
2. (1) $\sum_{n=1}^{\infty}\frac{(-1)^n}{2^{n+1}}x^n$ (2) $\sum_{n=0}^{\infty}\frac{(-1)^{n-1}}{2^{n-2}}x^n$
   (3) $\sum_{n=1}^{\infty}(-1)^{n-1}\frac{x^n}{n}$ (4) $\sum_{n=0}^{\infty}(-1)^n\frac{x^{2n+1}}{2n+1}$
   (5) $C+x-\frac{x^8}{8}+\frac{x^{15}}{15}-\frac{x^{22}}{22}+\cdots$

7.3 함수의 전개와 Taylor 정리

함수 $f(x)$ 가 $(x-c)$ 에 관한 멱(거듭제곱)으로 다음과 같이 표현되었다면

$$f(x)= a_0 + a_1(x-c)+ a_2(x-c)^2 + a_3(x-c)^3 + a_4(x-c)^4 +\cdots \qquad \text{(A)}$$

(1) 상수 a_n 은 어떻게 구할 수 있을까?

(2) 구할 수 있다면 가능한 x 의 범위는 무엇일까?

함수 $f(x)$ 가 위에 주어진 식 (A)와 같은 멱급수 표현을 갖는다면 멱급수 함수의 미분법에 의하여

$$f'(x)= a_1 + a_2(x-c)+3a_3(x-c)^2+4a_3(x-c)^3+\cdots$$
$$f''(x)= 2!a_2+3!(x-c)+4\cdot 3(x-c)^2+5\cdot 4(x-c)^2+\cdots$$
$$f'''(x)=3!a_3+4!a_4(x-c)+5\cdot 4\cdot 3a_5(x-c)^2+\cdots$$
$$\cdots\ \cdots$$

를 얻는다. 이들 각 등식에 $x=c$ 를 넣고 a_n 에 관하여 정리하면

$$a_0 = f(c), \quad a_1 = f'(c),$$
$$a_2 = \frac{f''(c)}{2!}, \ a_3 = \frac{f'''(c)}{3!},$$
$$\cdots$$
$$a_n = \frac{f^{(n)}(c)}{n!},$$
$$\cdots$$

이 된다. 즉 계수 a_n 은 함수 $f(x)$ 의 도함수로부터 얻을 수 있다. 이때 a_n 은 유일하다. 다시 말하여 $f(x)$ 를 멱급수함수로 표현하였다면 멱급수의 계수는

$$a_n = \frac{f^{(n)}(c)}{n!}$$

로 표현되므로 멱급수함수 표현은 유일하다.

함수 $f(x)$ 가 $x=c$ 에서 무한 미분가능할 때, 즉 임의의 자연수 n 에 대하여 $f^{(n)}(c)$ 가 존재할 때,

$$P_n(x)=f(c)+\frac{f'(c)}{1!}(x-c)+\frac{f''(c)}{2!}(x-c)^2+\cdots+\frac{f^{(n)}(c)}{n!}(x-c)^n$$

를 $f(x)$ 의 $x=c$ 에서의 n 차 Taylor다항식이라 부르고,

$x=0$ 일 때

$$P_n(x)=f(0)+\frac{f'(0)}{1!}x+\frac{f''(0)}{2!}x^2+\frac{f'''(0)}{3!}x^3+\cdots+\frac{f^{(n)}(0)}{n!}x^n$$

을 $f(x)$ 의 n 차 Maclaurin 다항식이라 한다.

또 이들의 무한급수

$$\sum_{n=0}^{\infty}\frac{f^{(n)}(c)}{n!}(x-c)^n=f(c)+\frac{f'(c)}{1!}(x-c)+\frac{f''(c)}{2!}(x-c)^2+\frac{f'''(c)}{3!}(x-c)^3+\cdots$$

을 $x=c$ 에서의 함수 $f(x)$ 의 Taylor 급수라 하고, Taylor 급수에서 $c=0$ 일 때

$$\sum_{n=0}^{\infty}\frac{f^{(n)}(0)}{n!}x^n=f(0)+\frac{f'(0)}{1!}x+\frac{f''(0)}{2!}x^2+\frac{f'''(0)}{3!}x^3+\frac{f^{(4)}(0)}{4!}x^4+\cdots$$

를 Maclaurin 급수라 부른다.

참고 (n 차 Taylor다항식의 해석)

$n=1$ 이면

$$P_1(x)=f(c)+\frac{f'(c)}{1!}(x-c)$$

이며 이는

$$y=f(c)+f'(c)(x-c)$$

가 되어 이는 함수 $f(x)$ 의 $x=c$ 에서의 $f(x)$ 에 접하는 1차 방정식을 나타낸다.

$n=2$ 이면

$$P_2(x)=f(c)+\frac{f'(c)}{1!}(x-c)+\frac{f''(c)}{2!}(x-c)^2$$

가 되어 이는 함수 $f(x)$ 의 $x=c$ 에서의 $f(x)$ 에 접하는 2차 방정식을 나타낸다. 같은 의미에서

$$P_3(x)=f(c)+\frac{f'(c)}{1!}(x-c)+\frac{f''(c)}{2!}(x-c)^2+\frac{f'''(c)}{3!}(x-c)^3$$

은 함수 $f(x)$ 의 $x=c$ 에서 $f(x)$ 에 접하는 3차 방정식을 나타낸다.

일반적으로 $P_n(x)$ 는 $x=c$ 에서 곡선 $f(x)$ 에 접하는 n 차 다항식이므로 $x=c$ 를 중심으로 하는 충분히 작은 구간에서 $f(x)$ 에 가장 가까운 n 차 다항식을 의미한다. 따라서 $f(x)$ 가 n 차 이하 다항식일 경우는 $x=c$ 에서의 $f(x)$ 의 n 차 Taylor다항식은 자신과 같음을 알 수 있다.

예제 7.3.1

$f(x)=e^x$ 의 $a=0$ 에서 Taylor다항식 $P_1(x)$, $P_2(x)$, $P_3(x)$ 를 구하고 그래프를 그려라.

풀이 $f(0)=f'(0)=f''(0)=f'''(0)=1$ 이므로

$$P_1(x)=1+x,$$

$$P_2(x)=1+x+\frac{x^2}{2},$$

$$P_3(x)=1+x+\frac{x^2}{2}+\frac{x^3}{6}$$

이다. $f(x)=e^x$ 와 $P_1(x)$, $P_2(x)$ $P_3(x)$ 의 그래프를 동일한 좌표축에 그리면 다음과 같다.

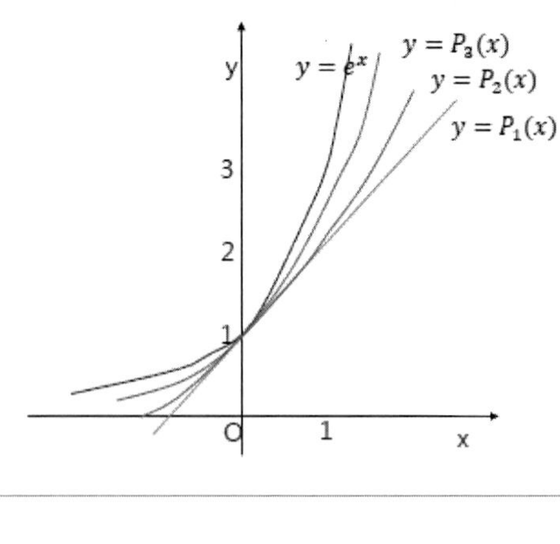

예제 7.3.2

$f(x)=\cos x$의 $a=0$에서 Taylor다항식 $P_0(x)$, $P_2(x)$, $P_4(x)$, $P_6(x)$,$\cdots$,$P_{2n}(x)$를 구하고 그래프를 그려라.

풀이 $f(0)=1$, $f'(0)=\sin 0=0$, $f''(0)=-\cos 0=-1$, $f'''(0)=\sin 0=0$, $f^{(4)}(0)=\cos 0=1$, $\cdots$, $f^{(2n)}(0)=(-1)^n$, $f^{(2n+1)}(x)=0$이므로

$$P_0(x)=1,$$

$$P_2(x)=P_3(x)=1-\frac{1}{2}x^2,$$

$$P_4(x)=P_5(x)=1-\frac{1}{2}x^2+\frac{1}{24}x^4$$

$$\cdots$$

$$P_{2n}(x)=P_{2n+1}(x)=1-\frac{1}{2!}x^2+\frac{1}{4!}x^4-\frac{1}{6!}x^6+\cdots+(-1)^n\frac{x^{2n}}{(2n)!}$$

이다. 이들을 동일한 좌표축에 그래프를 그리면 다음과 같다.

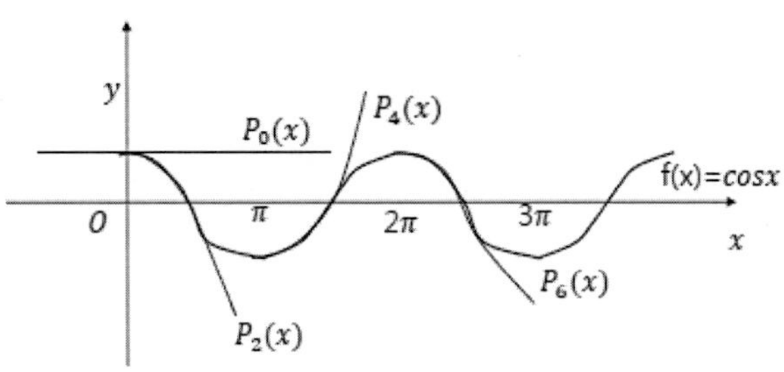

예제 7.3.3

$f(x)=\sin x$에 대하여 Maclaurin급수를 구하라.

풀이 $f(x)=\sin x$라 두면

$$f'(x)=\cos x$$
$$f''(x)=-\sin x$$
$$f''(x)=-\cos x$$
$$f^{(4)}(x)=\sin x$$

이며 이후 $f^{(n)}(x)$는 4가지 함수로 반복이 된다. 한편 $\sin 0=0$, $\cos 0=1$, $f^{(2k)}(0)=0$이며 $f^{(2k+1)}(0)=(-1)^k$이다

따라서 $\sin x$ 의 Maclaurin급수는

$$\sum_{k=0}^{\infty} \frac{(-1)^k}{(2k+1)!} x^{2k+1} = x - \frac{x^3}{3!} + \frac{x^5}{5!} - \frac{x^7}{7!} + \cdots$$

을 얻는다.

예제 7.3.4

함수 $f(x) = \dfrac{1}{1-x}$ 의 Maclaurin 급수를 구하라.

풀이 $f'(x) = \dfrac{1}{(1-x)^2}$

$f''(x) = \dfrac{2}{(x-1)^3}$

$f'''(x) = \dfrac{3 \cdot 2}{(1-x)^4}$

$f^{(4)}(x) = \dfrac{4 \cdot 3 \cdot 2}{(1-x)^5}$

$f^{(5)}(x) = \dfrac{5 \cdot 4 \cdot 3 \cdot 2}{(1-x)^6}$

로부터 $f^{(n)}(x) = \dfrac{n!}{(1-x)^{n+1}}$ 을 알 수 있다. 또 $f^{(n)}(0) = n!$ 이다. 따라서 $\dfrac{1}{1-x}$ 의 Maclaurin급수는

$$\sum_{n=0}^{\infty} \frac{f^{(n)}(0)}{n!} x^n = 1 + x + x^2 + x^3 + x^4 + \cdots$$

이다.

예제 7.3.5

$f(x) = \dfrac{1}{x}$ 의 $x = 1$ 에서 Taylor급수를 구하라.

풀이 $f(x) = \dfrac{1}{x}$,

$$f'(x) = -\frac{1}{x^2},$$

$$f''(x) = \frac{1 \cdot 2}{x^3},$$

$$f'''(x) = -\frac{1 \cdot 2 \cdot 3}{x^4}$$

$$\cdots$$

$$f^{(k)}(x) = (-1)^k \frac{k!}{x^{k-1}}$$

이므로 $f(1)=1$, $f'(1)=-1$, $f''(1)=2!, \cdots$, $f^{(k)}=(-1)^k k!$이다. 따라서 $f(x)=\frac{1}{x}$ 의 $x=1$ 에서의 Taylor급수는

$$\sum_{n=1}^{\infty} \frac{(-1)^n n!}{n!}(x-1)^n = 1-(x-1)+(x-1)^2-(x-1)^3+(x-1)^4-\cdots$$

이다.

다음 정리는 함수 $f(x)=\sum_{n=0}^{\infty} b_n(x-c)^n$ 일 때 멱급수 함수 $f(x)$의 Taylor 급수는 자신임을 보여 준다. 본 절의 시작에서 설명한 내용이다.

정리 7.3.1 만일 $f(x)=\sum_{n=0}^{\infty} b_n(x-c)^n$ $(x \neq c)$ 이면 $f(x)$ 의 Taylor 급수는 $f(x)$ 자신이다.

증명

$x \neq c$ 일 때 $f(x)=\sum_{n=0}^{\infty} b_n(x-c)^n$ 라 하자. 그러면 $f(c)=b_0$ 이다.

정리 7.2.3에 의하여 급수함수는 항별 미분이 가능하므로

$$f'(x)=\sum_{n=0}^{\infty} nb_n(x-c)^{n-1} \text{이며 } f'(c)=b_1$$

$$f''(x)=\sum_{n=0}^{\infty} n(n-1)b_n(x-c)^{n-2}$$

에서 $f''(c)=2b_2$.

따라서 $b_2 = \frac{f''(c)}{2!}$.

또 미분하면

$$f'''(x) = \sum_{n=0}^{\infty} n(n-1)(n-2)b_n(x-c)^{n-3}$$

에서 $f'''(c) = 3!\,b_3$. 따라서 $b_3 = \frac{f'''(c)}{3!}$. 이 같은 계산을 반복함으로 우리는

$$b_n = \frac{f^{(n)}(c)}{n!}$$

을 얻는다. 따라서 $f(x)$ 의 Taylor급수는 $f(x)$ 자신과 같다.

다음은 어떤 함수 $f(x)$ 가 유도된 Taylor 급수

$$f(c) + \frac{f'(c)}{1!}(x-c) + \frac{f''(c)}{2!}(x-c)^2 + \frac{f'''(c)}{3!}(x-c)^3 + \cdots$$

와 같을까? 즉

$$f(x) = f(c) + \frac{f'(c)}{1!}(x-c) + \frac{f''(c)}{2!}(x-c)^2 + \frac{f'''(c)}{3!}(x-c)^3 + \cdots$$

일 조건과 x 의 범위는 무엇일까?

정리 7.3.2 (나머지항 공식)

$x = c$를 포함하는 개구간 I에서 $f(x)$는 $n+1$ 번 미분가능하다고 할 때, 임의 점 $x \in I$ 에 대하여,

$$f(x) = f(c) + \frac{f'(c)}{1!}(x-c) + \frac{f''(c)}{2!}(x-c)^2 + \frac{f'''(c)}{3!}(x-c)^3 + \cdots + \frac{f^{(n)}(c)}{n!}(x-c)^n + R_n(x)$$

를 만족한다. 여기서 나머지항 혹은 오차항 $R_n(x)$는 다음과 같다.

$$R_n(x) = \frac{f^{(n+1)}(\xi)}{(n+1)!}(x-c)^{n+1}$$

이며 ξ는 x 와 c 사이의 적절한 값이다.

증명 $R_n(x)=f(x)-f(c)-\dfrac{f'(c)}{1!}(x-c)-\dfrac{f''(c)}{2!}(x-c)^2-\cdots-\dfrac{f^{(n)}(c)}{n!}(x-c)^n$

라 두자. 또

$$\begin{aligned}g(t) &= f(x)-f(t)-\frac{f'(t)}{1!}(x-c)-\frac{f''(t)}{2!}(x-t)^2-\cdots\\ &\quad -\frac{f^{(n)}(t)}{n!}(x-t)^n-R_n(x)\frac{(x-t)^{n+1}}{(x-c)^{n+1}}\end{aligned}$$

라 두면

$$g(x)=f(x)-f(x)-0-\cdots-0=0$$

$$g(c)=f(x)-$$

$$\left[[f(c)+\frac{f'(c)}{1!}(x-c)+\frac{f''(c)}{2!}(x-c)^2+\cdots+\frac{f^{(n)}(c)}{n!}(x-c)^n]+R_n(x)\right]$$

$$=f(x)-f(x)=0$$

그러므로 미분에서의 Rolle의 정리를 구간 $[c, x]$ (혹은 $[x, c]$)에 적용하면, c 와 x 사이에 적당한 ξ 가 존재하여 $g'(\xi)=0$ 이 된다. 한편

$$g'(t)=-\frac{f^{(n+1)}(t)}{n!}(x-t)^n+(n+1)R_n(x)\frac{(x-t)^n}{(x-c)^{n+1}}$$

이다. 그러므로

$$g'(\xi)=-\frac{f^{(n+1)}(\xi)}{n!}(x-\xi)^n+(n+1)R_n(x)\frac{(x-\xi)^n}{(x-c)^{n+1}}=0$$

따라서

$$R_n(x)=\frac{f^{(n+1)}(\xi)}{(n+1)!}(x-c)^{n+1}$$

이 성립한다.

정리 7.3.3 (Taylor정리)

$x=c$ 를 포함하는 개구간 I 에서 임의 점 $x\in I$ 에 대하여,

$$\begin{aligned}f(x)&=f(c)+\frac{f'(c)}{1!}(x-c)+\frac{f''(c)}{2!}(x-c)^2+\frac{f'''(c)}{3!}(x-c)^3+\cdots\\ &\quad+\frac{f^{(n)}(c)}{n!}(x-c)^n+R_n(x)\end{aligned}$$

만족할 때, 나머지항

$$R_n(x) = \frac{f^{(n+1)}(\xi)}{(n+1)!}(x-c)^{n+1}$$

에 대하여

$$\lim_{n\to\infty} R_n(x) = \lim_{n\to\infty} \frac{f^{(n+1)}(\xi)}{(n+1)!}(x-c)^{n+1} = 0$$

이면

$$f(x) = \lim_{n\to\infty} \sum_{k=1}^{n} \frac{f^{(k)}(c)}{k!}(x-c)^k$$
$$= \sum_{n=1}^{\infty} \frac{f^{(n)}(c)}{n!}(x-c)^n$$

이다.

예제 7.3.1

다항식 함수 $f(x) = x^4 + 3x^3 - 2x + 10$에 대하여

(1) $x = 1$ 에서의 Taylor다항식을 구하라.

(2) $f(1.1)$ 과 $f(0.99)$ 의 값을 구하라.

(3) $f(x)$ 를 $x-1$ 로 나누었을 때의 나머지를 구하라.

풀이 $f(1) = 12$, $f'(1) = 11$, $f''(1) = 21$, $f'''(1) = 24$, $f''''(1) = 24$, $f^{(n)}(1) = 0$ $(n \geq 5)$이므로 $R_n(x) = 0$ $(n \geq 5)$이다 따라서 Taylor정리에 의하여 $f(x)$ 는 Taylor 다항식과 같다. 따라서

$$f(x) = 12 + \frac{11}{1!}(x-1) + \frac{21}{2!}(x-1)^2 + \frac{24}{3!}(x-1)^3 + \frac{24}{4!}(x-1)^4$$

이다.

(2) $$f(1.1) = 12 + \frac{11}{1!}(0.1) + \frac{21}{2!}(0.1)^2 + \frac{24}{3!}(0.1)^3 + \frac{24}{4!}(0.1)^4$$

$$= 12 + 1.1 + \frac{21}{2} \times 0.01 + 4 \times 0.001 + 0.0001$$

$$= 13.2091$$

$$f(0.9) = 12 + \frac{11}{1!}(-0.1) + \frac{21}{2!}(-0.1)^2 + \frac{24}{3!}(-0.1)^3 + \frac{24}{4!}(-0.1)^4$$

$$= 12 - 1.1 + \frac{21}{2} \times 0.01 - 4 \times 0.001 + 0.0001$$

$$= 11.0011$$

(3) $f(x)=(x-1)\left[11+\frac{21}{2}(x-1)+4(x-1)^2+(x-1)^3\right]+12$ 이므로 나머지는 12 이다. 이는 $f(1)=12$ 와 같으며 고등학교 과정에서 나머지 정리로 알려져 있다.

참고 임의의 실수 x 에 대하여 k 를 $k>|x|$ 되도록 잡으면

$$\frac{|x|^n}{n!}=\frac{|x|}{1}\cdot\frac{|x|}{2}\cdot\cdots\cdot\frac{|x|}{k}\cdot\frac{|x|}{k+1}\cdot\frac{|x|}{k+2}\cdot\cdots\cdot\frac{|x|}{n}$$
$$<|x|^k\cdot\frac{|x|}{n}\to 0\ (n\to\infty)$$

이다. 따라서 $\lim_{n\to\infty}\frac{|x|}{n!}=0$ 이다. 이 사실은 급수의 나머지 $R_n(x)$ 이 0 으로 수렴함을 증명할 때 자주 사용된다.

예제 7.3.7

모든 x 에 대하여, $\sin x$ 는 Maclaurin급수로 전개가능함을 보여라.

$$\sin x=\sum_{k=0}^{\infty}\frac{(-1)^k}{(2k+1)!}x^{2k+1}=x-\frac{x^3}{3!}+\frac{x^5}{5!}-\frac{x^7}{7!}+\cdots$$

풀이 Taylor정리에 의하여

$$\lim_{n\to\infty}R_n(x)\le\lim_{n\to\infty}\frac{|x|^{n+1}}{(n+1)!}=0$$

이다. 따라서 $\sin x$ 는 멱급수와 같다.

예제 7.3.8

모든 x 에 대하여, $\cos x=1-\frac{x^2}{2!}+\frac{x^4}{4!}-\frac{x^6}{6!}+\cdots$ 임을 보여라.

풀이 $\cos x=\frac{d}{dx}\sin x=\frac{d}{dx}\left(x-\frac{x^3}{3!}+\frac{x^5}{5!}-\frac{x^7}{7!}-\cdots\right)$

$$=1-\frac{3x^2}{3!}+\frac{5x^4}{5!}-\frac{7x^6}{7!}+\cdots$$

$$=1-\frac{x^2}{2!}+\frac{x^4}{4!}-\frac{x^6}{6!}+\cdots$$

예제 7.3.9

e^x 는 Maclaurin급수로 전개가능함을 보여라.

$$e^x = \sum_{n=0}^{\infty} \frac{x^n}{n!} = 1 + x + \frac{x^2}{2!} + \frac{x^3}{3!} + \cdots$$

풀이 ξ 를 0 과 x 사이의 값이라 하면

$$0 < R_n(x) = \frac{e^{\xi}}{(n+1)!} x^{n+1} < e^{\xi} \frac{x^{n+}}{(n+1)!} \to 0 \quad (n \to \infty)$$

이다. 따라서 e^x 와 Maclaurin 급수는 일치한다.

예제 7.3.10

e^x 의 Maclaurin 급수전개를 이용하여 쌍곡선함수

$$\cosh x = \frac{e^x + e^{-x}}{2}$$

의 급수전개를 구하라. ($\cosh x = \dfrac{e^x + e^{-x}}{2}$ 를 cosine쌍곡선함수라 한다)

풀이 모든 x 에 대하여 $e^x = \displaystyle\sum_{n=0}^{\infty} \frac{x^n}{n!}$ 이므로 x 대신 $-x$ 를 대입하여

$$\sum_{n=0}^{\infty} \frac{(-x)^n}{n!} = 1 - x + \frac{x^2}{2!} - \frac{x^3}{3!} + \cdots + (-1)^n \frac{1}{n!} x^n + \cdots$$

따라서

$$\begin{aligned}
\cosh x &= \frac{e^x + e^{-x}}{2} \\
&= \frac{1}{2}\left(1 + x + \frac{1}{2!}x^2 + \frac{1}{3!}x^3 + \cdots\right) + \frac{1}{2}\left(1 - x + \frac{1}{2}x^2 - \frac{1}{3!}x^3 + \cdots\right) \\
&= 1 + \frac{1}{2!}x^2 + \frac{1}{4!}x^4 + \frac{1}{6!}x^6 + \cdots
\end{aligned}$$

이다.

예제 7.3.11

$\cos 2x$ 의 Maclaurin 급수 전개를 구하라.

풀이 모든 x 에 대하여

$$\cos x = 1 - \frac{x^2}{2!} + \frac{x^4}{4!} - \frac{x^6}{6!} + \cdots$$

성립한다. 이 식에 x 대신 $2x$ 를 대일하여도 당연히 성립한다.

$$\cos 2x = 1 - \frac{(2x)^2}{2!} + \frac{(2x)^4}{4!} - \frac{(2x)^6}{6!} + \cdots$$

$$= \sum_{n=0}^{\infty} \frac{(-1)^n 2^{2n} x^{2n}}{(2n)!}$$

이다.

예제 7.3.12

함수 $\frac{1}{1-2x^2}$ 가 Maclaurin급수전개함을 보여라.

풀이 $|x| < 1$ 일 때, $\frac{1}{1-x} = 1 + x + x^2 + x^3 + \cdots$ 임을 안다. x 대신 $2x^2$ 을 대입하면

$$\frac{1}{1-2x^2} = 1 + 2x^2 + 4x^4 + 8x^6 + \cdots$$

$$= \sum_{n=0}^{\infty} 2^n x^{2n}$$

이다. 이는 $|2x^2| < 1$ 일 때, 즉 $-\frac{1}{\sqrt{2}} < x < \frac{1}{\sqrt{2}}$인 경우에 성립한다.

예제 7.3.13

e 의 값을 오차가 10^{-6} 보다 작도록하는 범위에서 근사값을 구하라.

풀이 $e^x = 1 + x + \frac{x^2}{2!} + \frac{x^3}{3!} + \cdots$ 에서 $x = 1$ 로 두면

$$e^1 = 1 + 1 + \frac{1}{2!} + \frac{1}{3!} + \cdots \frac{1}{n!} + R_n(1)$$

이다. 한편 오차항은 $R_n(1) = e^c \frac{1}{(n+1)!}$이다. c 는 0 과 1사이의 값이므로 $1 < e^c < 3$ 이다. 따라서

$$\frac{1}{(n+1)!} < R_n(1) < \frac{3}{(n+1)!}$$

를 얻으며 시행착오를 거쳐 $\frac{1}{9!} > 10^{-8}$ 이며 $\frac{3}{10!} < 10^{-9}$ 이므로 n 은 적어도 9 이어야 한다. 즉

$$e^1 \fallingdotseq = 1+1+\frac{1}{2!}+\frac{1}{3!}+\cdots \frac{1}{9!} \fallingdotseq 2.718282$$

이다.

예제 7.3.14

$\int \sin x^2 dx$ 를 멱급수로 나타내고 $\int_0^1 \sin x^2 dx$ 를 오차 0.001 이내가 되도록 근사값을 구하라.

풀이 $\sin x$ 의 Taylor 전개식에서 x 대신 x^2 을 대입하면

$$\sin x^2 = x^2 - \frac{x^6}{3!} + \frac{x^{10}}{5!} - \frac{x^{14}}{7!} + \frac{x^{16}}{9!} - \cdots$$

를 얻는다. 따라서

$$\int \sin x^2 dx = C + \frac{x^3}{3} - \frac{x^7}{7 \cdot 3!} + \frac{x^{11}}{10 \cdot 5!} - \frac{x^{15}}{14 \cdot 7!} + \frac{x^{17}}{16 \cdot 9!} - \cdots$$

이다. 또

$$\int_0^1 \sin x^2 dx = \frac{1}{3} - \frac{1}{7 \cdot 3!} + \frac{1}{11 \cdot 5!} - \frac{1}{15 \cdot 7!} + \frac{1}{19 \cdot 9!} - \cdots$$

이다. 교대급수의 오차 계산정리에 의하여

$$\frac{1}{11 \cdot 5!} \fallingdotseq 0.00076 < 0.001$$

이므로 구하는 정적분값은

$$\int_0^1 \sin x^2 dx = \frac{1}{3} - \frac{1}{42} \fallingdotseq 0.310$$

이다.

참고 예제 7.3.14는 피적분함수 $f(x)$ 가 무한번 미분가능하나 $f(x)$ 의 부정적분을 구하지 못하는 경우 정적분 값을 원하는 오차범위 내에서 계산 가능함을 보여 준다.

대표적인 Maclaurin 급수

1. $\dfrac{1}{1-x} = 1 + x + x^2 + x^3 + \cdots + x^n + \cdots = \sum_{n=0}^{\infty} x^n, \qquad |x| < 1$

2. $\dfrac{1}{1+x} = 1 - x + x^2 - x^3 + \cdots + (-1)^n x^n + \cdots = \sum_{n=0}^{\infty} (-1)^n x^n, \qquad |x| < 1$

3. $e^x = 1 + x + \dfrac{x^2}{2!} + \dfrac{x^3}{3!} + \cdots + \dfrac{x^n}{n!} + \cdots = \sum_{n=0}^{\infty} \dfrac{x^n}{n!}, \qquad |x| < \infty$

4. $\sin x = x - \dfrac{x^3}{3!} + \dfrac{x^5}{5!} - \cdots + (-1)^n \dfrac{x^{2n+1}}{(2n+1)!} + \cdots = \sum_{n=0}^{\infty} (-1)^n \dfrac{x^{2n+1}}{(2n+1)!}, \ |x| < \infty$

5. $\cos x = 1 - \dfrac{x^2}{2!} + \dfrac{x^4}{4!} - \cdots + (-1)^n \dfrac{x^{2n}}{(2n)!} + \cdots = \sum_{n=0}^{\infty} (-1)^n \dfrac{x^{2n}}{(2n)!}, \qquad |x| < \infty$

6. $\ln(1+x) = x - \dfrac{x^2}{2} + \dfrac{x^3}{4} - \cdots + (-1)^n \dfrac{x^n}{n} + \cdots = \sum_{n=0}^{\infty} (-1)^{n-1} \dfrac{x^n}{n}, \qquad -1 < x \le 1$

7. $\tan^{-1} x = x - \dfrac{x^3}{3} + \dfrac{x^2}{5} - \cdots + (-1)^n \dfrac{x^{2n+1}}{2n+1} + \cdots = \sum_{n=0}^{\infty} \dfrac{(-1)^n x^{2n+1}}{2n+1}, \qquad |x| < 1$

7.3 연습문제

1. 다음 함수의 주어진 점에서의 2차 Taylor 다항식을 구하라.

(1) $f(x)=\sqrt{x},\quad a=4$ (2) $f(x)=\sin x,\quad a=\dfrac{\pi}{4}$

(3) $f(x)=\ln x,\quad a=1$ (4) $f(x)=xe^{x},\quad a=0$

2. 다음 함수의 Maclaurin급수의 영이 아닌 처음 셋째 자리를 구하라.
(힌트 : 각각의 급수를 구하여 곱셈이나 나눗셈을 실시한다.)

(1) $\dfrac{\sin x}{e^{x}}$ (2) $e^{x}\cos x$

(3) $\tan x$

(4) $\sin^{-1}x$ $\left(\sin^{-1}x=\displaystyle\int_0^x \frac{1}{\sqrt{1-t^2}}dt\right.$ 임을 이용)

3. $\ln(1-x)$와 $\ln(1+x)$의 Maclaurin급수를 이용하여 $\ln\dfrac{1+x}{1-x}$의 Maclaurin급수를 구하라.

4. Taylor다항식을 이용하여 답하라.

(1) $f(x)=-3x^3+x^2-5x+1$을 $x-1$에 관한 다항식으로 나타내라. 또 $f(0.99)$의 값을 계산하라.

(2) $f(x)=x^3+3x^2+2x+1$ 을 $x-1$에 관한 다항식으로 나타내고 $f(1.01)$의 값을 계산하라.

(3) $\ln(1+x)$의 3차 Maclaurin다항식을 이용하여 $\ln 0.2$ 의 근사값을 계산하라.

(4) e^{x} 의 3차 Maclaurin다항식을 이용하여 $\sqrt{e}$ 의 값을 계산하라.

5. $\sin x$ 의 $a=\frac{\pi}{3}$ 에서의 Taylor다항식을 이용하여 $\sin 62^{\circ}$ 의 값을 소수 다섯째자리까지 정확하게 구하라.

6. $\int_0^1 \cos(x^2)\,dx$ 를 소숫점 이하 넷째자리 까지 정확하게 구하라.

($\cos(x^2)$ 의 Maclaurin 급수를 이용한다.)

해답

1. (1) $2+\frac{1}{4}(x-4)-\frac{1}{64}(x-4)^2$ (2) $\frac{1}{\sqrt{2}}+\frac{1}{\sqrt{2}}(x-\frac{\pi}{4})+\frac{1}{2\sqrt{2}}(x-\frac{\pi}{4})^2$

(3) $(x-1)-\frac{1}{2}(x-1)^2$ (4) $x+x^2$

2. (1) $x-x^2+\frac{1}{3}x^3+\cdots$ (2) $1+x-\frac{1}{3}x^3+\cdots$

(3) $x+\frac{1}{3}x^3+\frac{2}{15}x^5+\cdots$ (4) $x+\frac{1}{6}x^3+\frac{3}{40}x^5+\cdots$

3. $\sum_{n=1}^{\infty}\frac{x^{2n-1}}{(2n-1)!}$ ($\ln(1-x)$ 와 $\ln(1+x)$ 의 전개식을 더한다)

4. (1) $a=1$ 에서 Taylor전개를 하면된다.

$f(x)=-6-9(x-1)-5(x-1)^2-2(x-1)^3$,

$f(0.99)=-6-9(-0.01)-5(-0.01)^2-2(-0.01)^3$

(2) $f(x)=7+11(x-1)+6(x-1)^2+(x-1)^3$ 에서

$f(1.01)=7+11(0.01)+6(0.01)^2+(0.01)^3$

(3) $x=-0.8$ 을 대입하면 $\ln 0.2 \fallingdotseq (-0.8)-\frac{(-0.8)^2}{2}+\frac{(-0.8)^3}{3!}=-1.20$

(4) $x=\frac{1}{2}$ 를 대입하면 $\sqrt{e}=1+\frac{1}{2}+\frac{(1/2)^2}{2!}+\frac{(1/2)^3}{3!}=1.645$

5. 0.88295 6. 0.9045

ㅂ

ㅅ

ㅇ

ㅈ

ㅊ

■ 저자 약력 ■

권 중 성

선문대학교 기초공학부(수학전공) 교수

공대생의 수학 참고서 **미분&적분**

초판발행 2019년 2월 15일

지은이 권중성
펴낸이 오판근
펴낸곳 (주) 교우
주　소 서울시 동대문구 약령시로 8 교우빌딩 2층 (주)교우
전　화 02-925-2861 / **팩　스** 02-925-2860, **편집부** 02-925-2825
홈페이지&북스토어 www.kyowoo.co.kr / **이메일** kyowoo@kyowoo.co.kr

등　록 1994년 3월 24일 제1994-000013호
ISBN 979-11-251-0275-5 (93410)

Published by Kyowoo Co., Ltd. Printed in Korea

값 21,000원

교우미디어는 (주) 교우의 Imprint 사입니다.
수학정원·과학정원은 (주) 교우의 새로운 브랜드명입니다.